CSS設計完全ガイド

詳細解説
+
実践的モジュール集

半田惇志 著

技術評論社

動作環境について

本書掲載のサンプルコードは、下記の環境にて動作確認をしています
（バージョンの明記がないものはいずれも執筆時の最新版）。

デスクトップ

- **Google Chrome**（macOS）
- **Firefox**（macOS）
- **Safari**（macOS）
- **Microsoft Edge**（Windows）
- **Internet Explorer 11**（Windows）

モバイル

- **Google Chrome**（Android）
- **Safari**（iOS）

サンプルコードについて

本書に掲載しているコードの多くは、オンラインサイトで公開しています。
オンラインサイトはGoogle Chrome（Windows/macOS）での動作を保証しています。
以下の技術評論社Webサイトからアクセス方法を確認してください。
https://gihyo.jp/book/2020/978-4-297-11173-1/support

はじめに

CSSがWeb開発の現場で本格的に使われ始めてから、結構な時間が経ちました。人によってバラつきはあるでしょうが、おおよそ10年前後でしょうか。この10年を振り返ってみると、CSSの安定性・表現力は当時では考えられないほど向上したように思います。某ブラウザのレイアウト崩れ防止のために「zoom: 1;」と書くことはまずなくなりましたし、特定のブラウザのみにCSSを適用させるCSSハックも使用しなくなって久しいです。角丸のボックスを表現するのに、divを3つ重ねる必要もありません。現代のCSSはまるで魔法のようです。

しかし安定性・表現力が向上した一方で、CSSの管理のしづらさは全くもって進化していません。スタイリングがお互いに干渉し合う恐怖の中で開発を進めているのは、今も昔も変わりません。

CSSは進化せずとも人は進化しますので、そんな状況の中で「いかにCSS開発を安全かつ効率的にするか」という試行錯誤の結晶である、CSS設計が生み出されました。その後Web技術も人に追いつく形で進化し、Web ComponentsのShadow DOMや、JavaScriptフレームワークによって、スタイリングが干渉し合わない環境でCSSを書くことが少しずつできるようになってきました。しかし、ではCSS設計はもう必要ないのかというと、そんなことはありません。

CSS設計の本質は、ページ上のさまざまな要素をどのように分解し、整理し、依存関係や再利用性を明確にするか、というメタな思考回路を養うことにあります。現代のWeb開発は「モジュール（=コンポーネント）」という単位がとても重要な役割を担っていますので、CSS設計で身につくスキルの重要性は増す一方です。

しかし、多くの現場で使用されるほど一般的になったCSS設計ですが、世に出回っている情報は本当にかゆいところには触れておらず、未だに多くの人が大なり小なり悩んでいるのを目にしています。

そんな悩みが生じやすいポイントや、Webの中でモジュールがどうあるべきかについて、本書では「これでもか」というくらいに細かく問題を取り上げ、最適解を示しています。また考え方だけを提示するのではなく、最適解を反映した実際のモジュールのコードも数多く掲載しています。

ぜひ本書を利用して、悩みをひとつでも解消し、これからのWeb開発を少しでも平和なものにしていただければと思います。

最後に、お忙しいなか本書のレビューをしていただきました株式会社ICSの池田泰延さま、株式会社パンセの永野昌希さん、長澤賢さん、そして執筆を支えてくれた妻に感謝の意を表します。

2020年1月　半田惇志

Contents

Chapter 5 CSS設計モジュール集 ① 最小モジュール

Contents

CSSの歴史と問題点

始まりとなる本章では、
まずCSSが生まれた背景を振り返りつつ、
現代のWeb開発の現場とのギャップや、
CSS設計の必要性を整理します。

CHAPTER

1

1-1 CSSの始まり

CSSはとても貧弱です。

これはCSSの文法がシンプルで、少し学べば誰でも扱えるようになる、群を抜いた簡単さの弊害でもあります。

CSSの歴史は意外に古く、1994年に提唱され、1996年12月にCSS1としてW3Cにより勧告※されました。その後CSS1の上位互換として1998年5月にCSS2が、CSS2の改訂版として少し期間が空いて2011年6月にCSS2.1が勧告されました(図1-1)。

※ 国際的な標準仕様として承認されることです。

図1-1 CSS2.1までの歴史

CSS3からは画一的なバージョンというわけではなく、アニメーションに関する仕様や、グラデーションに関する仕様などを「モジュール」という単位とし、モジュール単位で定義されるようになりました。そのため、「CSS3」「CSS4」といったCSS全体を指すバージョンは厳密には存在しません。

日本で使用され始めたのはおおよそ2002年頃からで、それから今日にいたるまで業界標準として使用され続けています。

CSSの役割と目的

CSSの役割はHTMLやXMLの各要素の修飾であり、それにより文書の構造(HTMLやXML)とスタイル(あしらい、デザイン)を分離することを目的としています。CSSが登場する以前は、スタイルを各要素(font要素など)の専用の属性や、style属性を用いて逐一指定していました。

次のコードは、style属性でスタイリングした例です。

HTML

```
<p style="color: #f00; font-size: 18px;"> このテキストは 18px の赤文字で表示されます </p>
```

しかしこのやり方には、

- HTMLやXMLは本来文書構造を表すものであるため、スタイル指定がされているのは望ましくない
- 同じスタイルの要素が複数の箇所、ページに跨がって使用されていると、修正する際に使用箇所の分だけ同じ修正が必要となる

といった問題を抱えていました。

これらの問題を解消するためにCSSが提唱され、実際に問題は解決されました。

コードは下記のようになり、文書構造とスタイルの分離に成功しています。

HTML

```
<!-- index.html で使用されている p 要素 -->
<p> このテキストは 18px の赤文字で表示されます </p>
<!-- about/index.html で使用されている p 要素 -->
<p> 違う箇所で使用されているこのテキストも 18px の赤文字で表示されます </p>
```

CSS

```
/* この CSS を変更するだけで、上記 2 カ所の p 要素に変更が適用される */
p {
  color: #f00;
  font-size: 18px;
}
```

1-2 CSSの問題点

「カオス」になるCSS

CSSが登場したことで、問題はすべて解決したかのように思われました。「文書構造とスタイルの分離」という点においては間違いなく成功しているのですが、現実にはその先に別の問題が待ち構えていました。その問題とはズバリ、**「ページ数が増えると、CSSもどんどん複雑になり、管理しきれなくなってくる」**というものです。いわゆる「カオス※」な状態です。

先ほど挙げた例のように2ページだけのシンプルなサイトであれば、大した問題ではありません。しかしWebサイトは、決して小規模なものだけではありません。1ページのみでもWebサイトと呼べますが、上限は限りなく、100ページ、1,000ページ、果ては10,000ページ超のWebサイトも珍しくありません。

そんな状況で何も考えず「トップページではp要素を大きくしたいから、font-sizeを18pxから20pxに変更しよう」とするとどうでしょうか。もちろんトップページだけ見れば意図した通りにp要素は20pxになります。

しかしCSSの「スタイリングの内容がCSSファイルを読み込んでいるすべてのページに反映される」という仕様上、他のページのすべてのp要素も20pxになってしまいます。

きちんとスタイリングの規則を決めた上でCSSが作成されているのであれば、まだよいでしょう。しかし規則をきちんと決めていないと、冒頭で挙げた**「ページ数が増えると、CSSもどんどん複雑になり、管理しきれなくなってくる」**という問題がとたんに発生し始め、存在感を増してきます。規則のないCSSは、ページ数が10ページを超えただけでもすべてを把握するのは難しいでしょう。

そしてWebサイトは、制作して、公開して、終わり、ではありません。その次には情報を更新したり、新たなページを作成したりする運用フェーズが待ち構えています。公開時ですらなかなかカオスになりすぎたCSSを、数ヶ月後の自分が、あるいは他の人が読み解いて、想定外の影響がないように運用していくのは、とても骨が折れる作業です。

そしてそんな状態を避けようと規則を定めたとしても、よほどセンスのある人でない限り、独自に作成した規則というのは脆く、すぐに破綻することがほとんどです。

なぜこのようなことが起こってしまうのでしょうか？

※ Web業界でよく使われる俗語で、「複雑、無秩序過ぎて目も当てられない」といった状態を指します。

CSSはすべてがグローバルスコープ

少しプログラミング的な言い方をすると、この問題はCSSがグローバルスコープしか持たないことに起因します。グローバルスコープとは、「すべてのスタイリングが干渉し合う可能性がある」という状態です。

それは同一ファイル内に限った話だけではなく、たとえCSSファイルが分離されていようと、読み込まれたHTML/XMLにおいてはすべてのCSSのスタイリングが同一のスコープ内にあります。例えば図1-2を見てみましょう。

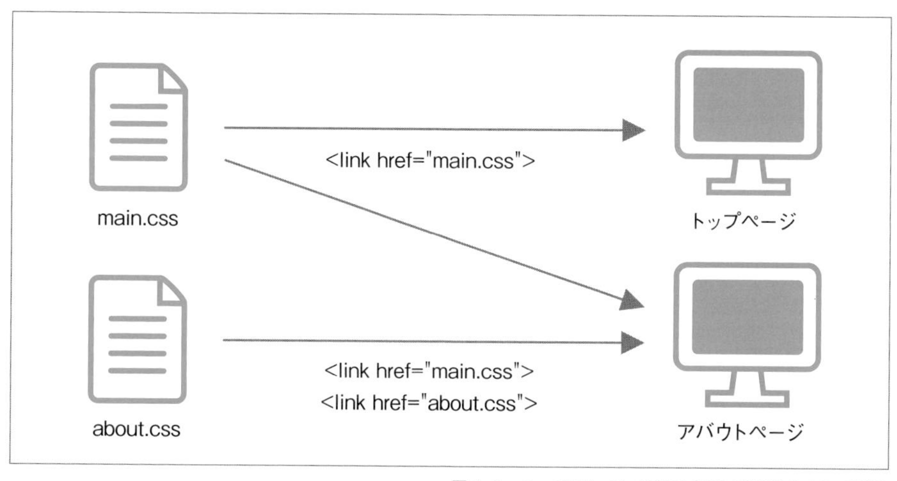

図1-2　ページによって、複数のCSSを読み込ませている様子

トップページではmain.cssのみを読み込んでおり、アバウトページではmain.cssに加えabout.cssも読み込んでいます。

しかしアバウトページ用にabout.cssとファイルを分けたからといって、main.cssと異なるスコープでスタイリングをできるわけではありません。あくまでmain.cssと同一スコープにあるため、about.cssはmain.cssの影響を受けながらスタイリングを進めていく形となります。

「すべてがグローバルスコープである」とはつまり、「スタイリングが増えれば増えるほど、相互に干渉する可能性が高くなる」ということです。スタイリングがとても簡単なところがCSSのよいところですが、同時に弱点であるとも言えます。規模が大きくなればなるほどその弱点が露呈する、まさに諸刃の剣と言えるでしょう。

1-3 複雑化するWeb開発

CSSの弱点に拍車をかけるように、年を追うごとにWebサイトに求められることも複雑になってきています。CSSが提唱された当時は、Webサイトは「見出しがあって、続く本文があって、その中にさらに小見出しがあって……」という文書的な使われ方が一般的でした。

もちろんHTMLがマークアップ言語である以上、「文書」としての役割はいまも健在です。しかし、昨今ではコンテンツをアニメーションさせたり、ユーザーの操作に応じて表示させる内容を切り替えるなどの実装が求められることも珍しくありません。

またWebページを生成する手段としても、毎回手作業でHTMLファイルを用意するのではなく、CMS※などのシステムを通してページを出力することがかなり一般的になりました。

現在のWeb開発の場面は、CSSが提唱された当時とは大きく異なっています。

※ Content Management Systemの略で、Webサイトのコンテンツを管理、出力するシステムのこと。有名なものにWordPressやMovable Typeなどがあります。

変更不可能なHTML/CSSと付き合う

CMSの種類や製品にもよりますが、出力されるHTMLやCSSが固定されていて、強制的にそれらを使わざるを得ないものもあります。もしくはある程度は調整できても、「どうしても一部分だけは、CMSが出力するHTML/CSSを使わざるを得ない」ということもあります。

そういった場合は自分で記述するCSSと、CMSが出力するHTML/CSSの折り合いを付けながら開発をしなければなりません。多くの場合はCMSの出力するHTML/CSSに合わせざるを得ず、かつCSSはすべてグローバルスコープにありますので、最悪の場合はCMSの出力するコードに引きずられながら開発を行わなければなりません。

増加するページ数

CMSなどのページを出力するシステムの存在が一般的になったおかげで、新規のWebページ作成がとても容易になりました。その結果ひとつのWebサイトが抱えるページ数が増え、CSSの管理をいっそう複雑なものにしています。

合計数ページほどのWebサイトのCSSを開発・管理するのは、そこまで難しくありません。しかし数十・数百ページ以上のWebサイトのCSSの場合は異なります。開発を始める前にきちんと設計をしないと、CSSは想定外のスタイルの衝突を容易に起こしたり、「どこに何が書いてあるかわからない」といった問題が発生します。

中規模以上のWebサイトを管理するには、CSSは「壊れやす過ぎる」※のです。

※ Chapter 3にて紹介するOOCSSの提唱者であるNicolle Sullivan氏による有名な言葉に「CSS is too fragile」というものがあり、この「too fragile（壊れやす過ぎる）」という表現がCSSの弱点をとてもよく表しています。

頻繁に変更される「状態」

CSSが提唱された当時との状況と比較して複雑になったのは、出力環境・ページ数だけに留まりません。Web開発が成熟していくと「状態」が頻繁に変更されるようになりました。

まず「状態」とはいったいどういうことかというと、例えば現在閲覧中のページに対応するナビゲーションがハイライトされるのを想像するとわかりやすいでしょう（図1-3）。

図1-3 制作実績ページを閲覧しているため、グローバルナビゲーションの該当箇所がハイライトされている

この程度であれば、あらかじめ各ページのグローバルナビゲーション部分にハイライト用の指定を行えばよいだけです。静的なHTML/CSSで解決できるレベルなので、大した問題ではありません。

また冒頭で

- コンテンツのアニメーション
- ユーザーの操作に応じて、表示させる内容を切り替える

などと挙げた通り、JavaScriptがWebサイトのアニメーションやインタラクション

（ユーザーの操作に応じた挙動）を担うようになり始め、ひとつのページ内でも動的に状態が切り替わるようになりました。

例えばクリックしたタイトルに応じてコンテンツが切り替わる、タブ表示を想像するとわかりやすいでしょう（図1-4）。

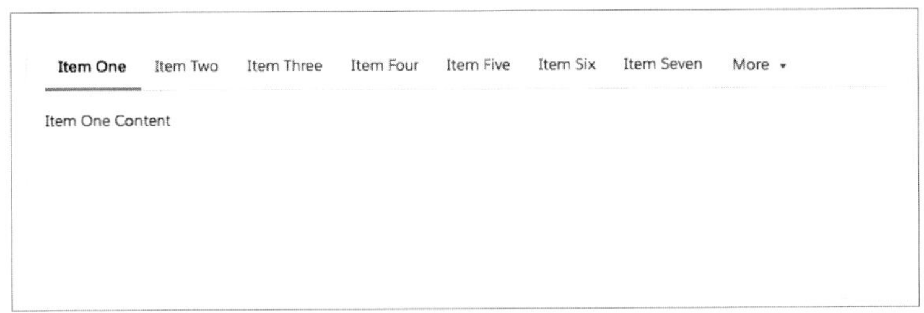

図1-4 クリックしたタブに応じて、下部のコンテンツが切り替わるインターフェース
（https://www.lightningdesignsystem.com/components/tabs/）

このようにユーザーの操作によって動的に状態が切り替わるとなると、ただひたすらスタイリングしていくだけのCSSの開発方法では管理するのが難しくなってきます。

そして極めつけは、HTMLやJavaScript、およびそれらを実行するブラウザの進化により、ブラウザ内で動作するWebアプリケーションもかなり一般的になりました。Facebook や Twitter、あるいは Trello など、皆さんも一度は使用されたことがあるのではないでしょうか。

Webアプリケーションではユーザーの操作はもちろん、データの状態（ユーザーがログインしているか、新規メッセージはあるか、ユーザーが課金しているか、など）でスタイルを強調表示させたり、あるいは使用できないような見た目にします。

ここまでさまざまな要素の状態が複雑に絡み合う状態は、CSS提唱時には恐らく想像できなかったでしょう。そしてCSSはCSS1から始まり現在策定中のレベル4のモジュール群にいたるまで、スタイルのアップデートはあれど、スコープの分離などのアップデートはありません※。

※ CSSだけでなく、HTMLやJavaScriptも絡めたWeb ComponentsというAPI群のShadow DOMという技術によってスコープの問題が解決できます。しかし、ブラウザによってはShadow DOMのサポートがまだ完全ではありません。

1-4 解決策として生まれたCSS設計

「CSSの仕様に対して、現在のWeb開発は複雑過ぎる（もしくは単にCSSが壊れやす過ぎる）」

この問題を解決するために各社、あるいは各個人によって「いかにCSSを管理しやすく保つか」という工夫は今までもずっと行われていました。いわゆる「オレオレCSS」です（これは現在でも稀に行われていますが……）。

しかしこの各社・各個人レベルでの工夫にも問題があり、

- 規則をきちんと整理できていないと、一人で開発を行うときですら記述にブレが生じる
- ドキュメント化されていないと、他者と協力して作業を行う際に記述にブレが生じる
- 考えが甘すぎて、そもそも規則として機能しない（特にこれが一番多く、致命的です）

といった事態が発生していました。この状況を解決したのが、CSS設計※です。

※ 英語ではCSS methodologyと言います。

2011年頃にNicolle Sullivan氏がOOCSSを提唱し始めたのをきっかけに、その後BEMやSMACSS、SUIT CSS、MCSS、Systematic CSSなどのCSS設計手法が世界各国で開発され、広く使用されるようになりました。日本においてもCSS設計は開発されており、谷拓樹氏によるFLOCSS、筆者によるPRECSSなどがあります。

これほど多くのCSS設計手法がありますが、「ではどれが一番いいのか？」という問いには残念ながら明確に答えることはできません。なぜならWeb開発には小規模なものから大規模なもの、単なるコーポレートサイトからECサイト、Webアプリケーションまであり、CSS設計においても規模や開発するWebサイトの性質によって、それぞれ最適なものが異なってくるからです。

しかしどのCSS設計にも共通して言えることは

- **抽象化する**
- **分ける**

でしょう。

抽象化と聞くとイメージが湧きづらいかもしれませんが、大まかに「異なるスタイル間で共通するものは何か？」「共通する部分を切り出してひとつにまとめられないか？」を考える作業と思ってください。

「分ける」に関しては、大きく

- ファイルを分ける
- パーツの大きさで分ける
- 役割に応じて名前を分ける

の3つの手法に分類できます。

それぞれのCSS設計がどのレベルまでこれらを行っているのかを見比べるのはとても面白く、また学びも多いものです。実際に採用しないにしても、一度複数のCSS設計にも目を通してみるといいでしょう。

本書においては、Chapter 3「さまざまな設計手法」にて

- OOCSS
- SMACSS
- BEM
- PRECSS

の紹介を、またChapter 5〜7の「CSS設計モジュール集」において、BEMとPRECSSを用いて実際にWebパーツ（以下、モジュールと呼称します）を作成していきます。

1-5 CSS設計とデザインシステムとの連携

「抽象化する」「分ける」という方向でCSSに秩序と平和をもたらそうと試みたCSS設計ですが、これには思わぬ利点がありました。Webの肥大化・複雑化に伴い増加し続けるページ数、モジュール数に頭を悩ませていたのはデザイナーも同じだったためです。

そんな中、「Atomic Design（アトミック デザイン）※」という方法論がBrad Frost氏によって提唱されました。Atomic Designは端的に言えばデザインシステムを構築し、運用するための考え方、及び指針です。

本書の範疇から逸脱してしてまうためすべての解説は省きますが、Atomic Designでは「Atomic Design Methodology」という方法論の中でUI（User Interface）を

- Atoms
- Molecules
- Organisms
- Templates
- Pages

の5つに分離して再整理（用語がとても化学的ですね）している点に、CSS設計との共通点を見いだせます。図1-5はAtomic Design MethodologyのUI分類に関する全体概要図です。

※ http://atomicdesign.bradfrost.com/

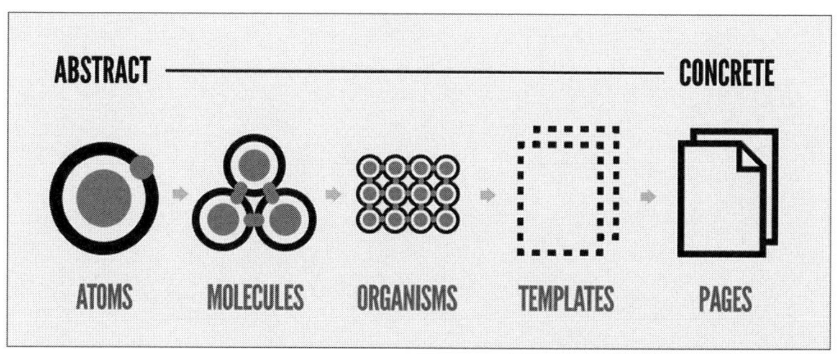

図1-5　Atomic Design MethodologyのUI分類に関する全体概要図を引用。一番抽象的である原子から始まり、ページに近づくほど具体性が増す（出典：Atomic Design Methodology）

Atomic Design Methodology 自体はCSS設計を念頭においたものではなく、あくまでデザインシステムを構築するための方法論です。しかし現実に Atomic Designによって定義されているUIの5つの分類はCSS設計とも少なからず親和性があり、特にPRECSSの理解には役立ちます。UIの5つの分類について少し詳しく解説したコラムを用意しましたので、ぜひ参考にしてみてください。

COLUMN Atomic Design Methodologyにおける UI分類の考え方

デザインシステムの観点からUIの再整理を行ったAtomic Design Methodologyについて、少し解説します。なおそれぞれの用語については、読みやすさのため、なるべく以下のように日本語で呼称します。

- Atoms →原子
- Molecules →分子
- Organisms →有機体
- Templates →テンプレート
- Pages →ページ

Atoms（原子）

原子はAtomic Designの方法論の中で一番最小単位となるモジュールです。どのWebページでも使用され得る、例えばボタンやinput要素、タイトルなどが該当します。「UIとしてこれ以上分解できないもの」と捉えるとわかりやすいでしょう（図1-6）。

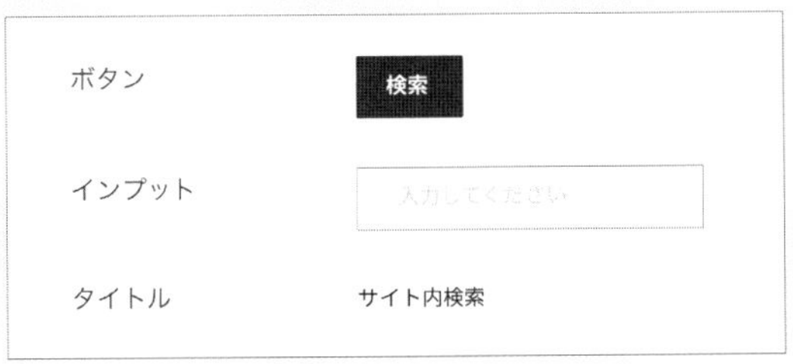

図1-6　原子の例。いずれもこれ以上分解できない

Molecules（分子）

原子が集まり、グループを形成したものが分子となります。図1-7のように、先ほどはバラバラだった原子がグループを形成することにより、ひとつのモジュールとなったと考えるとわかりやすいでしょう。

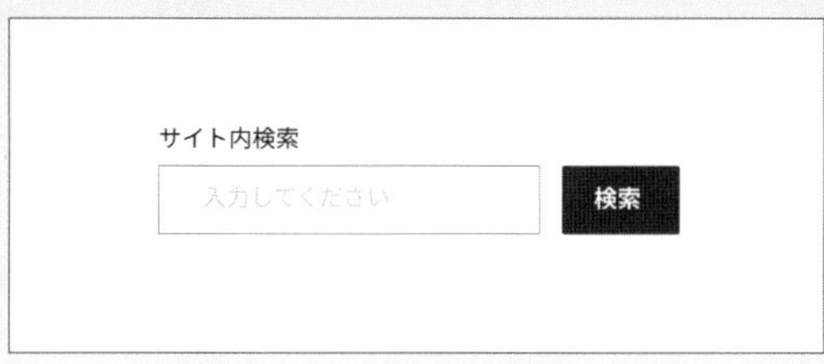

図1-7　原子が集まって検索フォームの分子を形成した

Organisms（有機体）

次の単位となるのが有機体です。有機体は分子だけでなく、原子や**他の有機体**も含むことが可能です。比較的複雑なUIとなり、例えば図1-8のヘッダーは分子、原子を含む有機体であると言えます。

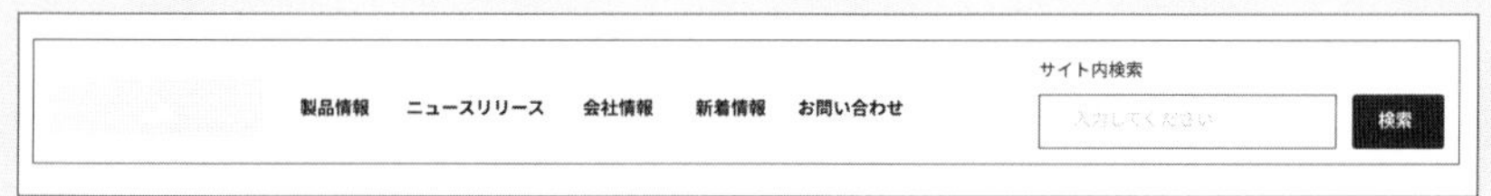

図1-8　有機体の例。ロゴ（原子）、メニュー（分子）、検索フォーム（分子）の集まった有機体となっている

Templates（テンプレート）

ここでようやく、化学的な用語から離れてWebらしい用語となります。テンプレートは今まで出てきたものののを組み合わせ、レイアウトを形成したものを指します。

実際に使用する画像やテキストなどのコンテンツは考慮せず、あくまでレイアウトや構造の定義に留まります（図1-9）。

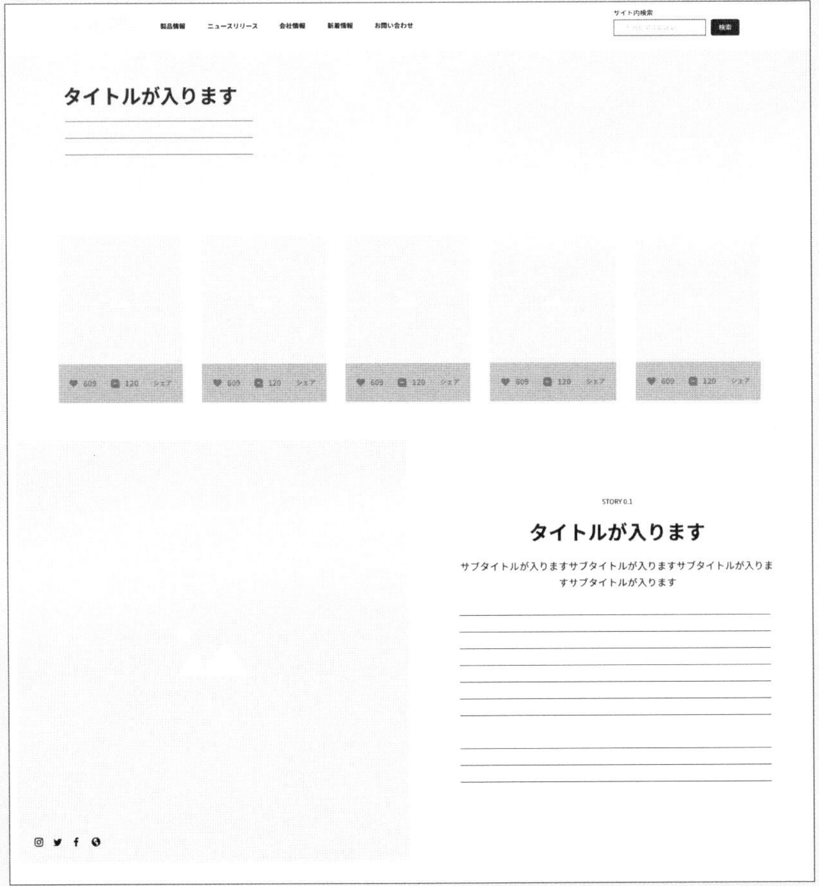

図1-9　テンプレートの例。原子・分子・有機体が組み合わさり、レイアウトを形成する

Pages（ページ）

最後に定義されている単位がページです。これは前述のテンプレートに、実際に画像やテキストなどのコンテンツなどを適用した形で、Webページとしてそのまま公開しても差し支えないものになっています（図1-10）。

図1-10 ページの例。実際の画像やタイトル、リード文が挿入されている

なぜテンプレートとページを分離するかは、「同じレイアウトでもコンテンツが違う」というケースを想像するとわかりやすいでしょう。例えば「利用規約について」「個人情報保護方針」といったシンプルになりがちなページは、多くの場合レイアウトは同じですが見出しやテキストなどのコンテンツは異なります。

Atomic Design を知る利点

少しCSS設計から離れてAtomic Designの考え方を紹介しました。

なぜこのような遠回りをしたかというと、Atomic Design に触れることによってズバリ「抽象思考」が身につくからです。

抽象思考が身につく

Webサイトにせよ何にせよ、出回っているものの多くはすでに形のできあがっている「具体的な」ものです。これを何の指針もなく要素を分解していく、抽象化していくのはなかなか難しいものです。

例えば Web ページを分解したとき、

・ヘッダー
・コンテンツエリア
・フッター

までの分解で止まってしまう人も多いでしょう。これはこれで間違いではありません。

しかし Atomic Designを知り、粒度の指針を手に入れると、さらなる分解が容易になります。そして要素をさらに分解することで、より高度で複雑な UIにも対応できるようになります。

Chapter 3「さまざまな設計手法」で各CSS設計を学んだ後で改めて Atomic Design に触れてみると、より理解が深まる点もあると思います。ですので、現段階ではあまりピン来なくても大丈夫です！

Atomic Design は書籍として出版されている※1 ほか、Web上※2 でもすべての内容を読むことができます。英語ではありますが、興味のある人は読んでみると、Web開発全般の設計に対する理解がより深まるでしょう。

※ 1 https://shop.bradfrost.com/
※ 2 http://atomicdesign.bradfrost.com/

CSS設計の基本と実践

前ChapterでCSSの始まりから、現在にいたるまで
どのように変遷してきたかを解説しました。
本Chapterでは特定のCSS設計手法にとらわれず、
いかなるCSS設計においても基礎となる概念を
いくつか解説します。

CHAPTER

2

CSS設計の前に

2-1 CSSの基本 詳細度とセレクター

CSS設計を行う上で欠かせないのが詳細度の管理です。まずはその基礎から振り返ってみましょう。

セレクターの種類と、本書における呼称

まずは「何をスタイリングの対象とするか」を表すセレクターについておさらいしつつ、正式名称に馴染みのないものは本書における呼称も併せて紹介します。

セレクターを構成する要素は大きく3つに分類され、それぞれの中にさらに細かく分類されています。

- 単純セレクター
  - 要素型セレクター（タイプセレクター）
    - 例：p {}
  - 全称セレクター
    - 例：* {}
  - 属性セレクター
    - 例：a[href="http://www.w3.org/"] {}
  - クラスセレクター
    - 例：.my-class {}
  - ID セレクター
    - 例：#my-id {}
  - 疑似クラス
    - 例：a:visited {}

    疑似クラス内でさらに分類がありますが、本書の解説の本筋ではないのでコロンを使用したものはすべて「疑似クラス」と呼ぶことにします

- 疑似要素
  - 例：a::before {}

  疑似要素内でさらに分類がありますが、本書の解説の本筋ではないのでコロンをふたつ使用したものはすべて「疑似要素」と呼ぶことにします

- 結合子
  - 子孫結合子
    - 例：div p
    - 「結合子」という単語は普段あまり使われていないため、本書では「子孫セレクター」と呼称します
  - 子結合子
    - 例：div > p
    - 本書では「子セレクター」と呼称します
  - 兄弟結合子
    - 隣接兄弟結合子
      - 例：div + p
      - 本書では「隣接兄弟セレクター」と呼称します
    - 一般兄弟結合子
      - 例：div ~ p
      - 本書では「一般兄弟セレクター」と呼称します

また上記いずれの分類にも属さない形で、「h1, h2 {}」と複数のセレクターを同時に指定するグループセレクターが存在します。

カスケーディングの基礎

Cascading Style Sheet という名前の通り、CSS にはカスケーディングという仕組みが存在します。これはセレクターが示す同じ要素の同じプロパティに対して異なる値が設定されていた場合、最終的にどれを適用するかという規則のことで、

1. 重要度
2. 詳細度
3. コードの順序

の優先度順で適用するスタイルが決定されます。

簡単に、サンプルコードで確認しましょう。どの場合もHTMLは共通した下記のコードです。

HTML

```
<p class="my-class">Lorem ipsum</p>
```

1. 重要度※

```css
p {
  font-size: 1rem !important; /* 1. 重要度によりこちらが適用される */
}
.my-class {
  font-size: 2rem;
}
```

※ 重要度を構成する要素は !importantだけではありませんが、HTML/CSS 作成者（いわゆる私たち開発者）が関与できないものも含むため、本書では詳細は割愛します。

2. 詳細度

```css
.my-class {
  font-size: 2rem; /* 2. 詳細度によりこちらが適用される */
}
p {
  font-size: 1rem;
}
```

3. コードの順序

```css
.my-class {
  font-size: 2rem;
}
.my-class {
  font-size: 3rem; /* 3. コードの順序によりこちらが適用される */
}
```

詳細度の基礎

詳細度の仕様についても、いま一度おさらいしておきましょう。詳細度は

1. ID セレクター
2. クラスセレクター・属性セレクター・疑似クラス
3. 要素型セレクター

の順に3つの分類と優先度で管理されており、該当するセレクターがあればその分類にカウントが追加されます。

詳細度の確認に便利なSpecificity Calculator（図2-1）※というサイトを使用して詳しく確認してみましょう。

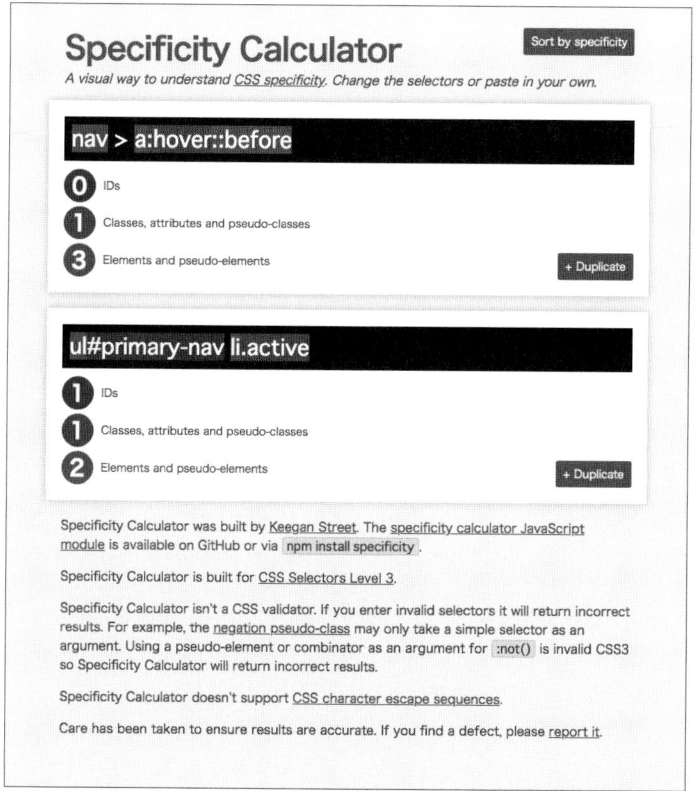

図2-1　Specificity Calculator（https://specificity.keegan.st/）

※ https://specificity.keegan.st/

コードは引き続き、下記を使用します。

HTML
```
<p class="my-class">Lorem ipsum</p>
```

CSS
```
p { ―①
  font-size: 1rem;
}
.my-class { ―②適用されるのはこちら
  font-size: 2rem;
}
```

①、②のセレクターの詳細度を確認すると、図2-2のようになります。

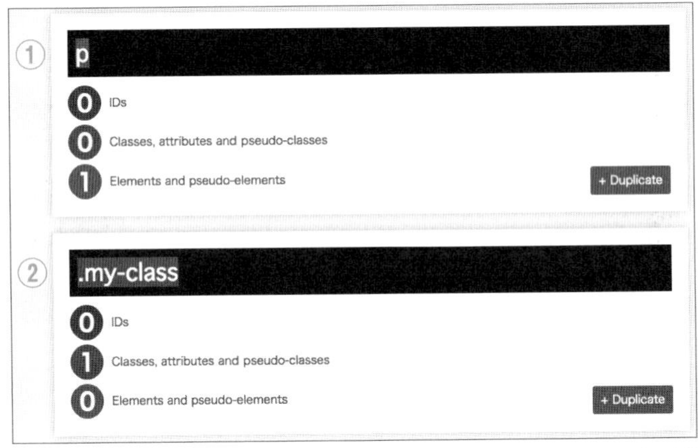

図2-2　①、②のセレクターの詳細度の内訳

①は要素セレクターの箇所に1、②はクラスセレクターの箇所に1がそれぞれ付いています。

先ほど挙げた通り詳細度の優先順位は、

要素セレクター < クラスセレクター / 属性セレクター / 疑似クラス < IDセレクター

であるため、適用されるスタイルは②ということになります。

値は繰り上がらない

注意点として、それぞれの分類の値は繰り上がりません。つまり以下のコードのように、ひとつのIDセレクターをクラスセレクター11個で上書きしようとしても値は繰り上がらず、適用されるのはIDセレクターのスタイルになります。

HTML

```
<p
  id="my-id"
  class="
    my-class
    my-class02
    my-class03
    my-class04
    my-class05
    my-class06
    my-class07
    my-class08
    my-class09
    my-class10
    my-class11
  "
>Lorem ipsum</p>
```

CSS

```
#my-id {
  font-size: 4rem; ―①適用されるのはこちら
}
.my-class.my-class02.my-class03.my-class04.my-class05.my-class06.my-
class07.my-class08.my-class09.my-class10.my-class11 {
  font-size: 3rem; ―②
}
```

図2-3のように、例えクラスセレクターが11個あったとしてもそれぞれの分類の値は

1. 1
2. 10
3. 0

とはならず、あくまで

1. 0
2. 11
3. 0

となるため、スタイルはIDセレクターを使用している①が適用されます。

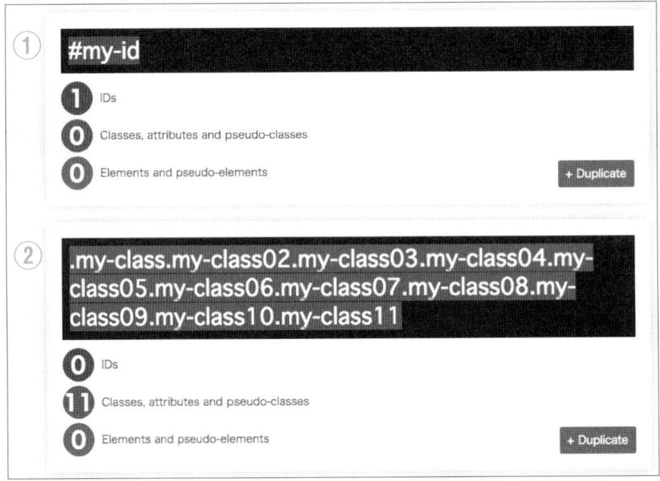

図2-3　クラスセレクターを11個にしても、値は繰り上がらない例

2-2 CSS設計の前に リセットCSS

プロジェクトでCSSを書き始めるにおいて、まず行うべきことがベーススタイルの整理です。そのための手段として一般的なのが、リセットCSSの利用です。CSS設計に直接は関係ありませんが、リセットCSSの選択を誤るとモジュール作成時のコストが無駄に増加してしまいます。

まずはリセットCSSが必要になってきた背景から、おさらいしていきましょう。

ブラウザのデフォルトスタイル

ブラウザはそれぞれデフォルトスタイルと呼ばれるものを持っており、スタイリングがまったくされていないHTMLでも、最低限の見た目を担保するようにできています。

試しにGoogle ChromeとSafariのデフォルトスタイルを見てみましょう(図2-4)。

左側のGoogle Chromeがゴシック体なのに対し、Safariでは明朝体で表示されています。またセレクトボックスに関しても、Google Chromeが右側に青い色が付いているのに対し、Safariでは色が付いていません。

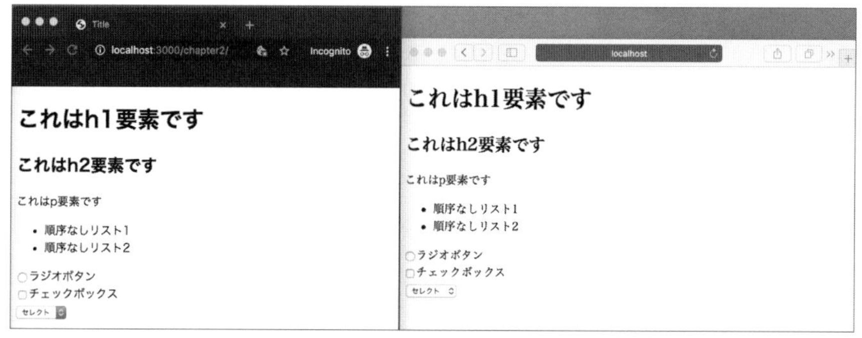

図2-4 Google Chromeのデフォルトスタイル(左)とSafariのデフォルトスタイル(右)

このように各ブラウザのデフォルトスタイルは少しずつ異なっています。これを統一しないままCSSを書くと、「あるブラウザではきちんと意図通りに表示できるが、他のブラウザでは意図通りの表示にならない」ということが起こります。

この問題を解消するためにベーススタイルを定義する必要があり、そのための手法として現在一般的に用いられているのがハードリセットという手法とノーマライズという手法です。

ハードリセット系CSS

ハードリセット系CSSの歴史は古く、おそらく最初のリセットCSSだろうと呼ばれているものは2004年までに遡ります。今でこそリセットCSSはハードリセット系とノーマライズ系のふたつを含む総合的な手法として語られることが多いですが、元々リセットCSSの原点はこのハードリセット系CSSにあります。

ハードリセット系CSSにもいくつか種類はありますが、共通の特徴としては各要素の余白を取り去り、かつフォントサイズを統一することにあります。試しに有名なハードリセット系CSSのひとつであるHTML5 Doctor Reset CSSを先ほどのサンプルに適用してみましょう（図2-5）。

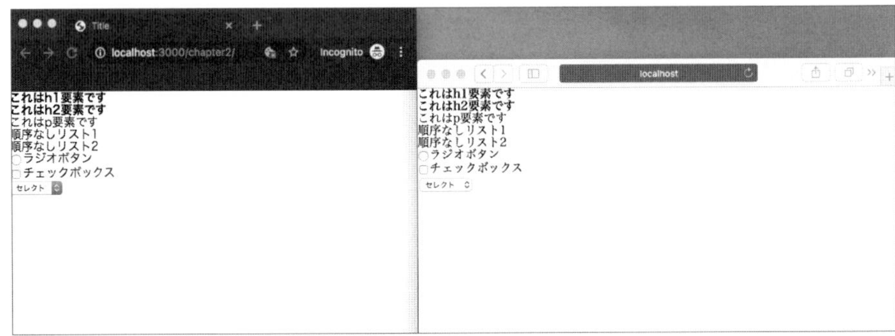

図2-5　HTML5 Doctor Reset CSSを適用した後のGoogle Chrome（左）とSafari（右）

目に見えて以下の変更が加えられたことがわかります。

- 各要素間の余白がなくなった
- h1やh2要素のフォントサイズが統一された
- 箇条書きのブレット（行頭に付いていた・）がなくなった

サンプルにはわかりやすく表れていませんが、その他にも各要素間の差異をなくすいくつかの変更が加えられています。

この特性から、ハードリセット系CSSはブラウザのデフォルトスタイルを活かさないデザインのプロジェクトに向いています。

主なハードリセット系CSS

- HTML5 Doctor Reset CSS：http://html5doctor.com/html-5-reset-stylesheet
- css-wipe：https://github.com/stackcss/css-wipe

ノーマライズ系CSS

ノーマライズ系CSSはハードリセット系CSSに代わるものとして作成されたため、登場し始めたのも2011年頃と少し最近になっています。

ノーマライズ系CSSはブラウザ間の差異やバグをなくしつつも、有用なデフォルトスタイルを活かすという方針のため、デフォルトスタイルに近い形でスタイル定義がされていることが特徴です。またそれだけでなく、細かなユーザビリティの向上のためのスタイル定義もされています。

試しに有名なノーマライズ系CSSのひとつであるNormalize.cssを先ほどのサンプルに適用してみましょう（図2-6）。

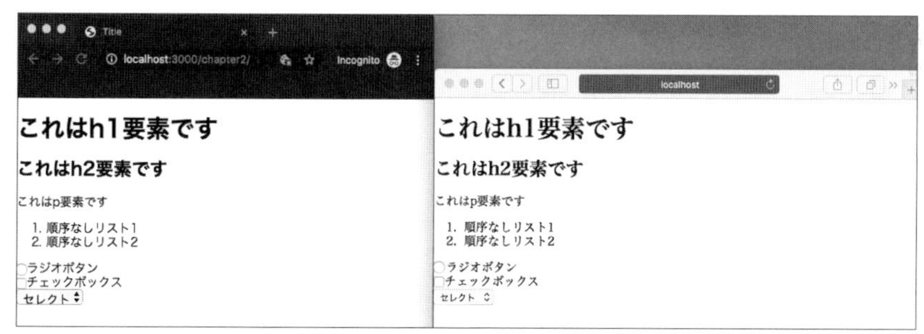

図2-6　Normalize.cssを適用した後のGoogle Chrome（左）とSafari（右）

デフォルトスタイルのときと同じようにh1やh2要素のフォントサイズ、各要素間の余白、箇条書きのブレットは保たれた上で、スタイルが共通化されていることがわかります。特にセレクトボックスに注目してみるとわかりやすいでしょう。Google Chromeでは青い色が付いていたのが、色がなくなっています。

以上の特性から、ノーマライズ系のCSSはブラウザのデフォルトスタイルを多く活かすデザインのプロジェクトに適しています。

主なノーマライズ系CSS

- Normalize.css：https://necolas.github.io/normalize.css/
- sanitize.css：https://github.com/csstools/sanitize.css

リセットCSSはCSS設計にどのような影響を及ぼすか?

リセットCSSについて、ハードリセット系CSSとノーマライズ系CSSをご紹介しました。CSS設計においてはどちらを利用することもできますが、重要なのは

- **選択を誤ると、モジュール作成時のコードと開発コストが増加する**
- **途中からどちらかに変更することは現実的ではない**

ということです。

選択ミスによる開発コストの増加

リセットCSSはあらゆるスタイルの下地であり、その下地を前提としてスタイリングを行っていきます。例えばデザインがブラウザのデフォルトスタイルにあまりとらわれないものだったとしましょう。

そういった際にノーマライズ系のCSSを使用してしまうと、p要素を使用する際に毎回marginを打ち消さければなりません。ul要素においても同様です。グローバルナビゲーションなど「見た目は単純に縦並びというわけではないが、ul要素が適している」というケースは意外と多くあります。その度にpaddingやlist-style-typeを打ち消すのは手間であり、コード量と開発コストの増加につながります※。

※ だからと言って必ずしもハードリセット系のリセットCSSを絶対的な正として推奨するわけではありません。この辺りは世界中でも意見がわかれており、「例えブラウザデフォルトスタイルを生かさないとしても、要素に対するCSSの適用回数の少なさからノーマライズを使用すべき」という原理主義的な意見も一理あります。

途中で変更することによるモジュールの崩壊

別のパターンを考えてみましょう。

例えばノーマライズ系のCSSを使用しており、かつベーススタイルの余白を活かすことができる場合は、各セレクターに余白を定義しないこともあるでしょう。しかしこれを途中からハードリセット系のCSSに変更すると、ベーススタイルに依存していた余白は削除され、各要素間が詰まってしまいます。

逆に最初にハードリセット系のCSSを採用して開発を進め、途中でノーマライズ系のCSSに変更した場合はどうなるでしょうか。各要素のpaddingやmarginなどのリセットをハードリセット系のCSSに担わせていたため、各モジュールにはその打ち消しのスタイリングをしていないはずです。そのためノーマライズ系のCSSに変えたとたんにモジュールのいたるところで意図しない余白などが発生し、モジュールは文字通り崩壊します。

これらの問題は何もCSS設計に限った話ではありません。いかなるプロジェクトにおいても、開始時にどのリセットCSSか最適か、きちんと検証することをお勧めします。

CSS設計の前に

2-3 英単語を結合する方式の名前

CSS 設計の本題に入る前にもうひとつ、複数の英単語を使用する際の書き方の名前を紹介します。例えば「サブタイトル」を英語でクラス名にしようと思ったとき、

- sub-titleとハイフンでつなぐ
- sub_titleとアンダースコアでつなぐ
- subTitleとふたつ目以降の英単語をの 1 文字目を大文字にする
- SubTitleとすべての英単語の 1 文字目を大文字にする

など、どの記法で書くか悩んだことがある人は多いのではないでしょうか？

どの記法がベストかは別として（というより、決められません）、これらの記法にはそれぞれちゃんと名前が付いています。Chapter 3 でご紹介するさまざまな設計手法においても、それぞれ異なる記法を採用しており、解説にこの名前を使います。

この記法の名前についてはCSS 設計に限らずプログラミング全般において共通ですので、ぜひ覚えておくとよいでしょう。

- sub-titleとハイフンでつなぐ→ハイフンケース（またはケバブケース）
- sub_titleとアンダースコアでつなぐ→スネークケース
- subTitle とふたつ目以降の英単語をの 1 文字目を大文字にする→ローワーキャメルケース（または単にキャメルケース）
- SubTitleとすべての英単語の1 文字目を大文字にする→アッパーキャメルケース（またはパスカルケース）

2-4 よいCSS設計が目指す4つのゴール

それではようやく、本書の本題であるCSS設計の話に入っていきましょう。まずは抽象的に、「よいCSSとは何か」を考えてみます。その際に役立つ指針が「よいCSS設計が目指す4つのゴール」であり、これはGoogleのエンジニアであるPhilip Walton氏のブログ※で提唱されている考え方です。

この考え方はCSS設計について調べるとたびたび目にする有名なもので、

- 予測できる
- 再利用できる
- 保守できる
- 拡張できる

の4つのポイントが挙げられています。

※ CSS Architecture：https://philipwalton.com/articles/css-architecture/

予測できる

「予測できる」とは即ち、「スタイリングが期待通りに振る舞うかどうか」「スタイリングの影響範囲が予測できるか」を意味しています。新しいスタイリングを追加する、または既存のスタイリングを更新しても、自分の意図しない箇所に影響を与えないよう設計されているべきです。

小さなWebサイトではさして問題ではないかもしれませんが、数十ページ、あるいは数百ページからなる大きなWebサイトではこの考え方は必須のものとなります。

再利用できる

例えば既存のパーツを別の箇所でも使用したいとなったとき、コードをいちいち書き直したり上書きする手間がない状態が「再利用できる」状態です。そのために、スタイリングはきちんと抽象化されており、また適切に分離されている必要があります。

「抽象化」「分離」と言われてもまだイメージが湧きづらいかと思いますが、後ほど紹介するOOCSSを理解すると、「再利用できる」が言わんとすることが掴めるかと思います。

保守できる

新しいモジュールや機能を追加・更新、あるいは配置換えしたとき、既存のCSSをリファクタリングする必要がない状態が「保守できる」状態です。例えばモジュールAを追加したときに、すでにあるモジュールBに影響を与えて壊してしまうような状況は望ましくありません。

拡張できる

「拡張できる」CSSとは、CSSに携わる人が1人であっても複数からなるチームであっても、問題なく管理できる状態を指します。そのためにはCSS設計の規則はわかりやすく、学習コストが極端に高くない状態である必要があります。

最初は1人で開発を始めたとしても、Webサイトが大きくなったり複雑になればCSSに携わる人は自然と増えるのが現代の開発ですので、早い段階から「拡張できる」CSSとなっているかどうかを意識しましょう。

以上が、よいCSS設計が目指す4つのゴールの意味するところです。これからCSS設計を学ぼうと思う人は現段階ではまだピンとこないかもしれませんが、今はそれで大丈夫です。

本書を読み進め、実際に自分で手を動かしてみてから再度このセクションを読み直してみると、言わんとしていることが何となく理解できるようになっていると思います！

2-5 CSS設計の実践と8つのポイント

では実際に先ほど挙げた「よいCSS設計が目指す4つのゴール」を実現しようと思うと、さまざまな工夫をしながらコードを書くことになります。何の指標もなしに工夫をするのは考えることが多すぎて頭がこんがらがってしまいますが、実はどの方法も概ね次の8つのいずれかに該当します。

本書にてこの後紹介する、

- OOCSS
- SMACSS
- BEM
- PRECSS

いずれの設計手法においても、必ず8つのポイントのうちどれかに該当する規則を持っています。本Chapter以降も「この規則・工夫は8つのうちどれに該当するか？」を繰り返し提示していきますので、ぜひこのセクションはいつでも開き直せるように目印を付けることをオススメします。

1. 特性に応じてCSSを分類する
2. コンテンツとスタイリングが疎結合である
3. 影響範囲がみだりに広すぎない
4. 特定のコンテキストにみだりに依存していない
5. 詳細度がみだりに高くない
6. クラス名から影響範囲が想像できる
7. クラス名から見た目・機能・役割が想像できる
8. 拡張しやすい

また上記8つを実際にどのように実践していくかを示すために、次のモジュールを使用します（図2-7）。

ユーザーを考えた設計で満足な体験を

提供するサービスやペルソナによって、webサイトの設計は異なります。サービスやペルソナに合わせた設計を行うことにより、訪問者にストレスのないよりよい体験を生み出し、満足を高めることとなります。
わたしたちはお客さまのサイトに合ったユーザビリティを考えるため、分析やヒアリングをきめ細かく実施、満足を体験できるクリエイティブとテクノロジーを設計・構築し、今までにない期待を超えたユーザー体験を提供いたします。

ペルソナとは？

自社商品、サービスの理想的・象徴的な顧客像のこと。アプローチする対象を明確にすることで、効率的なマーケティング施策を行うことが可能となります。

図 2-7　CSS 設計のサンプルとして使用するモジュール

なおモジュールとはサイト内で使い回すことを想定したひとかたまりのパーツで、「コンポーネント」とも呼ばれます。CSS設計と聞くと、このコンポーネントやモジュールのことを想像される方も多いのではないでしょうか。CSS設計においては「コンポーネント」「モジュール」はいずれも同じものを指して語られていることが多いですが、本書では以後呼称を「モジュール」とします。

このモジュールは次のようなコードとなっていることを想定します。リセットCSSは、css-wipeを使用していることを前提とします。

始めに言っておくと、これは理想的なコードではありません（ひどすぎて、見ていて具合の悪くなるコードですね！）。CSS設計の8つのポイントを紹介しながら、解説としてこのコードをPRECSSに基づいてリファクタリング※していきます。PRECSSの詳細はChapter 3で解説しますが、現段階ではあまり突っ込んだ話はしないため、このまま読み進められるかと思います。

※ 見た目や振る舞いを変えずに、コードを改善することです。

HTML

```
<article id="main">
  <div class="module main-module">
    <figure>
      <img src="/assets/img/elements/persona.jpg" alt=" 写真：手に持たれた
スマホ ">
    </figure>
    <div>
      <h2>
        ユーザーを考えた設計で満足な体験を
      </h2>
      <p>
        提供するサービスやペルソナによって、web サイトの設計は異なります。サービ
スやペルソナに合わせた設計を行うことにより、訪問者にストレスのないよりよい体験を
```

```
生み出し、満足を高めることとなります。<br>
            わたしたちはお客さまのサイトに合ったユーザビリティを考えるため、分析や
ヒアリングをきめ細かく実施、満足を体験できるクリエイティブとテクノロジーを設計・
構築し、今までにない期待を超えたユーザー体験を提供いたします。
        </p>
        <h3> ペルソナとは？ </h3>
        <span>
          自社商品、サービスの理想的・象徴的な顧客像のこと。アプローチする対象を
明確にすることで、効率的なマーケティング施策を行うことが可能となります。
        </span>
      </div>
    </div>
</article>
```

CSS

```
#main span {
  color: #555;
  font-size: 14px;
}
#main div.module.main-module {
  /* 左右中央揃えのための指定 */
  max-width: 1200px;
  padding-right: 15px;
  padding-left: 15px;
  margin-right: auto;
  margin-left: auto;
  /* モジュールに対する指定 */
  display: flex;
  align-items: center;
  font-family: sans-serif;
  font-size: 16px;
  line-height: 1.5;
}
#main div.module.main-module
figure {
  flex: 1 1 25%;
  margin-right: 3.33333%;
}
#main div.module.main-module img
{
  width: 100%;
  vertical-align: top;
}
#main div.module.main-module div
{
  flex: 1 1 68.33333%;
}
#main div.module.main-module h2
{
  margin-bottom: 10px;
  font-size: 18px;
  font-weight: bold;
}
#main div.module.main-module h3
{
  margin-top: 10px;
  margin-bottom: 10px;
  font-size: 16px;
  border-bottom: 1px solid #555;
}
```

1. 特性に応じてCSSを分類する

まずひとつ目は、CSSの分類についてです。どういうことかというと、

- 例えば先ほどのリセットCSSや「リンクテキストは赤にする = a { color: red; }」などサイト全体の下地となるベーススタイルを「ベースグループ」とみなす
- ヘッダーやフッター、コンテンツエリアを形成するスタイリングを「レイアウトグループ」とみなす
- モジュールに関わるCSSを「モジュールグループ」とみなす

など、CSSの役割や特性に応じてグループ分けすることです。各設計手法については後ほどChapter 3で詳しく解説しますが、この方法はSMACSS、PRECSSで採用されています。

またこの分類に付随して、モジュール名に接頭辞を付けて、どの分類になるかの目印にすることもよくあります。例えばレイアウトに関するコードに対しては、SMACSSでは「l-」※1、PRECSSでは「ly_」の接頭辞がつきます。モジュールの分類の場合は、PRECSSでは「el_」「bl_」の接頭辞を使用します※2。

※1 クラスセレクターを使用する場合です。
※2「l-」「ly_」はともにlayoutの略で、「el_」はelement、「bl_」はblockの略です。

モジュールのリファクタリング

■ ベースグループの定義

実際にモジュールのコードを、特性に応じて分類してみましょう。まず次のコードに着目します。

```css
CSS
#main div.module.main-module {
  /* 左右中央揃えのための指定 */
  max-width: 1200px;
  padding-right: 15px;
  padding-left: 15px;
  margin-right: auto;
  margin-left: auto;
  /* モジュールに対する指定 */
  display: flex;
  align-items: center;
  font-family: sans-serif; /* このコードに着目 */
  font-size: 16px;
  line-height: 1.5;
}
```

ベースフォントを指定しているCSSですが、ベースフォントはこのモジュールだけに限った話ではありません。基本的にサイト内全体で共通です。新たなモジュールを作成する度に、毎回フォントを指定するのは面倒ですよね。ここではゴシック体を指定していますが、「やっぱりサイト全体で明朝体にしたい」と変更があったときも、モジュールごとの指定だと修正箇所が多岐にわたってしまいます。

そのため、例えばフォント指定はモジュールではなくbody要素に適用するようにしましょう。

CSS

```
body {
  font-family: sans-serif;
}
```

他にも、「サイト内共通であるべきもの」「サイトのベースとなってほしいもの」はベースグループに該当します。例えば、レスポンシブウェブデザインを構成する要素のひとつであるフルーイドイメージ※のコードなどもベースグループと言ってよいでしょう。つまりは、要素型セレクターでスタイリングされるようなものですね。

※ 親要素の幅に合わせて、画像を自動的に拡大・縮小させる方法です。

CSS

```
img {
  max-width: 100%;
  height: auto;
}
```

■ レイアウトグループの定義

次に「左右中央揃えのための指定」とコメントが入っているコードに着目します。

CSS

```css
#main div.module.main-module {
  /* 左右中央揃えのための指定 このコードに着目 */
  max-width: 1200px;
  padding-right: 15px;
  padding-left: 15px;
  margin-right: auto;
  margin-left: auto;
  /* モジュールに対する指定 */
  display: flex;
  align-items: center;
  font-size: 16px;
  line-height: 1.5;
}
```

これらのコードは図2-8のように、コンテンツエリアに対してモジュールを最大幅1200pxで左右中央揃えに配置するためのコードです（paddingは、スクリーンサイズを縮めた際に左右が詰まらないようにするための措置です）。

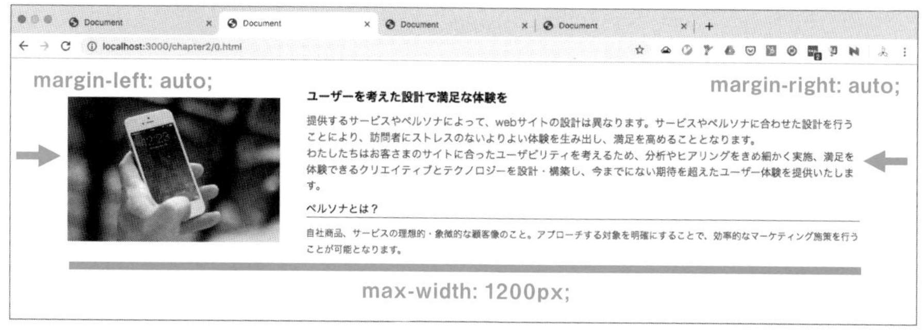
Document
Document
Document
Document
localhost:3000/chapter2/0.html
margin-left: auto;
margin-right: auto;
ユーザーを考えた設計で満足な体験を
提供するサービスやペルソナによって、webサイトの設計は異なります。サービスやペルソナに合わせた設計を行うことにより、訪問者にストレスのないよりよい体験を生み出し、満足を高めることとなります。
わたしたちはお客さまのサイトに合ったユーザビリティを考えるため、分析やヒアリングをきめ細かく実施、満足を体験できるクリエイティブとテクノロジーを設計・構築し、今までにない期待を超えたユーザー体験を提供いたします。
ペルソナとは？
自社商品、サービスの理想的・象徴的な顧客像のこと。アプローチする対象を明確にすることで、効率的なマーケティング施策を行うことが可能となります。
max-width: 1200px;

図2-8　モジュールに対する左右中央揃えのコードの概要

しかし、きっとこの後に他のモジュールが追加されても、きっと左右中央揃えで、1200pxのコンテンツ内に収まってほしいですよね。そのときにモジュールごとにmax-widthとpadding-right、pading-left、margin-right、margin-leftを毎回設定するのは手間で、また無駄の多いコードです。そのため、これらのプロパティはレイアウトグループ、すなわち「主に位置調整を担当するコード」として分離します。

そのためレイアウトに関することを担当するためのクラスとして、「ly_cont」を新たに作成し、モジュールではなくそのひとつ上の、コンテンツエリア全体を括っている article 要素にクラスを追加します。「ly_」というのはレイアウトグループにあることを表す接頭辞です。

```
HTML
<article id="main" class="ly_cont"> <!-- ly_contを追加 -->
  <div class="module main-module">
  (省略)
  </div>
</article>
```

そして、ly_contにレイアウトに関するスタイリングを移動します。

```
CSS
.ly_cont {
  max-width: 1200px;
  padding-right: 15px;
  padding-left: 15px;
  margin-right: auto;
  margin-left: auto;
}

#main div.module.main-module {
  display: flex;
  align-items: center;
  font-size: 16px;
  line-height: 1.5;
}
```

これで以後コンテンツエリアを定義するためのmax-widthとpadding-right、pading-left、margin-right、margin-leftを毎回設定する必要がなくなり、かつ例えばコンテンツエリアが1200pxから変更になったとしても、ly_contを編集するだけでよくなります。また「ly_」という接頭辞により、HTMLを見ただけでも「このクラスがレイアウトを担当しているんだな」と一目でわかるようになりました。

■ モジュールグループの定義

モジュールはサイト内全体で使い回すことを想定しているものですので、そのわかりやすい目印としてモジュール名に「bl_」という接頭辞を付けます（「main-module」というクラス名は「5. 詳細度がみだりに高くない」で説明するので、ひとまず気にしないでください）。

```
HTML
<div class="bl_module main-module"> <!-- bl_ という接頭辞を付けた -->
  （省略）
</div>
```

これにより「bl_が付いているということはモジュールグループで、つまりどのページでも再利用できる」という目印となります。

■ リファクタリング後のコード

下記が今までの修正をまとめたコードです。CSSにはグループの区切りをわかりやすくするために、コメントを追加しました。

```
HTML
<article id="main" class="ly_cont">
  <div class="bl_module main-module">
    <figure>
      <img src="/assets/img/elements/persona.jpg" alt=" 写真：手に持たれた
スマホ ">
    </figure>
    <div>
      <h2>
        ユーザーを考えた設計で満足な体験を
```

```
        </h2>
        <p>
          提供するサービスやペルソナによって、web サイトの設計は異なります。サービスやペルソナに合わせた設計を行うことにより、訪問者にストレスのないよりよい体験を生み出し、満足を高めることとなります。<br>
          わたしたちはお客さまのサイトに合ったユーザビリティを考えるため、分析やヒアリングをきめ細かく実施、満足を体験できるクリエイティブとテクノロジーを設計・構築し、今までにない期待を超えたユーザー体験を提供いたします。
        </p>
        <h3> ペルソナとは？ </h3>
        <span>
          自社商品、サービスの理想的・象徴的な顧客像のこと。アプローチする対象を明確にすることで、効率的なマーケティング施策を行うことが可能となります。
        </span>
      </div>
    </div>
</article>
```

CSS

```
/* ベース
    ================================================================ */
body {
  font-family: sans-serif;
}
/* レイアウト
    ================================================================ */
.ly_cont {
  max-width: 1200px;
  padding-right: 15px;
  padding-left: 15px;
  margin-right: auto;
  margin-left: auto;
}
/* モジュール
    ================================================================ */
#main span {
```

```
  color: #555;
  font-size: 14px;
}
#main div.bl_module.main-module {
  display: flex;
  align-items: center;
  font-size: 16px;
  line-height: 1.5;
}
#main div.bl_module.main-module figure {
  flex: 1 1 25%;
  margin-right: 3.33333%;
}
#main div.bl_module.main-module img {
  width: 100%;
  vertical-align: top;
}
#main div.bl_module.main-module div {
  flex: 1 1 68.33333%;
}
#main div.bl_module.main-module h2 {
  margin-bottom: 10px;
  font-size: 18px;
  font-weight: bold;
}
#main div.bl_module.main-module h3 {
  margin-top: 10px;
  margin-bottom: 10px;
  font-size: 16px;
  border-bottom: 1px solid #555;
}
```

以上、ここまでのコードの分類だけでも、少しコードがスッキリしたと思います！それだけなく、

- サイト全体に適用されるべきスタイルはベースグループ
- レイアウトに関するスタイルはレイアウトグループ
- サイト内全体で使い回したいものはモジュールグループ

と適切に分けることで、後からの要望や直しにも対応しやすい状態となります。
ここで例として挙げたのは3つのグループですが、この分類の数や定義は設計手法によって異なります。

モジュールに対するレイアウトの指定

今までの流れから、つまりモジュール自体にはレイアウトに関する指定は基本的に行わないことが、ベストプラクティスになります。
「レイアウトに関する指定」とは、具体的には

- position（static, relativeを除く）
- z-index
- top / right / bottom / left
- float
- width
- margin

などが該当します。これらの値をモジュール自体には直接設定しないようにすることで、多くのモジュールはブロックレベル要素の特性に従い親要素の横幅100%になり、またモジュールを複数縦に並べた場合、上下の余白がなく詰まった状態になります。
この状態であれば、モジュールをどのような場所で使用しても変に崩れたり、レイアウトに関するスタイル打ち消しのためのCSSを記述する必要がないため、とても再利用性が高い状態となっています。
ただし現実としてモジュール同士の上下間の余白をいちいち設定するのは手間でもあるので、margin-top / margin-bottom 程度はモジュール自体に付けてしまうのもよいでしょう。このあたりの余白実装パターンについては、Chapter 7のコラムにまとめています。
この考え方について、少し難しい言い方をすると「モジュールは、そのモジュール自体のあしらい、及び子要素のスタイリング（レイアウトやあしらいなど）のみに関心

を持つべきで、『自分がどこに、どのようなサイズで配置されるか？』については、レイアウトグループ、あるいは、そのモジュールが使われるコンテキストに任せるべき」ということができます。

小難しい内容ではありますが、現段階ではまだいまいち理解できていなくとも構いません。ただこの「モジュール自体にはレイアウトに関する指定はしない」というのは本書内においてたびたび登場しますので、その度に繰り返しここの説明を読んでみて、少しずつ理解を深めてみてください。

COLUMN 「場所、状況」==「コンテキスト」

先に挙げた「場所、状況」という言葉は、よく「コンテキスト（直訳すると『文脈』）」と呼ばれます。この「コンテキスト」という言葉はCSS設計だけでなく他のプログラミング言語においてもしばしば聞く言葉ですので、覚えておくときっと何かの拍子に役立つでしょう。

2. HTMLとスタイリングが疎結合である

次のポイントが「HTMLと疎結合である」です。疎結合という言葉が聞き慣れない方もいるかもしれませんが、意味としては「HTMLとの結びつきが強くない」「HTMLに依存していない」あたりになります。

逆にHTMLに強く結びついている、依存している状態のことを「HTMLと密結合である」と言ったりもします。「密結合／疎結合」という言葉はCSS設計に留まらず、プログラミング全般においてたびたび耳にしますので、ぜひ慣れておくとよいでしょう。

ではなぜＨＴＭＬと疎結合であるのがよいかと言うと、これも今までのコードを例に解説していきます。

モジュールのリファクタリング

HTML

```
<article id="main" class="ly_cont">
  <div class="bl_module main-module">
    (省略)
    <h2> <!-- このコードに着目 -->
      ユーザーを考えた設計で満足な体験を
    </h2>
    (省略)
  </div>
</article>
```

CSS

```
#main div.bl_module.main-module h2 { /* このコードに着目 */
  margin-bottom: 10px;
  font-size: 18px;
  font-weight: bold;
}
```

h2要素が使用されている箇所に着目します（図2-9）。

ユーザーを考えた設計で満足な体験を
提供するサービスやペルソナによって、webサイトの設計は異なります。サービスやペルソナに合わせた設計を行うことにより、訪問者にストレスのないよりよい体験を生み出し、満足を高めることとなります。
わたしたちはお客さまのサイトに合ったユーザビリティを考えるため、分析やヒアリングをきめ細かく実施、満足を体験できるクリエイティブとテクノロジーを設計・構築し、今までにない期待を超えたユーザー体験を提供いたします。
ペルソナとは？
自社商品、サービスの理想的・象徴的な顧客像のこと。アプローチする対象を明確にすることで、効率的なマーケティング施策を行うことが可能となります。

図2-9　h2要素が使用されている箇所

モジュールはいろいろなページで使い回されることを前提としていますが、見出し要素は文書構造に影響するため、使用されるページや場所、状況によってh3にしたり、あるいはh4にする必要が出てきます。

そういった変更にも対応する方法として、最も単純なのは次のコードのようにグループセレクターを利用することです。

```css
#main div.bl_module.main-module h2,
#main div.bl_module.main-module h3,
#main div.bl_module.main-module h4 {
  margin-bottom: 10px;
  font-size: 18px;
  font-weight: bold;
}
```

しかし、このコードは期待通りの結果をもたらさず、図2-10のように「ペルソナとは？」の箇所が太字になってしまいます。

ユーザーを考えた設計で満足な体験を
提供するサービスやペルソナによって、webサイトの設計は異なります。サービスやペルソナに合わせた設計を行うことにより、訪問者にストレスのないよりよい体験を生み出し、満足を高めることとなります。
わたしたちはお客さまのサイトに合ったユーザビリティを考えるため、分析やヒアリングをきめ細かく実施、満足を体験できるクリエイティブとテクノロジーを設計・構築し、今までにない期待を超えたユーザー体験を提供いたします。
ペルソナとは？
自社商品、サービスの理想的・象徴的な顧客像のこと。アプローチする対象を明確にすることで、効率的なマーケティング施策を行うことが可能となります。

図2-10　グループセレクターを使用して、意図しない表示となった様子

これはなぜかというと、次のコードのようにh3要素に対するスタイリングが重複してしまっているためです。

```css
#main div.bl_module.main-module
h2,
#main div.bl_module.main-module
h3,
#main div.bl_module.main-module
h4 {
  margin-bottom: 10px;
  font-size: 18px;
  font-weight: bold; /* このスタイリングが「ペルソナとは？」に適用されてしまっている */
}
#main div.bl_module.main-module
h3 {
  margin-top: 10px;
  margin-bottom: 10px;
  font-size: 16px;
  border-bottom: 1px solid #555;
}
```

「ペルソナとは？」の方はh3にもh4にもなり得るので、同じ方法でセレクターをh4のみにする訳にもいきません。要素型セレクター使用する限りこの複雑で厄介な問題はつきまといますが、解決方法はシンプルで、**「要素型セレクターを使用しない」**、つまり**「HTMLとスタイリングの結びつきを弱める(== 疎結合にする)」**です。

例えば「ユーザーを考えた〜」の方に「title」というクラス名を、「ペルソナとは？」の方に「sub-title」というクラス名を付けて、クラスセレクターを使用することで、この問題は容易に回避できます。

HTML

```
<article id="main" class="ly_cont">
  <div class="bl_module main-module">
    <h2 class="title">
      ユーザーを考えた設計で満足な体験を
    </h2>
    （省略）
    <h3 class="sub-title">ペルソナとは？</h3>
    （省略）
  </div>
</article>
```

CSS

```
#main div.bl_module.main-module .title {
  margin-bottom: 10px;
  font-size: 18px;
  font-weight: bold;
}

#main div.bl_module.main-module .sub-title {
  margin-top: 10px;
  margin-bottom: 10px;
  font-size: 16px;
  border-bottom: 1px solid #555;
}
```

これで、それぞれがどの見出しレベルであろうと、スタイリングが混ざることはありません。

また見出し要素に限らず、他の要素に関してもHTMLの要素名をなるべくセレクターとして使用しないようにするのがベストプラクティスです。例えば今までがdiv要素だったものが、何かの都合でp要素になったりすると、div要素に対して設定していたスタイルが適用されなくなってしまうためです。

そのため、各セレクターにて「#main div.bl_module.main-module」となっているうちの「div」をついでに取ってしまいましょう。これは、「5. 詳細度がみだりに高くない」にもつながります。

CSS

```
#main .bl_module.main-module .title {
  margin-bottom: 10px;
  font-size: 18px;
  font-weight: bold;
}

#main .bl_module.main-module .sub-title {
  margin-top: 10px;
  margin-bottom: 10px;
  font-size: 16px;
  border-bottom: 1px solid #555;
}
```

リファクタリング後のコード

以上を踏まえて、モジュール内の要素へのスタイリングを全体的にクラスセレクターを使用した方法に書き換えたコードを掲載します。

現実としてすべての要素にクラスを設定するのは、なかなか手間のかかる作業でもあります。例えば次のコードの「#main .bl_module.main-module .image-wrapper img {}」のセレクターのように、ある程度範囲が絞られている要素については、HTMLの要素名をそのまま使用しても差し支えありません。

ただしdiv要素やp要素、span要素はモジュール内でよく使用されるので、これらについてはきちんとクラス名を設定しておくと、後々モジュールを改修する必要が生じた際も困りません（「#main span」は「3. 影響範囲がみだりに広すぎない」で解説するため、このままにしておきます）。

Chapter 1
Chapter 2
Chapter 3
Chapter 4
Chapter 5
Chapter 6
Chapter 7
Chapter 8
Chapter 9

HTML
```
<article id="main" class="ly_cont">
  <div class="bl_module main-module">
    <figure class="image-wrapper">
      <img src="/assets/img/elements/persona.jpg" alt="写真：手に持たれた
スマホ">
    </figure>
    <div class="body">
      <h2 class="title">
        ユーザーを考えた設計で満足な体験を
      </h2>
      <p>
        提供するサービスやペルソナによって、webサイトの設計は異なります。サービ
スやペルソナに合わせた設計を行うことにより、訪問者にストレスのないよりよい体験を
生み出し、満足を高めることとなります。<br>
        わたしたちはお客さまのサイトに合ったユーザビリティを考えるため、分析や
ヒアリングをきめ細かく実施、満足を体験できるクリエイティブとテクノロジーを設計・
構築し、今までにない期待を超えたユーザー体験を提供いたします。
      </p>
      <h3 class="sub-title">ペルソナとは？</h3>
      <span>
        自社商品、サービスの理想的・象徴的な顧客像のこと。アプローチする対象を
明確にすることで、効率的なマーケティング施策を行うことが可能となります。
      </span>
    </div>
  </div>
</article>
```

```
CSS
/* ベース・レイアウトは変更がないため省略します */

/* モジュール
   ================================================================ */
#main span {
  color: #555;
  font-size: 14px;
}
#main .bl_module.main-module {
  display: flex;
  align-items: center;
  font-size: 16px;
  line-height: 1.5;
}
#main .bl_module.main-module .image-wrapper {
  flex: 1 1 25%;
  margin-right: 3.33333%;
}
#main .bl_module.main-module .image-wrapper img {
  width: 100%;
  vertical-align: top;
}
#main .bl_module.main-module .body {
  flex: 1 1 68.33333%;
}
#main .bl_module.main-module .title {
  margin-bottom: 10px;
  font-size: 18px;
  font-weight: bold;
}
#main .bl_module.main-module .sub-title {
  margin-top: 10px;
  margin-bottom: 10px;
  font-size: 16px;
  border-bottom: 1px solid #555;
}
```

HTMLとスタイリングが疎結合であることは、「よいCSS設計が目指す4つのゴール」で紹介した「再利用できる」「保守できる」にもつながります。

HTMLとスタイリングが疎結合でない他のパターン

今までのモジュールとは関係ありませんが、もうひとつ、HTMLと疎結合でない（=密結合な）状態を見てみましょう。

```
CSS
a[href="https://google.co.jp"] {
  color: red;
}
```

このスタイリングは「リンク先がhttps://google.co.jpであれば、文字色を赤にする」ということを表しています。しかし、後から「Yahoo! JAPANの場合も赤にしたい」という追加要望があるとどうでしょうか？　単純に考えれば、次のようグループセレクターを使用して対応できます。

```
CSS
a[href="https://google.co.jp"],
a[href="https://yahoo.co.jp"] {
  color: red;
}
```

こういった追加要望がある度に、CSSに手を加えるのは面倒です。属性セレクターを使用して、かつ「特定の文字列を持つ場合（リンク先がGoogleまたはYahoo! JAPANの場合）」というのは、グループセレクターの記述を増やさない限り他の文字色を赤にしたいパターンに対応できません。そのため、**属性セレクターの特定の値を使用してスタイリングすることも、基本的には避けるべき**です。

3. 影響範囲がみだりに広すぎない

次に気を付けるべきは「影響範囲がみだりに広すぎない」です。「みだりに」というところがポイントで、きちんと計算・考慮したうえで影響範囲の広いCSSを書いているのであれば、それはそれで構いません。ベースグループのコードなどがそうですね。

しかし影響範囲の広いCSSに無駄なスタイリングなどが含まれていると、とても大変な思いをします。新しいモジュールを作成するたびに無駄なスタイリングを打ち消すコードを書かなければならなかったり、影響範囲の広いCSSを修正しようにも、文字通り影響範囲が広いので、どこで崩れなどが発生するかわかりません。一度影響範囲の広いコードを書くと、プロジェクトはずっとその負債を抱え続けることになります※。

先に結論を言ってしまうと、解決策としては、

- スコープを絞る（影響範囲を狭くする）
- 影響範囲の広いCSSに含めるスタイリングは、なるべく最小限に留める

のいずれかになります。

このうち「スコープを絞る」について、モジュールのコードを使用して解説していきます。

※ これは恐らく、CSS 以外にも言えることでしょう。

モジュールのリファクタリング

今回問題となるのは、次のコードです。

```css
CSS
#main span {
  color: #555;
  font-size: 14px;
}
```

表示としては、「ペルソナとは？」に続く説明文にあたります（図2-11）。

ユーザーを考えた設計で満足な体験を
提供するサービスやペルソナによって、webサイトの設計は異なります。サービスやペルソナに合わせた設計を行うことにより、訪問者にストレスのないよりよい体験を生み出し、満足を高めることとなります。
わたしたちはお客さまのサイトに合ったユーザビリティを考えるため、分析やヒアリングをきめ細かく実施、満足を体験できるクリエイティブとテクノロジーを設計・構築し、今までにない期待を超えたユーザー体験を提供いたします。
ペルソナとは？
自社商品、サービスの理想的・象徴的な顧客像のこと。アプローチする対象を明確にすることで、効率的なマーケティング施策を行うことが可能となります。

図 2-11 「#main span」にあたる要素

今回の目的としては、あくまで上記モジュールの該当部分の色をグレーにし、フォントサイズを14pxに設定することです。それに対し、「#main span」というセレクターは明らかに過剰ですよね。これでは上記のモジュールに関わらず、#main内のspan要素はすべて同様のスタイルがあたってしまいます※。

仮に「#main内のspan要素は必ずそのスタイルになってほしい、そうなるべき」という事情や規則があるならこのコードも一考の余地がありますが、そうでなければ次のようにスコープを絞るのがよいでしょう。

※ もっとも、今回のモジュールの該当部分においてはspan要素よりもp要素の方が適切なのですが、今回はCSS設計の解説のためspan要素を使用しています。

```css
CSS
#main .bl_module.main-module span {
  color: #555;
  font-size: 14px;
}
```

ただし筆者に言わせると、このコードもまだ少しスコープが広いように感じます。というのも、span要素はスタイリングをするために汎用的に使用されることが多いため、モジュール内に複数のspan要素があっても、それぞれ見た目はまったく異なることがあるのです。そのため、次のコードのようにもう少しスコープを絞ると、より安全でしょう。

```
CSS
#main .bl_module.main-module .body > span {
  color: #555;
  font-size: 14px;
}
```

このようにスコープを絞る場合は、なるべく直近の親要素までセレクターに含めたり、子孫セレクターではなく子セレクターが使用できないか検討することがポイントです。ただし今回の例で言えば、結局「ペルソナとは？」に続くテキストにスタイリングをするのが目的なので、「2. HTMLとスタイリングが疎結合である」で挙げたように、span要素に「sub-text」などのクラスを設定して、そのクラスにスタイリングするのが一番いい方法です（今回は影響範囲の話をしたいので、このままいきます）。

繰り返しになりますが、「影響範囲の広さ」に関するポイントとしては

- まずスコープを絞れないか検討する
- ベーススタイルなど影響範囲の広いCSSに含めるスタイリングは、なるべく最小限に留める

の2点になります。

リファクタリング後のコード

以下が、リファクタリング後のコードです。HTMLには変更がありませんので省略します。

CSS

```
/* ベース・レイアウトは変更がないため省略します */

/* モジュール
   ============================================================== */
#main .bl_module.main-module {
  display: flex;
  align-items: center;
  font-size: 16px;
  line-height: 1.5;
}
#main .bl_module.main-module .image-wrapper {
  flex: 1 1 25%;
  margin-right: 3.33333%;
}
#main .bl_module.main-module .image-wrapper img {
  width: 100%;
  vertical-align: top;
}
#main .bl_module.main-module .body {
  flex: 1 1 68.33333%;
}
#main .bl_module.main-module .title {
  margin-bottom: 10px;
  font-size: 18px;
  font-weight: bold;
}
#main .bl_module.main-module .sub-title {
  margin-top: 10px;
  margin-bottom: 10px;
  font-size: 16px;
  border-bottom: 1px solid #555;
}
```

```
#main .bl_module.main-module .body > span {
  color: #555;
  font-size: 14px;
}
```


4. 特定のコンテキストにみだりに依存していない

次のポイントは「特定のコンテキストにみだりに依存していない」です。コンテキストとは「場所や状況」のことでした。コンテキストに依存していると何が問題かというと、ズバリ「コンテキストが変わったとたん、コードが動かなくなる」ことです。

モジュールのリファクタリング

今回の例で言えば、「#main .bl_module.main-module」というセレクターがリファクタリング対象となります。セレクターの頭に「#main」と付いてしまっているため、このセレクターは「#mainというコンテキストに依存している（#mainの中でないと動かない）」ということになります。

試しに、モジュールを #main の外に出してみましょう。図2-12のように、見事にスタイルがあたりません。コードは次のイメージです。

HTML

```html
<article id="main" class="ly_cont">
  <div class="bl_module main-module">
  (省略)
  </div>
</article>

<!-- #main2 を作ってみる -->
<article id="main2" class="ly_cont">
  <div class="bl_module main-module">
  (省略)
  </div>
</article>
```

Document
Document
Document
Document
localhost:3000/chapter2/4.html
ユーザーを考えた設計で満足な体験を
提供するサービスやペルソナによって、webサイトの設計は異なります。サービスやペルソナに合わせた設計を行うことにより、訪問者にストレスのないよりよい体験を生み出し、満足を高めることとなります。
わたしたちはお客さまのサイトに合ったユーザビリティを考えるため、分析やヒアリングをきめ細かく実施、満足を体験できるクリエイティブとテクノロジーを設計・構築し、今までにない期待を超えたユーザー体験を提供いたします。
ペルソナとは？
自社商品、サービスの理想的・象徴的な顧客像のこと。アプローチする対象を明確にすることで、効率的なマーケティング施策を行うことが可能となります。
12:23
ユーザーを考えた設計で満足な体験を
提供するサービスやペルソナによって、webサイトの設計は異なります。サービスやペルソナに合わせた設計を行うことにより、訪問者にストレスのないよりよい体験を生み出し、満足を高めることとなります。
わたしたちはお客さまのサイトに合ったユーザビリティを考えるため、分析やヒアリングをきめ細かく実施、満足を体験できるクリエイティブとテクノロジーを設計・構築し、今までにない期待を超えたユーザー体験を提供いたします。
ペルソナとは？
自社商品、サービスの理想的・象徴的な顧客像のこと。アプローチする対象を明確にすることで、効率的なマーケティング施策を行うことが可能となります。

図2-12　#main内のモジュール(上)、#main2内のモジュール(下)

モジュールには前提として「サイト内全体でどこでも使い回したい」という意図があるので、「#main内でないとスタイルが適用されない」というのは望ましい状態ではありません。そのため、次のコードのように#mainをセレクターから外して、モジュールが#mainに関わらずどこでも使えるようにします（これは「5. 詳細度がみだりに高くない」にもつながります）。

CSS

```
.bl_module.main-module {
  display: flex;
  align-items: center;
  font-size: 16px;
  line-height: 1.5;
}
```

ちなみに、コンテンツエリアに対する横幅(1200px)指定と左右中央揃えが効いているのは、レイアウトコードをきちんとly_contクラスに分離したお陰です。

リファクタリング後のコード

今回もHTMLには手を加えていないので、CSSのみ掲載します。#mainがセレクターからなくなったことで、だんだんスッキリしてきました。

CSS
```
/* ベース・レイアウトは変更がないため省略します */

/* モジュール
   ================================================================== */
.bl_module.main-module {
  display: flex;
  align-items: center;
  font-size: 16px;
  line-height: 1.5;
}
.bl_module.main-module .image-wrapper {
  flex: 1 1 25%;
  margin-right: 3.33333%;
}
.bl_module.main-module .image-wrapper img {
  width: 100%;
  vertical-align: top;
}
.bl_module.main-module .body {
  flex: 1 1 68.33333%;
}
.bl_module.main-module .title {
  margin-bottom: 10px;
  font-size: 18px;
  font-weight: bold;
}
.bl_module.main-module .sub-title {
  margin-top: 10px;
  margin-bottom: 10px;
  font-size: 16px;
  border-bottom: 1px solid #555;
}
```

```
.bl_module.main-module .body > span {
  color: #555;
  font-size: 14px;
}
```

5. 詳細度がみだりに高くない

続いてのポイントは「詳細度がみだりに高くない」です。詳細度が高いCSSは

- セレクターの見通しが悪くなりがち
- 他の要素（親要素など）に対する依存が多くなりがち
- 上書きが難しい
- ゆえにメンテナンスの工数が増える

と、基本的にあまりいいことがありません。「既存のＣＳＳの詳細度が高すぎて上書きするのが手間で、仕方なく !important を使う」というのは誰しもが経験したことがあるのではないでしょうか？

!importantを使用するとますます上書きが難しくなるので、そうならないためにも、最初からなるべく詳細度を抑えておくのが、CSSを長く綺麗に運用する秘訣です。

実際に詳細度を低くするためのコツとしては、**「セレクターはクラスセレクターを使用する」**ことが基本です。IDセレクターはそれだけで詳細度が高く、またHTML側で１ページ内で同一の値のIDは１回しか使えない制約がありますので、IDをスタイリング目的に使用するメリットはあまりありません。

モジュールのリファクタリング

今までのモジュールのコードには「main-module」というクラスが存在し、CSSのセレクターも、次のコードの通りこのmain-moduleを含む形にしていました。

```
CSS
.bl_module.main-module { … }
```

しかしクラスが複数付いているからと言って、わざわざセレクターにまで複数のクラスを付ける必要はありません※。

このサンプルのmain-moduleというクラス名に関しては「#mainの中にあるモジュール」程度の意味を表すために用意したもので、main-moduleそれ自体に対して特にスタイリングを行っているわけではありません。また「4. 特定のコンテキストにみだりに依存していない」でも触れましたが、基本的にモジュールが特定のコンテキストに依存しているのはナンセンスですので、HTML・CSSからmain-moduleを取ってしまいましょう。次のようなコードになります。

※ 明確な上書きなどの意図がある場合は別です。

CSS
```
.bl_module { … }
```

リファクタリング後のコード

以下がリファクタリング後のコードの全体になります。今回はHTMLにも変更を加えましたが、「main-module」を取っただけのシンプルな変更なので、CSSのみ掲載します。段々と綺麗なコードになってきましたね！

CSS
```
/* ベース・レイアウトは変更がないため省略します */

/* モジュール
   ================================================================== */
.bl_module {
  display: flex;
  align-items: center;
  font-size: 16px;
  line-height: 1.5;
}
.bl_module .image-wrapper {
  flex: 1 1 25%;
  margin-right: 3.33333%;
}
```

```
.bl_module .image-wrapper img {
  width: 100%;
  vertical-align: top;
}
.bl_module .body {
  flex: 1 1 68.33333%;
}
.bl_module .title {
  margin-bottom: 10px;
  font-size: 18px;
  font-weight: bold;
}
.bl_module .sub-title {
  margin-top: 10px;
  margin-bottom: 10px;
  font-size: 16px;
  border-bottom: 1px solid #555;
}
.bl_module .body > span {
  color: #555;
  font-size: 14px;
}
```

6. クラス名から影響範囲が想像できる

次のポイントは「クラス名から影響範囲が想像できる」です。Webサイトは大きくなればなるほどモジュールやその他のクラスも増えていきますので、「このクラスを編集すると、どの程度の範囲に影響を及ぼすのか」をクラス名から判断できることはとても重要です。

「3. 影響範囲がみだりに広すぎない」でも触れましたが、影響範囲の広いコードというのはときにどうしても必要になってきますので、「影響範囲が広いこと」が問題なのではなく、「影響範囲が狭いか広いか、クラス名からきちんとわかるようにする」ということが本セクションでお伝えしたいことです。

このポイントを見極めるコツは、ズバリ「HTMLだけ見て予想した影響範囲が、CSSでのスタイリングと一致しているかどうか」です。

モジュールのリファクタリング

モジュールの現時点でのHTMLのコードを、再度掲載します。

```
HTML
<article id="main" class="ly_cont">
  <div class="bl_module">
    <figure class="image-wrapper"> ─①
      <img src="/assets/img/elements/persona.jpg" alt=" 写真：手に持たれた
スマホ ">
    </figure>
    <div class="body"> ─②
      <h2 class="title"> ─③
        ユーザーを考えた設計で満足な体験を
      </h2>
      <p>
        提供するサービスやペルソナによって、web サイトの設計は異なります。サービ
スやペルソナに合わせた設計を行うことにより、訪問者にストレスのないよりよい体験を
生み出し、満足を高めることとなります。<br>
        わたしたちはお客さまのサイトに合ったユーザビリティを考えるため、分析や
ヒアリングをきめ細かく実施、満足を体験できるクリエイティブとテクノロジーを設計・
構築し、今までにない期待を超えたユーザー体験を提供いたします。
      </p>
      <h3 class="sub-title"> ペルソナとは？ </h3> ─④
      <span>
        自社商品、サービスの理想的・象徴的な顧客像のこと。アプローチする対象を
明確にすることで、効率的なマーケティング施策を行うことが可能となります。
      </span>
    </div>
  </div>
</article>
```

このうち筆者が問題として挙げるコードは、コメントで①、②、③、④と付けた

- image-wrapper
- body
- title
- sub-title

という、いずれもモジュールの子要素に付けたクラス名です。

例えば、「title」というクラス名に着目してみましょう。クラス名だけ見ると、このモジュール外でもタイトルとして使用できそうな気がしますね。しかし次のコードのようにモジュールの外でtitleクラスを使用しても、予想に反してCSSは適用されません（図2-13）。

```
HTML
<article id="main" class="ly_cont">
  <div class="bl_module">
  （省略）
  </div>

<!-- セクションタイトルのつもりで下記コードを追加したが、モジュール外であるため
title の CSS は適用されない -->
  <h2 class="title">
    デジタルマーケティング支援
  </h2>
</article>
```

デジタルマーケティング支援

ユーザーを考えた設計で満足な体験を

提供するサービスやペルソナによって、webサイトの設計は異なります。サービスやペルソナに合わせた設計を行うことにより、訪問者にストレスのないよりよい体験を生み出し、満足を高めることとなります。
わたしたちはお客さまのサイトに合ったユーザビリティを考えるため、分析やヒアリングをきめ細かく実施、満足を体験できるクリエイティブとテクノロジーを設計・構築し、今までにない期待を超えたユーザー体験を提供いたします。

ペルソナとは？

自社商品、サービスの理想的・象徴的な顧客像のこと。アプローチする対象を明確にすることで、効率的なマーケティング施策を行うことが可能となります。

図2-13　titleクラスを付けて追加したコードの表示

CSSを見れば、この結果は当然のものです。

```
CSS
.bl_module .title {
  margin-bottom: 10px;
  font-size: 18px;
  font-weight: bold;
}
```

しかし、このようなコードがプロジェクト内で散在していると、混乱を招いてしまうことは明らかでしょう。「クラスを試しに他の箇所で使ってみたけれど、スタイルが適用されない」ということが発生するたびに、CSSのセレクターがどのようになっているのかいちいち確認するのは非常に手間ですよね。

この問題に対する基本的な解決策、即ちクラス名から影響範囲が想像できるようにするにはどうすればよいかというと、**「モジュールの子要素には、モジュールのルート要素のクラス名を継承させる」**ようにします。ルート要素とは、モジュールの起点となる（一番上の親となる）要素のことで、今回の例では <div class="bl_module"> がルート要素にあたります。

bl_module内のみでの使用を想定しているtitleは、「bl_module_title」とします。要するに、「子要素のクラス名の頭にはモジュール名を付けましょう」ということですね。こうすることにより、モジュールのタイトル部分のコードは次のようになるので、「このタイトルのコードをモジュールの外に持ち出して使おう」とはなりづらくなります。

```
HTML
<div class="bl_module">
  （省略）
    <h2 class="bl_module_title">
      ユーザーを考えた設計で満足な体験を
    </h2>
  （省略）
</div>
```

「モジュールの子要素には、モジュールのルート要素のクラス名を継承させる」ことにより、モジュールに関わらず汎用的に使用したいクラスの見分けも付けやすくなります。

例えば「ペルソナとは？」に適用されているスタイルは、他の箇所でも使用できるようにしたいとしましょう。その場合は「sub-title」クラス名にモジュール名を付けず、そのままにします。そうすると他の子要素がクラス名に「bl_module」を持っているのに対し、sub-titleはbl_moduleを持っていないため、「これはbl_moduleの外でも使えそう」と予想することができます。もちろんCSSのセレクターも、それに合わせて書き換えます。

```
HTML
<div class="bl_module">
  （省略）
    <h2 class="bl_module_title">
      ユーザーを考えた設計で満足な体験を
    </h2>
  （省略）
    <h3 class="sub-title">
      ペルソナとは？
    </h3>
</div>
```

```
CSS
.sub-title {
  margin-top: 10px;
  margin-bottom: 10px;
  font-size: 16px;
  border-bottom: 1px solid #555;
}
```

リファクタリング後のコード

以上を踏まえて、リファクタリングしたコード全体を次に掲載します。なおPRECSSの表記の規則に従い、「image-wrapper」「sub-title」ハイフンケースを使用していた箇所は「imageWrapper」「subTitle」などとローワーキャメルケースにしています。

```
HTML
<article id="main" class="ly_cont">
  <div class="bl_module">
    <figure class="bl_module_imageWrapper">
      <img src="/assets/img/elements/persona.jpg" alt="写真：手に持たれた
スマホ">
    </figure>
```

```
      <div class="bl_module_body">
        <h2 class="bl_module_title">
          ユーザーを考えた設計で満足な体験を
        </h2>
        <p>
          提供するサービスやペルソナによって、web サイトの設計は異なります。サービ
スやペルソナに合わせた設計を行うことにより、訪問者にストレスのないよりよい体験を
生み出し、満足を高めることとなります。<br>
          わたしたちはお客さまのサイトに合ったユーザビリティを考えるため、分析や
ヒアリングをきめ細かく実施、満足を体験できるクリエイティブとテクノロジーを設計・
構築し、今までにない期待を超えたユーザー体験を提供いたします。
        </p>
        <h3 class="subTitle"> ペルソナとは？ </h3>
        <span>
          自社商品、サービスの理想的・象徴的な顧客像のこと。アプローチする対象を
明確にすることで、効率的なマーケティング施策を行うことが可能となります。
        </span>
      </div>
    </div>
</article>
```

CSS

```
/* ベース・レイアウトは変更がないため省略します */

/* モジュール
   ================================================================== */
.bl_module {
  display: flex;
  align-items: center;
  font-size: 16px;
  line-height: 1.5;
}

.bl_module .bl_module_imageWrapper {
  flex: 1 1 25%;
  margin-right: 3.33333%;
```

```
}

.bl_module .bl_module_imageWrapper img {
  width: 100%;
  vertical-align: top;
}

.bl_module .bl_module_body {
  flex: 1 1 68.33333%;
}

.bl_module .bl_module_title {
  margin-bottom: 10px;
  font-size: 18px;
  font-weight: bold;
}

.bl_module .bl_module_body > span {
  color: #555;
  font-size: 14px;
}

.subTitle {
  margin-top: 10px;
  margin-bottom: 10px;
  font-size: 16px;
  border-bottom: 1px solid #555;
}
```

今回はここでもう一段階、リファクタリングを行います。というのも、「5. 詳細度がみだり高くない」に従い、詳細度を下げる余地があるからです。

リファクタリング前のセレクターは「.bl_module .title」でした。仮にこの状態で詳細度を下げると「.title」となりますが、これではモジュールの内外に関わらずtitleクラスを使用できることになるので、意味が違ってきてしまいます。

しかし現在のセレクター「.bl_module .bl_module_title」であり、タイトルのクラス名の中にモジュール名を含んでいますので、詳細度を下げて「.bl_module_title」

としても、引き続き「モジュールのうちのタイトルである」ということがきちんと伝わります。そのため詳細度も下げてリファクタリングを行うと、コードは次のようになります。

```css
/* ベース・レイアウトは変更がないため省略します */

/* モジュール
   ==================================================================== */
.bl_module {
  display: flex;
  align-items: center;
  font-size: 16px;
  line-height: 1.5;
}
.bl_module_imageWrapper {
  flex: 1 1 25%;
  margin-right: 3.33333%;
}
.bl_module_imageWrapper img {
  width: 100%;
  vertical-align: top;
}
.bl_module_body {
  flex: 1 1 68.33333%;
}
.bl_module_title {
  margin-bottom: 10px;
  font-size: 18px;
  font-weight: bold;
}
.bl_module_body > span {
  color: #555;
  font-size: 14px;
}
.subTitle {
  margin-top: 10px;
```

```
    margin-bottom: 10px;
    font-size: 16px;
    border-bottom: 1px solid #555;
  }
```

ますますコードの見通しがよくなりましたね！

7. クラス名から見た目・機能・役割が想像できる

先ほどの「6. クラス名から影響範囲が想像できる」にも似ていますが、次のポイントは「クラス名から見た目・機能・役割が想像できる」です。例えば

- title1
- title2
- title3

というクラスがそれぞれあったらどうでしょうか？　どのタイトルがどのような役割を果たすのか、まったく想像が付かないですよね。これらのクラス名が

- page-title
- section-title
- sub-title

であれば、CSSや実際の表示を見なくても、どのような役割を担っているかだいたい想像が付くはずです。

モジュールのリファクタリング

今までのモジュールのコードで改善すべきポイントは、ズバリ「bl_module」というクラス名です。先ほど述べたように、仮にモジュールが増えて

- bl_module
- bl_module2
- bl_module3

とクラス名を付けてしまった場合、どのモジュールがどのような見た目・機能のものなのか実際に表示を見てみないとまったくわかりません。そういった状況は好ましくありませんので、各モジュールに合わせた名前を付けることが大切です。

今までリファクタリングしてきているモジュールの見た目を改めて図2-14に示しますが、このように画像とテキストブロックが横並びになるモジュールは、一般的に「メディア」と呼ばれます。

ユーザーを考えた設計で満足な体験を
提供するサービスやペルソナによって、webサイトの設計は異なります。サービスやペルソナに合わせた設計を行うことにより、訪問者にストレスのないよりよい体験を生み出し、満足を高めることとなります。
わたしたちはお客さまのサイトに合ったユーザビリティを考えるため、分析やヒアリングをきめ細かく実施、満足を体験できるクリエイティブとテクノロジーを設計・構築し、今までにない期待を超えたユーザー体験を提供いたします。
ペルソナとは？
自社商品、サービスの理想的・象徴的な顧客像のこと。アプローチする対象を明確にすることで、効率的なマーケティング施策を行うことが可能となります。

図2-14　一般にメディアと呼ばれる今回のモジュール

そのため、「bl_module」というクラス名は「bl_media」と書き換えることが可能です。他にカード型のモジュールや、リスト型のモジュールが追加されたとしても

- bl_media
- bl_card
- bl_list

とそれぞれに応じた名前を付けることで、名前だけでも、どのようなモジュールなのか簡単に想像することができます。

■ リファクタリング後のコード

HTML

```
<article id="main" class="ly_cont">
  <div class="bl_media">
    <figure class="bl_media_imageWrapper">
      <img src="/assets/img/elements/persona.jpg" alt="写真：手に持たれたスマホ">
    </figure>
    <div class="bl_media_body">
```

```
      <h2 class="bl_media_title">
        ユーザーを考えた設計で満足な体験を
      </h2>
      <p>
        提供するサービスやペルソナによって、web サイトの設計は異なります。サービスやペルソナに合わせた設計を行うことにより、訪問者にストレスのないよりよい体験を生み出し、満足を高めることとなります。<br>
        わたしたちはお客さまのサイトに合ったユーザビリティを考えるため、分析やヒアリングをきめ細かく実施、満足を体験できるクリエイティブとテクノロジーを設計・構築し、今までにない期待を超えたユーザー体験を提供いたします。
      </p>
      <h3 class="subTitle"> ペルソナとは？ </h3>
      <span>
        自社商品、サービスの理想的・象徴的な顧客像のこと。アプローチする対象を明確にすることで、効率的なマーケティング施策を行うことが可能となります。
      </span>
    </div>
  </div>
</article>
```

```
CSS
/* ベース・レイアウトは変更がないため省略します */

/* モジュール
   ================================================================ */
.bl_media {
  display: flex;
  align-items: center;
  font-size: 16px;
  line-height: 1.5;
}

.bl_media_imageWrapper {
  flex: 1 1 25%;
  margin-right: 3.33333%;
}
```

```
.bl_media_imageWrapper img {
  width: 100%;
  vertical-align: top;
}

.bl_media_body {
  flex: 1 1 68.33333%;
}

.bl_media_title {
  margin-bottom: 10px;
  font-size: 18px;
  font-weight: bold;
}

.bl_media_body > span {
  color: #555;
  font-size: 14px;
}

.subTitle {
  margin-top: 10px;
  margin-bottom: 10px;
  font-size: 16px;
  border-bottom: 1px solid #555;
}
```


具体性と汎用性からモジュール名を考える

モジュール名について、もう少し突っ込んで考えてみましょう。解説に際しこの場だけ、前提として「メディアモジュールはアバウトページのサービス紹介部分で使用されている」ことを想定してください。

このモジュールに対する命名を考えたときに、大まかに下記のようなものが挙げられるでしょう。

- .bl_aboutService
- .bl_aboutMedia
- .bl_service
- .bl_media
- .bl_imgTitleText

筆者がこの中で最も適切と思う※ものはもちろん「bl_media」です。その理由は

- 名前から見た目・機能・役割が想像できる
- 具体性と汎用性のバランスが取れている

の2点ですが、後者の「具体性と汎用性」について、詳しく解説します。

先ほどのモジュール名の例は実は上のものほど名前の「具体性」が強く、下のものほど具体性が弱まり「汎用性」が強くなります。図解すると図2-15のようなイメージになります。

※ サイト内全体で使い回すことを想定した場合です。

図2-15　各命名の具体性・汎用性との関わり

なぜこのような形になるのか、また、なぜ.bl_mediaを一番適切と思っているのか、上から順にひとつずつ解説していきます。

■ bl_aboutService

一番具体性が高くなっているbl_aboutServiceですが、なぜかというとこれは「about」という単語と「service」という単語が両方含まれているからです。先ほど「このモジュー

ルはアバウトページのサービス紹介部分で使用されている前提」としました。この命名はまさにその使用されている状況から着想を得たものです。

シンプルかつわかりやすさはありますが、逆に言うと「アバウトページのサービス紹介部分でしか使えない」という致命的な弱点があります。

「使えない」といってもHTML/CSSの仕様的に制限があるわけではないため、他の箇所にも使おうと思えば使うことはできます。しかしこのbl_aboutServiceというモジュールがお問い合わせページの中にある状況はどうでしょうか。

それはつまり「結局モジュールの名前に関わらず、どこでも使ってよい」ということになるので、であれば「about」と「service」の単語をモジュールに含める意味がそもそもなくなってしまいますし、そういった状況は混乱を招きます。

逆に言えば「アバウトページのサービス紹介部分でしか絶対使わない」という状況であれば適切な命名とは言えます。しかし「そこでしか絶対使わない」という状況を複数人が関わる開発で、徹底周知して守り切るのは難しいでしょう。

■ bl_aboutMedia

次にbl_aboutMediaですが、これも結局前述の通り「about」という単語を含む限り「アバウトページでしか使えない」という制約が生まれるため、モジュールの再利用性の観点から好ましい命名ではありません。強いて言えば、「service」という単語がないぶん「サービス紹介以外の箇所でも使える」程度の自由度は増しているでしょう。

■ bl_service

今度は「about」という単語が消え、「service」だけになりました。つまりこのモジュールの名前が意味するのは「ページに関わらず、サービス紹介部分に使用できる」です。しかし結局は、「メディアモジュールを使用するのは、サービス紹介だけとは限らない」という問題が潜んでいます。

開発時はサービス紹介だけにしか使っていないかもしれません。しかしサイトの公開後、運用が進むにつれて、例えば新規作成ページの「特徴紹介（よく割り当てられる英単語はfeatureなど）」部分でも使いたくなるかもしれません。そのときにモジュールの名前がbl_serviceでは、名前と使用されている状況に乖離が起きてしまっています。

また「ページの中の、サービス紹介部分に使用する」という意図で「bl_service」という命名をしても、他者に「サービス『ページ』に使うのだな」と誤解されることも考えられます。このクラス名からは「ページ」か「箇所」かの判別がつきません。

よって、結局この命名も汎用性を考えると最適なものとは言えません。

bl_media

こちらが、筆者が最適と考える命名です（接頭辞を付けない場合は「media」)。まず「about」や「service」という単語を含まなくなったことにより、具体性が一気に低下しました。つまり、アバウトなどの特定のページや、サービス紹介などの特定の部分に関わらず、Webサイト内のどこでも気兼ねなくこのモジュールを使用することが可能になります。

また、本セクションで挙げている「クラス名から見た目・機能・役割が想像できる」という点もbl_mediaというモジュール名は満たしています。今までのbl_aboutServiceやbl_serviceは、モジュールの名前を見ただけではそれがどのような見た目なのかまったく想像が付きませんでした。対してmediaという単語はWeb業界のモジュールの名前として割と一般的であり、多くの人がおおよそ同じものを思い浮かべるでしょう。

Webサイトが大きくなりモジュール数が増えれば増えるほど、この「クラス名から見た目・機能・役割が想像できる」というのは重要さを増してきます。mediaの他にもaccordionやsliderなど、世界中で一般的に使用されているUI※であればよいですが、ときにはそれらに当てはまらないモジュールも出てくるかと思います。そんなときは、見た目から着想を得た命名をしておくとよいでしょう。

※ 筆者はモジュールの名前を考えるのに、よくBootstratp（https://getbootstrap.com/docs/4.1/components/buttons/)、Material Design（https://material.io/design/components/)、Lightning Design System（https://www.lightningdesignsystem.com/components/accordion/）を参考にします。

bl_imgTitleText

最後に、一切の具体性を排除して汎用性のみに特化した命名です。モジュールの要素を順に列挙しただけです。繰り返しのようになりますが、この命名の弱点は

- クラス名から見た目・機能・役割が想像できない
- 他のモジュールが増えれば増えるほど、区別が付かなくなる

の2点であり、どちらの弱点も致命的なものなのでこの名前の付け方は推奨しません。

結局のところ、使い回しを前提としたモジュールに対する最適な命名とはつまり、

1. コンテキストではなく、見た目・機能・役割をベースとし
2. media・accordion・sliderなど、一般的な呼称を使用した

ものだと筆者は考えています。

8. 拡張しやすい

最後のポイント「拡張しやすい」です。Webサイトは「公開して終わり」ではなく、公開後も運用が続き、その中で既存のページやモジュールに対する変更が発生することも珍しくありません。

しかし最初からすべての変更を完全に把握・予想することは不可能です。であればページやレイアウト、モジュールなどそれぞれのCSSにおいて、「なるべく変更に耐えられるように設計しておく」ことがポイントとなります。今までの1〜7のポイントは、すべて「変更に耐えられるように」という部分につながっています。そのための最後のポイントがこの「拡張しやすい」です。コードを拡張しやすい状態に保っておくと、何か追加要望があった際も、ひとつのセレクターとひとつのプロパティを追加するだけで済んでしまうことが多くあります。

この「拡張しやすさ」については、

- 拡張しやすいクラス設計を行う（マルチクラス設計を採用する）
- 拡張用として作成したクラスは、機能・役割に応じて適切な粒度・影響範囲を保つ

のふたつの観点があります。「拡張しやすいクラス設計」について、まずは「シングルクラス設計とマルチクラス設計」の概念を掴まねばなりませんので、一度今までのモジュールからは離れ、新たにボタンモジュールを例に挙げて解説します。

後者の「適切な粒度」に関しては、モジュールのリファクタリングの際に解説します。

シングルクラスとマルチクラス

- あるモジュールの、スタイルが少しだけ異なるバリエーションを作成する
- あるいは状態の変化を実現する

などにおいて、方法として大きく分けるとシングルクラス設計とマルチクラス設計のふたつがあります。

シングルクラス設計とは簡単に言えば、HTMLに付けるモジュールのクラスを常にひとつに絞る方法です。対してマルチクラス設計は、モジュールに関するクラスを見た目や機能・役割に応じて適宜分割し、HTMLに複数付けることを許容する設計方法です。

例えば図2-16のような2種類のボタンの場合を考えてみましょう。

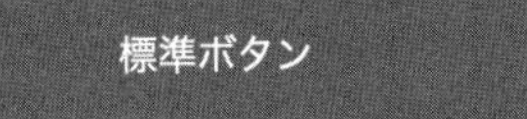

図2-16　2種類のボタン

シングルクラス設計

これをシングルクラス設計で実装すると、以下のようなコードになります※。

※「el_」というのは「element」の略で、小さめのモジュールを表す接頭辞です。詳しくはChpter 3のPRECSSのセクションにて解説します。

HTML

```
<a class="el_btnTheme" href="#"> 標準ボタン </a>
<a class="el_btnWarning" href="#"> 色違いボタン </a>
```

CSS

```
.el_btnTheme {
  display: inline-block;
  width: 300px;
  max-width: 100%;
  padding: 20px 10px;
  background-color: #e25c00;—①
  box-shadow: 0 3px 6px rgba(0,
0, 0, .16);
  color: #fff; —②
  font-size: 18px;
  line-height: 1.5;
  text-align: center;
  text-decoration: none;
  transition: .25s;
}
```

```
.el_btnWarning {
  display: inline-block;
  width: 300px;
  max-width: 100%;
  padding: 20px 10px;
  background-color: #f1de00;—①
  box-shadow: 0 3px 6px rgba(0,
0, 0, .16);
  color: #222; —②
  font-size: 18px;
  line-height: 1.5;
  text-align: center;
  text-decoration: none;
  transition: .25s;
}
```

先ほど説明したように、HTMLに設定するクラスはそれぞれ

- el_btnTheme
- el_btnWarning

とひとつのみにしています。メリットとしてはＨＴＭＬ側のクラス属性がとてもスッキリすることが挙げられます。

しかし、一方でCSSの方では多くのコードが重複し、バリエーションの数が増えれば増えるほどＣＳＳが肥大化してしまうデメリットがあります。事実として先ほどのコード例においても、①のbackground-colorと②のcolor以外はel_btnTheme、el_btnWaringともにまったく同じコードとなっています。

ただし肥大化を避けるためには、下記のようにグループセレクターを使用した記述方法も可能です。

CSS
```
.el_btnTheme,
.el_btnWarning {
  display: inline-block;
  width: 300px;
  max-width: 100%;
  padding: 20px 10px;
  box-shadow: 0 3px 6px rgba(0, 0, 0, .16);
  font-size: 18px;
  line-height: 1.5;
  text-align: center;
  text-decoration: none;
  transition: .25s;
}
.el_btnTheme {
  color: #fff;
  background-color: #e25c00;
}
.el_btnWarning {
  color: #222;
  background-color: #f1de00;
}
```

本書の領域から逸脱してしまうため詳しくは解説しませんが、シングルクラス設計を行う際にはSassのMixinやExtendの機能を用いると、効率よく開発を進めることができます。

そのためシングルクラス設計のデメリットは解消されたと思えますが、何もデメリットはそれだけでなく、むしろモジュール拡張に対する柔軟性の低さがシングルクラス設計の真の弱点と言えるでしょう。

例えば運用が進む中で

- それぞれのボタンのボックスシャドウがないパターン
- シャドウはあり、文字色が白黒反転したパターン（読みづらいのはさておき）
- シャドウはなく、文字色も反転したパターン

がほしい、という要件が出てくるとどうでしょうか（図2-17）。

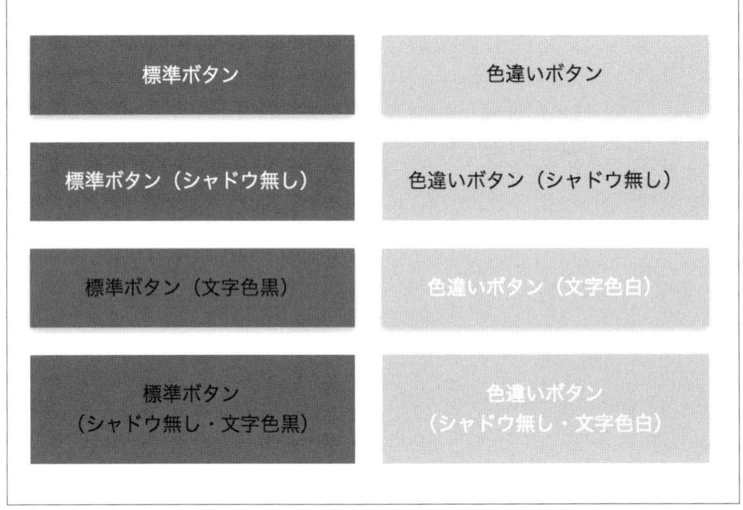

図2-17　それぞれのボタンのパターン

シングルクラス設計はスタイルの分だけクラスを用意する方針であるため、下記のコードのようにクラスの数がとたんに増加します。

HTML

```
<a class="el_btnTheme" href="#"> 標準ボタン </a>
<a class="el_btnThemeShadowNone" href="#"> 標準ボタン（シャドウ無し）</a>
<a class="el_btnThemeTextBlack" href="#"> 標準ボタン（文字色黒）</a>
<a class="el_btnThemeShadowNoneTextBlack" href="#"> 標準ボタン(シャドウ無し・文字色黒）</a>
<a class="el_btnWarning" href="#"> 色違いボタン </a>
<a class="el_btnWarningShadowNone" href="#"> 色違いボタン（シャドウ無し）</a>
<a class="el_btnWarningTextWhite" href="#"> 色違いボタン（文字色白）</a>
<a class="el_btnWarningShadowNoneTextWhite" href="#"> 色違いボタン（シャドウ無し・文字色白）</a>
```

CSS

```
.el_btnTheme,
.el_btnWarning,
.el_btnThemeShadowNone,
.el_btnThemeTextBlack,
.el_btnThemeShadowNoneTextBlack,
.el_btnWarningShadowNone,
.el_btnWarningTextWhite,
.el_btnWarningShadowNoneTextWhite {
  display: inline-block;
  width: 300px;
  max-width: 100%;
  padding: 20px 10px;
  box-shadow: 0 3px 6px rgba(0, 0, 0, .16);
  font-size: 18px;
  line-height: 1.5;
  text-align: center;
  text-decoration: none;
  transition: .25s;
}
```

```
/* 追加したコード */
.el_btnTheme,
.el_btnThemeShadowNone,
.el_btnThemeTextBlack,
.el_btnThemeShadowNoneTextBlack {
  background-color: #e25c00;
  color: #fff;
}
/* 追加したコード */
.el_btnThemeShadowNone {
  box-shadow: none;
}
/* 追加したコード */
.el_btnThemeTextBlack {
  color: #222;
}
/* 追加したコード */
.el_btnThemeShadowNoneTextBlack {
  box-shadow: none;
  color: #222;
}
/* 追加したコード */
.el_btnWarning,
.el_btnWarningShadowNone,
.el_btnWarningTextWhite,
.el_btnWarningShadowNoneTextWhite
{
  background-color: #f1de00;
  color: #222;
}
/* 追加したコード */
.el_btnWarningShadowNone {
  box-shadow: none;
}
/* 追加したコード */
.el_btnWarningTextWhite {
  color: #fff;
}
/* 追加したコード */
.el_btnWarningShadowNoneTextWhite
{
  box-shadow: none;
  color: #fff;
}
```

もうかなり大変なコードになってきましたね。グループセレクターがむしろ裏目に出ている気すらします。

結局シングルクラス設計は「元のモジュールからちょっとしか違わない派生モジュールを作りたい」という場合でも、必ずCSSも修正してそれ専用の新規クラスを用意しなければなりません。

この柔軟性の低さもあり、現在のCSS設計では次に解説するマルチクラス設計が主流です。

マルチクラス設計

先ほどの元のコード（2種類のボタンのみ）をマルチクラス設計に書き直すと、下記のようなコードになります※。

※「hp_」というのは「helper」の略で、汎用的に使用するクラス表す接頭辞です。本来はCSSの値に!importantを付けますが、今回は解説がややこしくなるため付けません。詳しくはChpter 3のPRECSSのセクションにて解説します。

HTML
```
<a class="el_btn hp_theme" href="#">標準ボタン</a>
<a class="el_btn hp_warning" href="#">色違いボタン</a>
```

CSS
```
.el_btn {
  display: inline-block;
  width: 300px;
  max-width: 100%;
  padding: 20px 10px;
  box-shadow: 0 3px 6px rgba(0,
0, 0, .16);
  font-size: 18px;
  line-height: 1.5;
  text-align: center;
  text-decoration: none;
  transition: .25s;
}
.hp_theme {
  background-color: #e25c00;
  color: #fff;
}
.hp_warning {
  background-color: #f1de00;
  color: #222;
}
```

HTMLのクラス属性に設定される値が複数になりました。どちらにも共通で付与されているel_btnクラスがボタンモジュールに共通するベースとなり、hp_theme、hp_warningクラスをそれぞれ追加することで背景色を設定しています。

両方のベースとなるel_btnクラスの作成は、シングルクラス設計において肥大化を避けるために共通部分を抜き出した下記の記述方法に似ていますね。事実、プロパティと値はまったく同じです。

シングルクラス設計において肥大化を避けるために工夫したコード

```
CSS
.el_btnTheme,
.el_btnWarning {
  display: inline-block;
  width: 300px;
  max-width: 100%;
  padding: 20px 10px;
  box-shadow: 0 3px 6px rgba(0, 0, 0, .16);
  font-size: 18px;
  line-height: 1.5;
  text-align: center;
  text-decoration: none;
  transition: .25s;
}
```

いっそこれをベースクラスとして新たに分離するのが、マルチクラス設計の基本的な考え方です。

さらにマルチクラス設計は、クラスを複数付けることで「上書き」という概念も生まれますので、**「オレンジ色の背景色と、白の文字色をボタンのベースクラスとみなす」**とすることもできます。そうすると、オレンジ色のボタンに関しては「class="el_btn hp_theme"」とクラスが複数付いていたのを、「class="el_btn"」ひとつにまとめられます。

その結果、次のコードのようにHTMLのクラスと、CSSのセレクターをひとつ減らすことができます。

```
HTML
<a class="el_btn" href="#"> 標準ボタン </a>
<a class="el_btn hp_warning" href="#"> 色違いボタン </a>
```

```css
.el_btn {
  display: inline-block;
  width: 300px;
  max-width: 100%;
  padding: 20px 10px;
  background-color: #e25c00; /* ベースクラスに追加 */
  box-shadow: 0 3px 6px rgba(0, 0, 0, .16);
  color: #fff; /* ベースクラスに追加 */
  font-size: 18px;
  line-height: 1.5;
  text-align: center;
  text-decoration: none;
  transition: .25s;
}
.hp_warning {
  background-color: #f1de00;
  color: #222;
}
```

マルチクラス設計では、先ほどのシングルクラス設計であった

- それぞれのボタンのボックスシャドウがないパターン
- シャドウはあり、文字色が白黒反転したパターン
- シャドウはなく、文字色も反転したパターン

がほしい、という追加要望に対しても、CSSはシンプルさを保ったまま実装できます。

```html
<a class="el_btn" href="#">標準ボタン</a>
<a class="el_btn hp_bxshNone" href="#">標準ボタン（シャドウ無し）</a>
<a class="el_btn hp_textBlack" href="#">標準ボタン（文字色黒）</a>
<a class="el_btn hp_bxshNone hp_textBlack" href="#">標準ボタン（シャドウ無し・文字色黒）</a>
<a class="el_btn hp_warning" href="#">色違いボタン</a>
<a class="el_btn hp_warning hp_bxshNone" href="#">色違いボタン(シャドウ無し)</a>
<a class="el_btn hp_warning hp_textWhite" href="#">色違いボタン（文字色白）</a>
<a class="el_btn hp_warning hp_bxshNone hp_textWhite" href="#">色違いボタン（シャドウ無し・文字色白）</a>
```

```
CSS
.el_btn {
  display: inline-block;
  width: 300px;
  max-width: 100%;
  padding: 20px 10px;
  background-color: #e25c00;
  box-shadow: 0 3px 6px rgba(0,
0, 0, .16);
  color: #fff;
  font-size: 18px;
  line-height: 1.5;
  text-align: center;
  text-decoration: none;
  transition: .25s;
}
.hp_warning {
  background-color: #f1de00;
  color: #222;
}

/* box-shadowの打ち消し */
.hp_bxshNone {
  box-shadow: none;
}
/* 文字色を黒に */
.hp_textBlack {
  color: #222;
}
/* 文字色を白に */
.hp_textWhite {
  color: #fff;
}
```

どうでしょうか。シングルクラス設計ではかなり多くの行数を追加したのに対し、マルチクラス設計では劇的に少ないCSSのコード量で要件を実現できました。

しかし、HTMLのクラスに複数の値が付いているのは見通しが少し悪いのは事実で、人によっては複雑に見えるかもしれません。結局この辺りに関してはトレードオフで、

- **シングルクラス設計**……HTMLはシンプルに、CSSは複雑になりがち
- **マルチクラス設計**……HTMLは複雑に、CSSはシンプルになりがち

という構図になっています。

しかしマルチクラス設計には、シンプルさや複雑性とは別の機能性があります。というのも、例えば先ほど実装した.hp_textBlackというクラスは文字色を黒にするシンプルで汎用的なクラスになっています。

つまりこれはボタンに限らず使用することができるので、他の場面においても「ここだけテキストを黒にしたい」「ここだけテキストを白にしたい」というようなイレギュラーな対応が必要となっても、HTMLにクラスをひとつ追加するだけで済んでしまうのです※。

また運用体制にも副次的に恩恵があり、例えばクライアントが「ここのテキストを白くしたい」と思った場合、CSSを編集する必要がなく、その場でHTMLにクラス

を追加すればすぐ要件が満たせてしまうのです。

Web開発に明るくないクライアントにとっては編集するファイルが少ないのはよいことですし、我々開発者にとってもファイルをあまりクライアントに触って欲しくないのは本音でしょう。マルチクラス設計であれば、そういった問題の解決にも役立つことがあります。

本書で紹介する設計手法である

- OOCSS
- SMACSS
- BEM
- PRECSS

いずれにおいても、明言の仕方やサンプル、規則に程度の差こそあれど、いずれも基本的にマルチクラス設計を採用しています。

※ もちろん乱用には注意する必要があります。ヘルパークラスばかり付けている状態は、HTMLのstyle属性に直接スタイリングを行っていた、CSSがなかった時代に少し似ています。

モジュールのリファクタリング

シングルクラス設計とマルチクラス設計の解説がだいぶ長くなってしまいましたが、ここでようやくメディアモジュールの方に戻ります。といっても今回は拡張なので、リファクタリングではなくコードを追加していきます。

なお、既存のクラスに対して何か変更を加える、上書きするためのクラスを「モディファイア」と呼びます。また、マルチクラスのセクションで挙げた「hp_textBlack」や「mb20（margin-bottom: 20pxの適用）」など、主にひとつ※のプロパティを変更するためのクラスを「ヘルパークラス（またはユーティリティクラス）」と呼びます。

今回のモジュールでは拡張パターンとして、左右反転を実装してみましょう。図2-18のように画像とテキストブロックの左右が反転し、同時にテキストは左揃えから右揃えにしています。

※ ときにふたつや3つの場合もあります。数というよりは「特定の機能を提供したり、プロパティを汎用的に調整するために存在するもの」をヘルパークラスと捉えるとよいでしょう。

ユーザーを考えた設計で満足な体験を
提供するサービスやペルソナによって、webサイトの設計は異なります。サービスやペルソナに合わせた設計を行うことにより、訪問者にストレスのないよりよい体験を生み出し、満足を高めることとなります。
わたしたちはお客さまのサイトに合ったユーザビリティを考えるため、分析やヒアリングをきめ細かく実施、満足を体験できるクリエイティブとテクノロジーを設計・構築し、今までにない期待を超えたユーザー体験を提供いたします。
ペルソナとは？

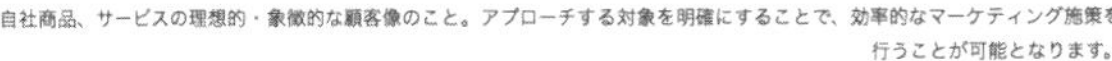

自社商品、サービスの理想的・象徴的な顧客像のこと。アプローチする対象を明確にすることで、効率的なマーケティング施策を行うことが可能となります。

図2-18　モジュールを左右反転した様子

冒頭で拡張しやすさの観点として「拡張用として作成したクラスは、機能・役割に応じて適切な粒度・影響範囲を保つ」を挙げましたが、まずは適切でないパターンから紹介します。

左右反転に際しすべきことは

- 画像とテキストブロックの入れ替え
- 画像とテキストブロックの間のmarginの設定（元のモジュールは画像にmargin-rightを設定していたため、何も調整しないと画像とテキストブロックがくっついてしまいます）
- テキストを右揃えに変更

の3点で、CSSで必要なプロパティはそれぞれ次のコードの通りです。

```
CSS
.bl_media {
  display: flex;
  align-items: center;
  font-size: 16px;
  line-height: 1.5;
  /* 下記の行を追加したい */
  flex-direction: row-reverse;
  text-align: right;
}
.bl_media_imageWrapper {
    flex: 1 1 25%;
    margin-right: 3.33333%;
    /* 下記の行で上書きしたい */
    margin-right: 0;
}
.bl_media_body {
    flex: 1 1 68.33333%;
    /* 下記の行を追加したい */
    margin-right: 3.33333%;
}
```

上記のままのコードではもちろん元の画像が左側のパターンにも影響を及ぼしてしまいますので、左右反転させたいときのセレクターを分離する必要があります。調整したいセレクターは3 つですので、それぞれに対してモディファイアを作成してみましょう。詳しくはChapter 3 で解説しますがPRECSSのモディファイア作成の規則は「元のクラス名＿＿モディファイア名」であり、今回のrevという単語は「reverse（逆）」の略です。

```
HTML
<div class="bl_media bl_media__rev">
  <figure class="bl_media_imageWrapper bl_media_imageWrapper__rev">
    （省略）
  </figure>
  <div class="bl_media_body bl_media_body__rev">
    （省略）
  </div>
</div>
```

続いて、今作成した3つのモディファイアに対してCSSでスタイリングします※。

※ PRECSS本来のモディファイアの規則では詳細度を高める必要がありますが、説明がややこしくなるため今回は詳細度を高めずにいます。

```
CSS
/* .bl_mediaのスタイリングに続いて下記を記載 */
.bl_media__rev {
  flex-direction: row-reverse;
  text-align: right;
}
.bl_media_imageWrapper__rev {
  margin-right: 0;
}
.bl_media_body__rev {
  margin-right: 3.33333%;
}
```

これでひとまず、モジュールを左右反転させるという目的を達成できます。しかし繰り返しになりますが、このモディファイアの粒度は適切ではありません。というのも、左右反転を実現させるために、わざわざ3つのモディファイアをHTML側に追加しなければならないからです。

これら3つのモディファイアがそれぞれバラバラに使うことも想定されるものであれば、この実装でもよいでしょう。しかし今回の左右反転に関してはそんなことはなく、必ず3つセットで使われなければなりません。しかし3つにわかれていると、現実としてひとつ付け忘れたりするなどの事態が発生しそうです。自分だけでなく、他のエンジニアも関わるWebサイトであればなおさらです。

この状態を改善するには、つまりモディファイアをひとつに絞ることができればよいので、HTML、CSSともに次のように記述します。

HTML

```
<div class="bl_media bl_media__rev">
  <figure class="bl_media_imageWrapper">
    (省略)
  </figure>
  <div class="bl_media_body">
    (省略)
  </div>
</div>
```

CSS

```
/* .bl_media のスタイリングに続いて下記を記載 */
.bl_media__rev {
  flex-direction: row-reverse;
  text-align: right;
}
.bl_media__rev .bl_media_imageWrapper {
  margin-right: 0;
}
.bl_media__rev .bl_media_body {
  margin-right: 3.33333%;
}
```

このようにモディファイアを付ける箇所をモジュールのルート要素に絞り、CSSの方は子孫セレクターを使用することで、左右反転としたい場合はルート要素にクラスをひとつ付けるだけで済むようになります。またこの方法は、エディタの機能で「.bl_media__rev」と文字列検索をすると、左右反転に関わるコードがすべて検索結果に表示されるメリットもあります。

このように、**「モディファイアを付ける箇所（作成するモディファイアの数）は、変更を加える要素数と一致させるのではなく、提供する機能（または役割）ひとつにつきひとつのモディファイアを作成する」**というのがモディファイアの粒度・影響範囲を適切に保つポイントです。

もうひとつの例として、図2-19のように画像に枠線を付ける拡張パターンの実装を考えてみましょう。

ユーザーを考えた設計で満足な体験を
提供するサービスやペルソナによって、webサイトの設計は異なります。サービスやペルソナに合わせた設計を行うことにより、訪問者にストレスのないよりよい体験を生み出し、満足を高めることとなります。
わたしたちはお客さまのサイトに合ったユーザビリティを考えるため、分析やヒアリングをきめ細かく実施、満足を体験できるクリエイティブとテクノロジーを設計・構築し、今までにない期待を超えたユーザー体験を提供いたします。
ペルソナとは？
自社商品、サービスの理想的・象徴的な顧客像のこと。アプローチする対象を明確にすることで、効率的なマーケティング施策を行うことが可能となります。

図2-19　画像に枠線を設定した拡張パターン

この例では、先ほどとは打って変わって、ルート要素にモディファイアを付けることを推奨しません。

```
HTML
<div class="bl_media bl_media__imageBordered">
  <figure class="bl_media_imageWrapper">
  （省略）
  </figure>
  （省略）
</div>
```

「画像に枠線を付けたい」という場合、変更の対象となる要素は画像だけで済みます。なのにルート要素にモディファイアを付けてしまうと、「画像の他の子要素をモディファイアで変更していそう」と事実とは異なった予想をできてしまうからです。

なのでこの場合は、変更対象とする子要素に直接モディファイアを付けるのが望ましいです。これであれば、モディファイアをＨＴＭＬから取った場合の影響範囲も予想しやすくなります。

```
HTML
<div class="bl_media">
  <figure class="bl_media_imageWrapper bl_media_imageWrapper__bordered">
  （省略）
  </figure>
  （省略）
</div>
```

```
CSS
.bl_media_imageWrapper__bordered {
  padding: 2px;
  border: 1px solid #aaa;
}
```

以上のように、「拡張しやすさ」を担保するにはマルチクラス設計であることが前提であり、またモディファイアを作成する際も、粒度と影響範囲をきちんと考える必要があります。

- モディファイア名から影響範囲（複数の要素を変更するのか、ひとつの要素のみなのか）を予想できる
- ひとつのモディファイアはひとつの機能（または役割、変更）と過不足なく紐付いている

状態が、理想的なモディファイアのあり方と言えます。

多すぎるモディファイアはときに混乱を招く

今まで基本よきものとして解説してきたマルチクラス設計ですが、手放しで喜べないところも当然あります。

例えばひとつのモジュールに対してモディファイアが10も20もある場合は、どのモディファイアがどのような挙動をするのか把握しづらくなり、かえって混乱を招きます。そういった場合は

- シンプルな上書きの場合は、ヘルパークラスで代用できないか検討する
- 「いくつかのお決まりのモディファイアを付けて使用することが多い」という場合は、いっそモディファイアの上書きを最初から含んだモジュールとして新たに作成する

などの方法で、モディファイアの数を減らすことも検討しましょう。

以上、長期に渡って「CSS設計の実践と8つのポイント」を解説してきました。ここで紹介した8つのポイントは結局どれもが完全に独立しているわけではなく、お互い少しずつ関連し合っています。

しかしすべてを一気に複合的に考えようとすると「CSS難しい」「CSS考えることが多すぎて頭がこんがらがる」の泥沼にハマってしまいますので、何となく他のポイントの関わり合いを意識しつつも、まずはそれぞれのポイントの意図するところ、「なぜこう書いた方がよいのか？」をしっかり押さえてもらえればと思います。

Chapter 3で紹介するさまざま設計手法に関しても、結局はこれら8つのうちのどれかに必ず当てはまる規則が少し形を変えて登場するだけですので、ここで一度にすべてを完全に理解できなくとももちろん大丈夫です。本書を読み進めながら、ときおり復習のためにこのセクションに戻ってきてください。

この8つのポイントの言わんとしていることに納得できたら、もうCSS設計の極意を身に付けたようなものです！

2-6 モジュールの粒度を考える

改めてモジュールとは

改めてモジュールとは何かを考えた場合、スタイルや粒度（大きさ、単位）こそさまざまなものがWebサイトによってありますが、共通して言えることは「使い回すことを前提としたひとかたまりの単位」です。このモジュールという発想により、同じコードを何度も書かない効率的なWeb開発を実現します。

モジュールの粒度のばらつきが引き起こす問題

モジュールはきちんと定義・運用することができればWeb開発に劇的な効果をもたらしてくれるのですが、乗り越えるべきハードルとして粒度の問題があります。

というのも「サイト内で繰り返し登場するスタイルは、なるべく使い回したい」というのは多くの人の間での共通認識なのですが、「ではどこまでの範囲がひとつのモジュールなのか」を考えた時に、人によってかなりのばらつきが生じます。

図2-20のようなメディアモジュールの場合を考えてみましょう。

ユーザーを考えた設計で満足な体験を
提供するサービスやペルソナによって、webサイトの設計は異なります。サービスやペルソナに合わせた設計を行うことにより、訪問者にストレスのないよりよい体験を生み出し、満足を高めることとなります。
わたしたちはお客さまのサイトに合ったユーザビリティを考えるため、分析やヒアリングをきめ細かく実施、満足を体験できるクリエイティブとテクノロジーを設計・構築し、今までにない期待を超えたユーザー体験を提供いたします。
戦略策定サービスについて →

図2-20　複合的なモジュールの例

AさんとBさんの二人のコーダーがいるとします。Aさんは「このモジュールはひとつのモジュールである」と考えました。粒度としては当然図2-21のようになります。

12:23
ユーザーを考えた設計で満足な体験を
提供するサービスやペルソナによって、webサイトの設計は異なります。サービスやペルソナに合わせた設計を行うことにより、訪問者にストレスのないよりよい体験を生み出し、満足を高めることとなります。
わたしたちはお客さまのサイトに合ったユーザビリティを考えるため、分析やヒアリングをきめ細かく実施、満足を体験できるクリエイティブとテクノロジーを設計・構築し、今までにない期待を超えたユーザー体験を提供いたします。
戦略策定サービスについて →

図2-21　Aさんのモジュールに対する粒度の認識

一方Bさんは「メディアモジュールの中にボタンがある。つまりこれはふたつのモジュールである」と考えました。そうするとモジュールの粒度としては図2-22のようになり、モジュールもふたつとなります。

ボタン（ここでは仮に.el_btnとします）が.bl_halfMediaの中に埋め込まれているというような認識です。.el_btnはあくまで独立したモジュールであるため、.bl_halfMediaと関係ない場所で自由に使用することが可能です。

12:23
ユーザーを考えた設計で満足な体験を
提供するサービスやペルソナによって、webサイトの設計は異なります。サービスやペルソナに合わせた設計を行うことにより、訪問者にストレスのないよりよい体験を生み出し、満足を高めることとなります。
わたしたちはお客さまのサイトに合ったユーザビリティを考えるため、分析やヒアリングをきめ細かく実施、満足を体験できるクリエイティブとテクノロジーを設計・構築し、今までにない期待を超えたユーザー体験を提供いたします。
戦略策定サービスについて →

図2-22　Bさんのモジュールに対する粒度の認識

このように粒度の認識にばらつきがあると、ひとつのクラスの大きさ、つまりコードの実装方法にもばらつきが出てしまいます。ひとつのプロジェクト内で複数の粒度に関する認識が混在しているのは、明らかなコード品質の低下であり、混乱も招きますので好ましくありません。

またこの認識の違いは、Webサイトの実際の表示にも関わってきます。例えばボタンがすでに独立して実装されている状態で、後から入ったAさんが、Aさんの認識でモジュールを作成したとしましょう。その後「ボタンの色を青に変えたい」となったときに、モジュールの粒度の認識が統一されていれば.el_btnクラスの変更だけで済みます。

しかし認識の違うAさんは画像・テキスト・ボタンを含めた1セットのモジュールとして

.bl_halfMediaを独自に実装してしまっているため、.el_btnを青に変更しても.bl_halfMediaのボタンが青になることはありません。このことに気づいていないと「ボタンを青に変更したはずが、オレンジのままになっている箇所がある」という問題を引き起こします。

コーディングの作業を一人で行う場合はこの問題を考える必要がありませんが、複数のエンジニアと連携してプロジェクトを進める場合は、「どれがモジュールになるか」「どこまでの粒度がひとつのモジュールと捉えるか」をお互いにきちんと話し合い、認識をすり合わせておくといいでしょう。

モジュール粒度の指針

以上を踏まえてモジュール粒度の指針をご紹介しますが、「こうしておけば絶対正しい」という唯一の回答ではないことは、始めに断らせてください。プロジェクトの性質によってモジュール粒度の最適解もそれぞれ異なります。

ただし筆者の経験上最低でも

- **最小モジュール**…… ボタンやラベル、タイトルなどのシンプルな要素(Chapter5にて解説)
- **複合モジュール**…… いくつかの子要素をもつ、ひとかたまりの要素(Chapter6にて解説)

というふたつの単位を強く意識することをオススメします。このふたつについてはChapter1でご紹介したAtomic Designにも通ずるものがあり、最小モジュールはAtomic DesignのAtoms(原子)に、複合モジュールはMolecles(分子)やOrganisms(有機体)と概ね対応させることもできます。

例えば図2-23のメディアモジュールは「単なるひとつの複合モジュール」ではなくBさんの認識の通り、「複合モジュールの中に、最小モジュールが埋め込まれている状態」と捉えることができます。

複合モジュール
ユーザーを考えた設計で満足な体験を
提供するサービスやペルソナによって、webサイトの設計は異なります。サービスやペルソナに合わせた設計を行うことにより、訪問者にストレスのないよりよい体験を生み出し、満足を高めることとなります。
わたしたちはお客さまのサイトに合ったユーザビリティを考えるため、分析やヒアリングをきめ細かく実施、満足を体験できるクリエイティブとテクノロジーを設計・構築し、今までにない期待を超えたユーザー体験を提供いたします。
戦略策定サービスについて →
最小モジュール

図2-23　最小モジュールが複合モジュールの中に埋め込まれたメディアモジュール

このようにボタンを最小モジュールとして独立して考えると、メディアモジュールの外でもボタンを使用できるようにCSSを設計する道筋が見えてきます。この最小モジュールと複合モジュールの区別、及び組み合わせについてはChapter 5とChapter 7をご参照ください。

またモジュールを用いたデザインで多く見られるのが、カラムを形成するパターンです。カラムを形成する場合は、繰り返し登場するモジュールと、カラムを形成するためのモジュールを別のものとして考えるのが筆者の考えるベストプラクティスです(図2-24)。

図2-24 カードモジュールがカラムを形成する場合のモジュールの粒度

この場合のコードに関しては、Chapter6のカードモジュールのセクションにて解説しています。

なおCSS設計の手法によってはモジュールの粒度を規則として明確にしているもの(PRECSSなど)もあります。その場合は、なるべく設計手法の規則に従うべきです。

設計手法は人による差違をなるべくなくすべく存在していますので、みだりに自己流に改変するのはオススメしません。どうしても改変する際は、必ずドキュメントを残しましょう。

2-7 CSS設計の必要性

今までのモジュールの粒度の話やCSS設計の8つのポイントを読んで、もしかすると「かえってコードを複雑にしているだけでは？」とも思われるかもしれません。

結局CSS設計の必要性はプロジェクトの性質に左右されるので、例えば1ページだけで一週間しか公開しないようなキャンペーンページには、極論ですがCSS設計は必要ありません。

しかし、逆にページ数が100ページを超えるような中規模以上の案件については「CSS設計のやり過ぎがちょうどいい」くらいに思っておいた方がいいでしょう。

それくらいの規模になると、必ずモジュールが想定しない使われ方をし始めるので、機能は適切に分離しておくに越したことはありません。

CSS設計について確実に言えるとすれば、

- 小規模なサイトを想定したコードを中規模以上のプロジェクトに持ち込むことはできない（必ず破綻する）
- 中規模以上を想定してCSS設計をしたコードを小規模のプロジェクトに持ち込むことはできる
- いきなり中規模のサイトでCSS設計をしようとしても、すぐには上手くできない

です。

来たるべき日のために、ぜひ小さなプロジェクトからでも中規模以上のWebサイトを意識してCSS設計を練習しておきましょう。

どうしても初めは難しい気がするかもしれませんが、慣れてくると思考が整理され、今までとはまったく違った粒度でデザインカンプを見ることができるようになります。何より自分の意図通りに設計ができ、いかなる変更にも耐えうるウェブサイトを作れたときの喜びはひとしおです！

CSS設計も結局は小さなことの繰り返しですので、1回でわからずとも焦らず、徐々に慣れていってください。

さまざまな設計手法

前Chapterで挙げたCSS設計のポイントに触れつつ、
本Chapterでは実際の現場で使用されている
OOCSS、SMACSS、BEM、PRECSSの解説に入っていきます。

CHAPTER

3

3-1 本Chapterの解説の前提

本Chapterでは、Web業界で実際に使用されているCSS設計手法をそれぞれ紹介、解説していきます。ただしいずれの設計手法においても、公式のドキュメントに記載されている事項をすべて解説しようと思うと、かなりの分量になってしまいます。

そのため、本書ではそれぞれの設計手法の中で重要な考え方をピックアップして解説します。特にビルド環境やCSSプリプロセッサーについては触れていません※ので、実際にプロジェクトに導入するなどより詳細な情報を知りたい場合は、ぜひ公式のドキュメントも併せてご覧ください。

なお本セクションのコードは解説のわかりやすさを優先し、

- 本題に関わらないコードは省く
- わかりやすい値で例示する

などの措置を行っています。

また各セクションの解説において、Chapter 2の「CSS設計の実践と8つのポイント」で紹介したポイントに関連するものは、セクションタイトルの直下に「関連するポイント」として明示しています。そのうち、特にChapter 2でほぼ同様の問題を取り扱っている場合は末尾に「★」を付けています。

例えば

関連するポイント | **8. 拡張しやすい（★）**

となっていれば、合わせてChapter 2の解説も再度読んでもらえると、より理解が深まるでしょう。

関連するポイント | **8. 拡張しやすい**

と★が付いていなければ、Chapter 2では解説していませんが、「拡張しやすい」というポイントで考えれば通ずるものがある、ということを示しています。

※ SassなどのCSSプリプロセッサーなどはCSS設計を強力に手助けしてくれますが、CSS設計とはまた別の知識が必要になってきてしまうため、本書ではChapter 9での概要解説に留めています。

3-2 OOCSS

Chapter 1、Chapter 2 でも少し名前を出しましたが、OOCSS（オーオーシーエスエス）※はObject Oritented CSS（オブジェクト指向CSS）の略で、Nicole Sullivan 氏によって提唱されました。

- レゴのように自由に組み合わせが可能なモジュールの集まりを作ろう
- そのモジュールの組み合わせでページを作成しよう
- そのため新規ページを作るときも、基本的に追加のCSSを書く必要はない

という発想が提唱されており、この発想は他のCSS設計手法にも少なからず影響を与えました。そのレゴのようなモジュールを実現するための具体的な手法として

- ストラクチャーとスキンの分離
- コンテナとコンテンツの分離

というふたつの原則が掲げられています。

※ http://oocss.org/
https://www.slideshare.net/stubbornella/object-oriented-css/

ストラクチャーとスキンの分離※

※ ストラクチャーとスキンの分離については、Chapter 2の「シングルクラスとマルチクラス」でもかなり近い話をしています。

関連するポイント

8. 拡張しやすい（★）

この「ストラクチャーとスキンの分離」については、Chapter 2 で紹介したCSS設計8つのポイントの「8. 拡張しやすい」で紹介したシングルクラス設計とマルチクラス設計の話にかなり近いものです。

例えば図3-1のような2種類のボタンがあったとしましょう。

図 3-1　色の異なる２種類のボタン

これらを何も考えず別々のクラスで実装すると、コードは下記のようになります。

HTML

```
<main id="main">
  <button class="btn-general"> 標準ボタン </button>
  <button class="btn-warning"> キャンセルボタン </button>
</main>
```

CSS

```
#main .btn-general {
  display: inline-block;
  width: 300px;
  max-width: 100%;
  padding: 20px 10px;
  background-color: #e25c00;—①
  box-shadow: 0 3px 6px rgba(0,
0, 0, .16);
  color: #fff; —②
  font-size: 18px;
  line-height: 1.5;
  text-align: center;
}
```

```
#main .btn-warning {
  display: inline-block;
  width: 300px;
  max-width: 100%;
  padding: 20px 10px;
  background-color: #f1de00;—①
  box-shadow: 0 3px 6px rgba(0,
0, 0, .16);
  color: #222; —②
  font-size: 18px;
  line-height: 1.5;
  text-align: center;
}
```

①、②のコード以外は多くが共通になっていますね。ボタンを構成するこれらのプロパティを見て、「ボタンは構造（横幅や高さなど）とあしらい（ボックスシャドウや背景色、文字色など）の組み合わせで成り立っている」と考えるのが「ストラクチャーとスキンの分離」の考え方です（「構造」にあたるのがストラクチャー、「あしらい」にあたるのがスキン）。

ストラクチャーにあたるプロパティは大まかに

- width
- heigth
- padding
- margin

などが挙げられ、スキンにあたるプロパティは大まかに

- color
- font
- background
- box-shadow
- text-shadow

などが挙げられますが、OOCSSにて明確に定められているわけではありません。この辺りは理論に厳密になりすぎずに、その場その場で都合のよい分類の仕方でも構わないでしょう。

先ほどのコードで言えば、共通している部分をストラクチャー、共通していない部分をスキンとすると、都合がよさそうです。「ストラクチャーとスキンの分離」に従い書き直すと、以下のようになります。

```
HTML
<main id="main">
  <button class="btn general"> 標準ボタン </button>
  <button class="btn warning"> キャンセルボタン </button>
</main>
```

Chapter 1
Chapter 2
Chapter 3
Chapter 4
Chapter 5
Chapter 6
Chapter 7
Chapter 8
Chapter 9

```
CSS
/* ストラクチャー */
#main .btn {
  display: inline-block;
  width: 300px;
  max-width: 100%;
  padding: 20px 10px;
  box-shadow: 0 3px 6px rgba(0, 0, 0, .16);
  font-size: 18px;
  line-height: 1.5;
  text-align: center;
}

/* スキン */
#main .general {
  background-color: #e25c00;
  color: #fff;
}
#main .warning {
  background-color: #f1de00;
  color: #222;
}
```

これで別の色のボタンが追加になっても、数行のコードを書くだけですぐに実装できそうですね！

コンテナとコンテンツの分離

4. 特定のコンテキストにみだりに依存していない（★）

次にコンテナとコンテンツの分離です。コンテナとは大まかに「エリア」、コンテンツは先ほどのボタンモジュールを思い浮かべてください。例えば先ほどの例では、ボタンモジュールはid属性に「main」が指定されたmain要素の中に含まれていました。

```
HTML
<main id="main">
  <button class="btn general"> 標準ボタン </button>
  <button class="btn warning"> キャンセルボタン </button>
</main>
```

```
CSS
/* ストラクチャー */
#main .btn {
  display: inline-block;
  width: 300px;
  max-width: 100%;
  padding: 20px 10px;
  box-shadow: 0 3px 6px rgba(0, 0, 0, .16);
  font-size: 18px;
  line-height: 1.5;
  text-align: center;
}

/* スキン */
#main .general {
  background-color: #e25c00;
  color: #fff;
}
#main .warning {
  background-color: #f1de00;
  color: #222;
}
```

しかしこれでは、ボタンをmainの外で使おうと思っても使うことができません。

この問題に対する解決方法はシンプルで、ボタンモジュールがmainの外でも動くようにCSSのセレクターを修正します。コンテナとコンテンツの分離というのはつまり、「モジュールをなるべく特定のエリアに依存させない」という方針を指します。

HTML

```
<main id="main">
  <button class="btn general"> 標準ボタン </button>
  <button class="btn warning"> キャンセルボタン </button>
</main>

<!-- main に依存しなくなったので、フッターでも同様にボタンが使用できる -->
<footer>
  <button class="btn general"> 標準ボタン </button>
</footer>
```

CSS

```
/* ストラクチャー */
.btn { /* #main の ID セレクターを削除した */
  display: inline-block;
  width: 300px;
  max-width: 100%;
  padding: 20px 10px;
  box-shadow: 0 3px 6px rgba(0, 0, 0, .16);
  font-size: 18px;
  line-height: 1.5;
  text-align: center;
}

/* スキン */
.general { /* #main の ID セレクターを削除した */
  background-color: #e25c00;
  color: #fff;
}
.warning { /* #main の ID セレクターを削除した */
  background-color: #f1de00;
  color: #222;
}
```

OOCSSのまとめ

以上、OOCSS大原則であるふたつの考え方を解説しました。OOCSSの歴史はかなり古く、また明確に規則と呼べるものも多くありません（公式サイトを見てもわかる通り、解説はかなり簡素です）。

またこれから解説するCSSの設計手法は、基本的に大なり小なりOOCSSを参考にしつつ、さらに改良を加えたものです。今日においてOOCSS一本で実案件のCSS設計を行う、ということはあまり現実的ではないでしょう。

しかし逆に言えば、10年近く前に提唱された考え方が他のCSS設計手法に取り込まれ、今でも使用されていることを考えると、OOCSSが掲げた考え方はCSS設計における「ひとつの真理」といっても過言ではないように思います。

CSS設計の基礎中の基礎となりますので、ぜひOOCSSの言わんとしていることを押さえておいてください。

3-3 SMACSS

SMACSS（スマックス）※はScalable and Modular Architecture for CSS（拡張可能でモジュール的なCSS設計）の略で、Jonathan Snook氏によって提唱されました。CSSのコードを役割に応じてカテゴリ分けしたのが特徴で、以下5つのカテゴリについてそれぞれ規則が設けられています。

1. ベース
2. レイアウト
3. モジュール
4. 状態（ステート）
5. テーマ

OOCSSで語られていた範囲は、SMACSSにおける「モジュール」におおよそ該当します。OOCSSがほぼモジュールのみにしか言及していないのに対し、SMACSSはもっと幅広く、実際にWebサイトを構築するうえでは欠かせないベースやレイアウトのコードの扱い方にまで言及しています。

※ https://smacss.com/

ベースルール

関連するポイント

1. 特性に応じてCSSを分類する（★）

ベースルールではプロジェクトにおける標準のスタイルを定義します。ベースルールにおけるセレクターは主に要素型セレクター（body{}など）となりますが、他にも

- 子セレクター（a > img{}など）
- 子孫セレクター（ul li{}など）
- 疑似クラス（a:hover{}など）
- 属性セレクター（a[href]{}など）
- 隣接兄弟セレクター（h2 + p{}など）
- 一般兄弟セレクター（h2 ~ p{}など）

なども使用されます。ただしベースルールにあまりに多く定義してしまうと、影響範囲が広くなってしまい、CSS設計のポイント「3. 影響範囲がみだりに広すぎない」に反してしまうことになるため、注意してください。

また「プロジェクト内において、各要素が標準としてどのように振る舞うか」を定義するためのルールであるため、**特定の状況下での使用が想定されるIDセレクターやクラスセレクターは使用できません。**同様の理由で、ベースルールにおいては!importantが使用されることもありません。

コードとしては、概ね以下のよう形になります。

```css
CSS
/* 要素型セレクターの例 */
body {
  background-color: #fff;
}
/* 子セレクターの例 */
a > img {
  transition: .25s;
}
/* 子孫セレクターの例 */
ul li {
  margin-bottom: 10px;
}
/* 疑似クラスの例 */
a:hover {
  text-decoration: underline;
}
```

またSMACSSでは、リセットCSSもベースルールとして含みます。Chapter 2で紹介したようなWebに公開されている既存のリセットCSSを使用する場合は、その分だけ行数は多くなるでしょう※1。

なおルールというわけではありませんが、SMACSSではbodyの背景色をベースルールで設定することを強く推奨しています。これはWebサイトを閲覧するユーザーが、ブラウザの機能を使って背景色を独自設定している場合、色によってはWebサイトが正常に閲覧できなくなる可能性があるためです※2。

※1 Jonathan Snook氏はハードリセット系CSSを使用することによる、ブラウザが解釈するコード量の結果的な増加を懸念しており、「欠点も含めてきちんと理解して利用すべき」と提唱しています。
※2 ユーザーが定義したCSSと私たちWebサイト開発者が定義したCSSの優先順位のルールについては、Chapter 2「詳細度とセレクター」セクションの「カスケーディングの基礎」にて詳細を割愛した「重要度」のルールに含まれています。

レイアウトルール

関連するポイント

1. 特性に応じてCSSを分類する（★）

レイアウトルールはヘッダーやメインエリア、サイドバー、フッターなどのWebサイトの大枠を構成する大きなモジュールに対するルールです。

レイアウトを構成するものの多くはページ内でしか一度しか使用されないことが多いため、IDセレクターによるスタイリングが許容されています。レイアウトに関わり繰り返し使用されるモジュールについては、クラスセレクターを利用します。

下記がレイアウトルールのコード例です。

CSS
```
/* IDセレクターの例 */
#header {
  width: 1080px;
  margin-right: auto;
  margin-left: auto;
  background-color: #fff;
}
#main {
  width: 1080px;
  margin-right: auto;
  margin-left: auto;
  background-color: #fff;
}
#footer {
  width: 1080px;
  margin-right: auto;
  margin-left: auto;
  background-color: #eee;
}

/* クラスセレクターの例 */
.section {
  padding-top: 80px;
  padding-bottom: 80px;
}
```

特定の状況でレイアウトが変更になる場合

例えば「特定のページでは横幅を狭くしたい」という場合、SMACSSでは子孫セレクターを利用したレイアウトモジュールのスタイルの上書きが認められています。下記のコード例は、body要素に.l-narrowのクラスを付け、子孫セレクターを使用してヘッダー・メインエリア・フッターの横幅を狭める例です。

```
CSS
.l-narrow #header {
  width: 960px;
}
.l-narrow #main {
  width: 960px;
}
.l-narrow #footer {
  width: 960px;
}
```

このコードにおいて注目すべきが、.l-narrowと「l-」という接頭辞がついている点です。レイアウトルールにおいてクラスセレクターを使用する際は、「l-」※という接頭辞を付けることが推奨されています。

これは後述するモジュールルールやステートルールに該当するモジュールと、見分けやすくするための措置です。そのため先ほどの.sectionというクラス名も、SMACSSとしては.l-sectionという命名にすることがよりベストプラクティスとなります。

※ SMACSSのドキュメントに明言はされていませんが、「l」は「layout」の略だと思って差し支えないでしょう。

```
CSS
/* クラスセレクターの例 */
.section {
  padding-top: 80px;
  padding-bottom: 80px;
}
↓
.l-section {
  padding-top: 80px;
  padding-bottom: 80px;
}
```

この接頭辞は何もクラスセレクターだけのものではなく、IDセレクターに使用することも許容されています。しかしIDセレクターはレイアウトルールでのみ使用され、また1ページ内での使用頻度も多くはないため、接頭辞を付けなくとも十分見分けることができます。

SMACSSはこの辺りの規則が厳格ではないため、どのようにするのがよいか悩むところでもあるでしょう。筆者個人としては、すべてクラスセレクターで統一する※のが規則としてわかりやすいので好んでいます（クラスセレクターを使用するので、必然的にl-の接頭辞がつきます）。

IDセレクターをクラスセレクターに書き換えた場合のCSSは次の通りです。

※ IDセレクターの絶対的な利点を挙げるとすれば、JavaScriptで要素をID属性経由で取得する際、クラス属性経由での取得に比べパフォーマンスが向上します。

CSS

```
.l-header {
  width: 1080px;
  margin-right: auto;
  margin-left: auto;
  background-color: #fff;
}
.l-main {
  width: 1080px;
  margin-right: auto;
  margin-left: auto;
  background-color: #fff;
}
.l-footer {
  width: 1080px;
  margin-right: auto;
  margin-left: auto;
  background-color: #eee;
}
.l-section {
  padding-top: 80px;
  padding-bottom: 80px;
}

/* 横幅が狭くなる場合 */
.l-narrow .l-header {
  width: 960px;
}
.l-narrow .l-main {
  width: 960px;
}
.l-narrow .l-footer {
  width: 960px;
}
```

モジュールルール

モジュールルールに該当するモジュールは、先述のレイアウトモジュール内に配置されることを想定しているものです。

- 見出し
- ボタン
- カード
- ナビゲーション
- カルーセル

など、レイアウトモジュール内に配置できる個別のモジュールであれば、いずれもSMACSSのモジュールルールに該当します。

モジュールは他のページに移動したり別のレイアウトの中に埋め込んでも、見た目が崩れたりせず、変わらず使用できることが求められます。CSS設計の肝となる部分であるため、実装の際は「無駄なコードはないか」「このコードは他のレイアウトに移動したときに影響しないか」など、より一層の注意が必要になります。

1ページ内で繰り返し使用されることが想定されるため当然IDセレクターでの実装とはせず、モジュールのルート要素には必ずクラスセレクター(HTMLではクラス属性)を使用します。

モジュールを作成する際に他に気を付けるべき事項として

- なるべく要素型セレクターを使用しない
- 特定のコンテキストにみだりに依存しない

の2点がSMACSSのドキュメントで挙げられていますので、それぞれ解説します。

なるべく要素型セレクターを使用しない

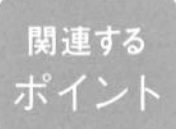

2. HTMLとスタイリングが疎結合である(★)

これはChapter 2の、CSS設計の8つのポイントの「2. HTMLとスタイリングが疎結合である」にて解説したこととまったく同じ話です。Chapter 2に続き、今回もモジュールの例として図3-2のメディアモジュールを使用します。

Chapter 1
Chapter 2
Chapter 3
Chapter 4
Chapter 5
Chapter 6
Chapter 7
Chapter 8
Chapter 9

図 3-2　メディアモジュール（再掲）

例えばメディアモジュールが、Chapter2とは少し異なり次のようなコードだったとします。

HTML

```
<div class="media">
  <figure>
    <img src="/assets/img/elements/persona.jpg" alt="写真：手に持たれたスマホ">
  </figure>
  <div>
    <p>ユーザーを考えた設計で満足な体験を</p>
    <p>（省略）</p>
    <p>ペルソナとは？</p>
    <span>（省略）</span>
  </div>
</div>
```

CSS

```
.media {
  display: flex;
  align-items: center;
  font-size: 16px;
  line-height: 1.5;
}
.media figure {
  flex: 1 1 25%;
  margin-right: 3.33333%;
}
.media img {
  width: 100%;
  vertical-align: top;
}
.media div {
  flex: 1 1 68.33333%;
}
.media p:first-of-type { /*「ユーザーを考えた設計で満足な体験を」*/
  margin-bottom: 10px;
  font-size: 18px;
  font-weight: bold;
}
.media p:last-of-type {/*「ペルソナとは？」*/
  margin-top: 10px;
  margin-bottom: 10px;
  font-size: 16px;
  border-bottom: 1px solid #555;
}
.media span {
  color: #555;
  font-size: 14px;
}
```

これだとp要素の順序が変わると見出し部分のスタイルが説明文のp要素にあたったり、あるいはdiv要素やspan要素が増えた場合、意図せず既存のスタイルが適用されてしまいます。

この問題に対して、SMACSSが挙げている解決策は次のふたつです。

- 要素をセマンティックにする（セマンティックな要素にのみ要素型セレクターを使う）
- 要素型セレクターを使用する際は、子セレクターを使用する

■ 要素をセマンティックにする（セマンティックな要素にのみ要素型セレクターを使う）

例えば「ユーザーを考えた設計で満足な体験を」の部分と「ペルソナとは？」の部分は、見出し要素にすることもできそうです。それだけで、順序に関係なく見出しには見出し用のスタイルを適用することができます。

ただし、場合によってはセマンティックな要素に置き換えられない場合もあるでしょう。特にdiv要素やspan要素にはセマンティック性がないため、SMACSSではこのふたつの要素には必ずクラスを付けてスタイリングすることを推奨しています。

- 要素をセマンティックにする
- div要素とspan要素にはクラスを付ける

を実践すると、次のようなコードになります。

HTML

```
<div class="media">
  <figure>
    <img src="/assets/img/elements/persona.jpg" alt="写真：手に持たれたスマホ">
  </figure>
  <div class="media-body">
    <h2>ユーザーを考えた設計で満足な体験を</h2>
    <p>（省略）</p>
    <h3>ペルソナとは？</h3>
    <span class="media-sub-text">（省略）</span>
  </div>
</div>
```

```
CSS
.media {
  display: flex;
  align-items: center;
  font-size: 16px;
  line-height: 1.5;
}
.media figure {
  flex: 1 1 25%;
  margin-right: 3.33333%;
}
.media img {
  width: 100%;
  vertical-align: top;
}
.media-body {
  flex: 1 1 68.33333%;
}
.media h2 {
  margin-bottom: 10px;
  font-size: 18px;
  font-weight: bold;
}
.media h3 {
  margin-top: 10px;
  margin-bottom: 10px;
  font-size: 16px;
  border-bottom: 1px solid #555;
}
.media-sub-text {
  color: #555;
  font-size: 14px;
}
```

つまりSMACSSの考えるセマンティック性は、下記の式が成り立つと言えます。

div要素・span要素などの汎用的な要素 ＜ **見出しなどの意味を持つ要素** ＜ **クラス属性が付いた要素**

■ 要素型セレクターを使用する際は、子セレクターを使用する

関連するポイント **3. 影響範囲がみだりに広すぎない（★）**

もうひとつの解決策として、要素型セレクターを使用する際は、子孫セレクターではなく子セレクターとすることをSMACSSでは推奨しています。スタイリングの適用範囲を直下の要素に限定することにより、影響範囲を無駄に広げないということですね※。これはCSS設計8つのポイント「3. 影響範囲がみだりに広すぎない」にも通じます。

これを実践すると、次のようなコードになります。HTMLは変更がありませんので省略します。

※ もちろん意図して子孫セレクターを使う場合は、この規則を無視して大丈夫です。

```
CSS
.media {
  display: flex;
  align-items: center;
  font-size: 16px;
  line-height: 1.5;
}
.media > figure {
  flex: 1 1 25%;
  margin-right: 3.33333%;
}
.media img { /* このスタイリングは汎用的なので、意図的に子孫セレクターのままにします */
  width: 100%;
  vertical-align: top;
}
.media-body {
  flex: 1 1 68.33333%;
}
.media > h2 {
  margin-bottom: 10px;
  font-size: 18px;
  font-weight: bold;
}
.media > h3 {
  margin-top: 10px;
  margin-bottom: 10px;
  font-size: 16px;
  border-bottom: 1px solid #555;
}
.media-sub-text {
  color: #555;
  font-size: 14px;
}
```

ただし、これではChapter 2 でも挙げた「『ユーザーを考えた設計で満足な体験を』を見た目はそのままで、h2 から h3 に変更したい」という問題を解決できません。結局スタイリングにはクラスセレクターを使用するのが一番安全で、効率的というのが筆者の意見です。

スタイルを上書きするためのサブクラス

4. 特定のコンテキストにみだりに依存していない（★）
8. 拡張しやすい（★）

モジュールルールについてもうひとつ、「モジュールが特定の場所にある場合、スタイルを上書きしたい」ということは少なくないでしょう。これに関しては、ボタンモジュールをヘッダー内に設置する例で考えてみたいと思います。レイアウトは図3-3のようなイメージです。

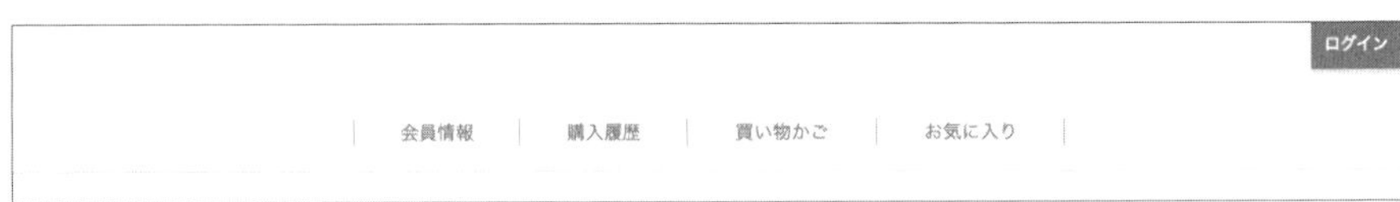

図3-3　右上にボタンが設置されたヘッダーのイメージ

ボタンモジュールの元々のスタイリングと、ヘッダー内に設置された際のスタイリングの上書き内容はそれぞれ以下の通りです。コードを要約すると、「ヘッダー内ではボタンは小さめに表示したい」という意図になっています（.headermenuの内容は本筋ではないため省略します）。

```
HTML
<header class="l-header">
  <a class="btn" href="#"> ログイン </a>
  <ul class="headermenu">
    <li><a href="#"> 会員情報 </a></li>
    (省略)
  </ul>
</header>
```

```css
/* ボタンモジュールの元々のスタイリング */
.btn {
  display: inline-block;
  width: 300px;
  padding: 20px 10px;
  font-size: 18px;
  text-decoration: none;
  text-align: center;
  transition: 0.25s;
  border-width: 0;
  box-shadow: 0 3px 6px rgba(0, 0, 0, 0.16);
  color: #fff;
  background-color: #DD742C;
}

/* ヘッダーのスタイリング */
.l-header {
  max-width: 1230px;
  margin-right: auto;
  margin-left: auto;
  border-bottom: 1px solid #ddd;
  text-align: right;
}

/* ヘッダー内に設置された際のボタンモジュールの上書き内容 */
.l-header .btn {
  width: 80px;
  padding-top: 10px;
  padding-bottom: 10px;
  font-size: 14px;
}
```

ここまではこれで問題ありません。

■ ボタンを追加してみる

しかしこの後「お問い合わせ用としてボタンをもう1個設置し、かつそのボタンは少し大きめに表示したい」となった場合どうなるでしょうか。ひとまずHTMLは下記のようになります。

```
HTML
<header class="l-header">
  <a class="btn" href="#">ログイン</a>
  <a class="btn" href="#">お問い合わせ</a> <!-- お問い合わせボタンを追加
-->
  <ul class="headermenu">
    <li><a href="#">会員情報</a></li>
    (省略)
  </ul>
</header>
```

CSSもひとまず深く考えず、愚直に下記を追加してみましょう。

```
CSS
.l-header .btn:nth-of-type(2) {
  width: 160px;
}
```

これで図3-4のように、ひとまず追加要件は満たせました。

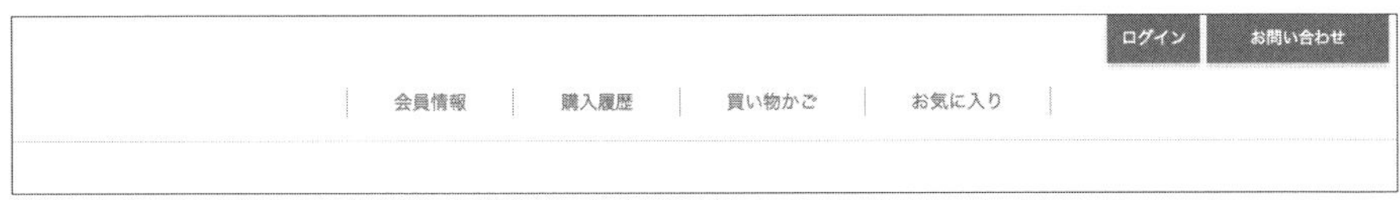

図3-4　お問い合わせボタンを追加してなおかつ大きく表示させた

■ ボタンの順番を入れ替えてみる

しかし追加したCSSはあくまで順番に依存したセレクターであるため、仮にログインボタンとお問い合わせボタンが下記のように入れ替わった場合、当然大きくなるのはログインボタンになってしまいます(図3-5)。

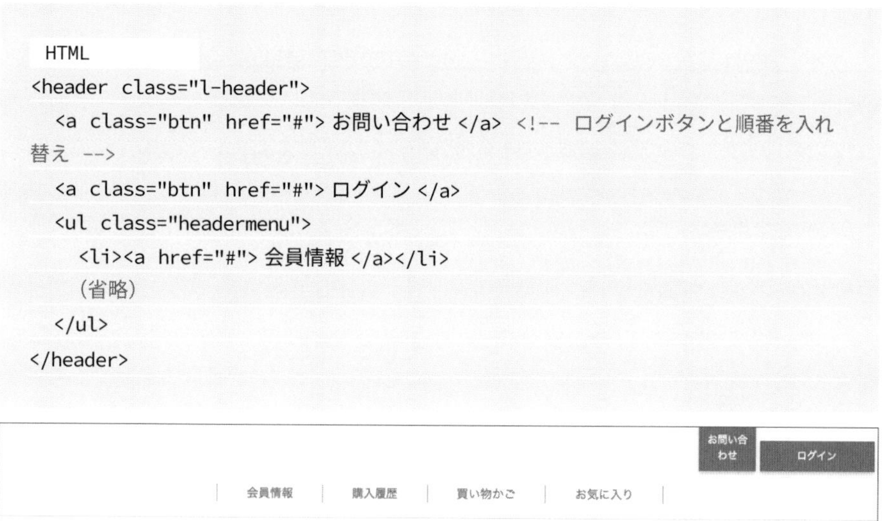

```
HTML
<header class="l-header">
  <a class="btn" href="#">お問い合わせ</a> <!-- ログインボタンと順番を入れ
替え -->
  <a class="btn" href="#">ログイン</a>
  <ul class="headermenu">
    <li><a href="#">会員情報</a></li>
    （省略）
  </ul>
</header>
```


図 3-5　ログインボタンとお問い合わせボタンを入れ替えたため、2 番目のボタンにあたるログインボタンが大きくなってしまう

しかもお問い合わせボタンは小さい幅の中で一行に収まらず、テキストが不格好に折り返す形となってしまいました。最悪ですね！

■ サブクラスでの実装

こういった事態を避けるために、SMACSSではモジュールに変化がある場合は、なるべく「ヘッダーの中にある場合」といったような特定のコンテキストに依存するセレクターを使うのではなく、サブクラスによる解決を推奨しています。

サブクラスとはつまりChapter 2のCSS設計8つのポイント「8. 拡張しやすい」で解説したモディファイアのようなもので、先ほどのコードをサブクラスを用いて理想的に実装したものが下記です。

```
HTML
<header class="l-header">
  <a class="btn btn-small" href="#">ログイン</a> ―①
  <a class="btn btn-small btn-long" href="#">お問い合わせ</a> ―①
  <ul class="headermenu">
    <li><a href="#">会員情報</a></li>
    ...
  </ul>
</header>
```

CSS

```
/* ボタンモジュールの元々のスタイリ
ング */
.btn {
  display: inline-block;
  width: 300px;
  padding: 20px 10px;
  font-size: 18px;
  text-decoration: none;
  text-align: center;
  transition: 0.25s;
  border-width: 0;
  box-shadow: 0 3px 6px rgba(0,
0, 0, 0.16);
  color: #fff;
  background-color: #DD742C;
}
.btn.btn-small { ―②
  width: 80px;
  padding-top: 10px;
  padding-bottom: 10px;
  font-size: 14px;
}
.btn.btn-long { ―②
  width: 160px;
}

.l-header {
  max-width: 1230px;
  margin-right: auto;
  margin-left: auto;
  border-bottom: 1px solid #ddd;
  text-align: right;
}
```

①でHTML側のクラス属性にサブクラスを付け、CSSにおいては②のようにセレクターを.l-headerに依存しない形でサブクラスを実装しました※。これで仮にまたログインボタンとお問い合わせボタンを入れ替えても、図3-6のように意図した通りに表示されます。

※ 目ざとい人は「.btn-small」という命名は、クラス名だけ見ると.btnの子要素と区別が付かないことに気づかれたかもしれません。SMACSSでは残念ながら、この辺りの命名規則に関する規則は定義されていません。区別を付けるには「サブクラスではハイフンをふたつにする」などオリジナルの規則の追加が必要です。

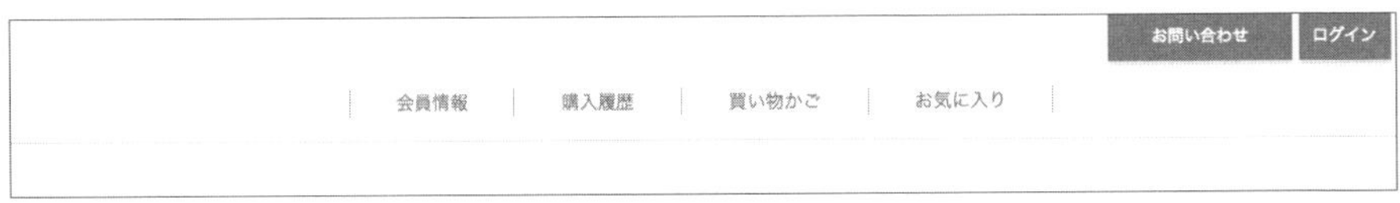

図3-6　サブクラスで実装すると、ログインボタンとお問い合わせボタンを入れ替えても意図通りに表示される

またこの実装はヘッダーに依存していないため、ヘッダー外のどのような場所でも使用できます。これはつまり、CSS設計8つのポイント「4. 特定のコンテキストにみだりに依存していない」にも通ずる内容です。

ステートルール

1. 特性に応じてCSSを分類する(★)
8. 拡張しやすい(★)

ステートとは状態のことで、既存のスタイルをを上書き・拡張するために使用されます。「既存のスタイルをを上書き・拡張」と聞くと、「先述のモジュールルール内のサブクラスと同じなのでは?」と思われるかもしれません。

しかしモジュールルールのサブクラスとステートルールの状態スタイルを明確に区別するために

1. 状態スタイルはレイアウトやモジュールに割り当てることができ
2. 状態スタイルはJavaScriptに依存するという意味を持つ

と定義されており、特に重要なのが2です。

ステートルールの状態スタイルのクラス名はすべて「is-」の接頭辞が付き、また既存のスタイルをすべて上書きして状態スタイルが反映されることが期待されるため、必要な場合は!importantの使用も推奨されています。

簡単に、図3-7のフォームの例で考えてみましょう。

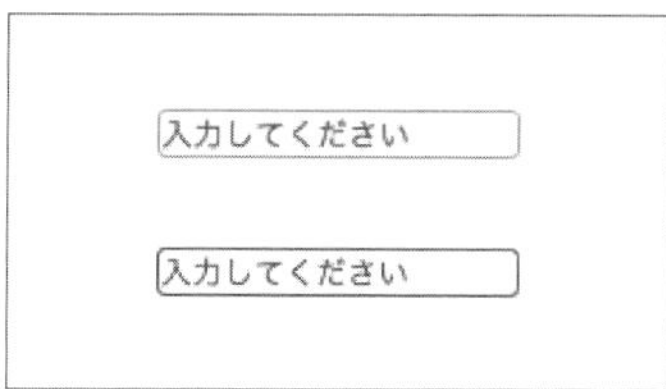

図3-7　通常の状態(上)と、.is-errorクラスを付けた状態(下)のフォーム

コードは下記のようになります。

HTML
```
<input class="inputtext" type="text" placeholder=" 入力してください ">
<!-- 入力エラーがあった場合、JavaScript から is-error クラスを付ける -->
<input class="inputtext is-error" type="text" placeholder=" 入力してくださ
い ">
```

CSS
```
.inputtext {
  border: 1px solid #aaa;
  border-radius: 3px;
}
.is-error {
  border-color: #D40152;
}
.is-error::placeholder {
  color: #D40152;
}
```

何らかの入力エラーがあった場合、JavaScriptから.is-errorクラスを付け、下のフォームのように枠線とプレースホルダーに赤色が適用されます。

もうひとつ、わかりやすい例として図3-8のタブナビゲーションを見てみましょう。

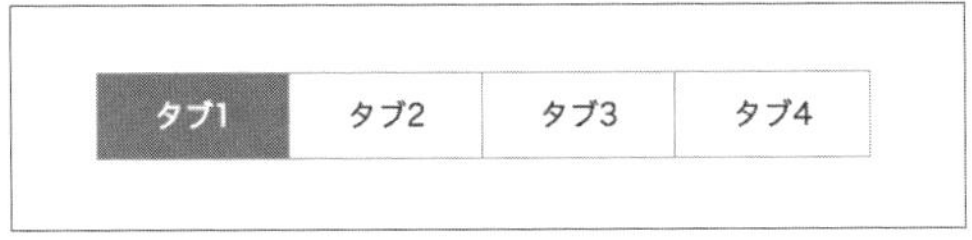

図3-8　アクティブな箇所がハイライトされるタブナビゲーション

コードは下記のようになります。

HTML

```
<ul class="tabnav">
  <li class="is-active"><a href="#">タブ1</a></li>
  <li><a href="#">タブ2</a></li>
  <li><a href="#">タブ3</a></li>
  <li><a href="#">タブ4</a></li>
</ul>
```

CSS

```
/* 基本的なスタイリング */
.tabnav {
  display: flex;
}
.tabnav > li {
  border-top: 1px solid #aaa;
  border-right: 1px solid #aaa;
  border-bottom: 1px solid #aaa;
}
.tabnav > li:first-child {
  border-left: 1px solid #aaa;
}
.tabnav > li > a {
  display: block;
  padding: 10px 30px;
  text-decoration: none;
}

/* アクティブ時のスタイリング */
.is-active {
  background-color: #0093FF;
}
.is-active > a {
  pointer-events: none;
  color: #fff;
}
```

.is-activeが付いたタブ1は背景色と文字色が変更され、クリックイベントも発火しないように設定されています。このタブ2～4をユーザーがクリックすることで、JavaScriptによりis-activeクラスがクリックしたタブに移動し、ハイライトされる仕組みです。

モジュール専用の状態スタイル

関連するポイント

6. クラス名から影響範囲が想像できる（★）

もしかしたら気付かれた方もいらっしゃるかもしれませんが、上記ふたつの例の状態スタイルは特にモジュール名や子(孫)セレクターを使用していません。そのため、それぞれ下記コードのように想定しないクラスを付けると、図3-9のような表示となります。

```html
<!-- .inputtext に想定しない .is-active を付けてみる -->
<input class="inputtext is-active" type="text" placeholder=" 入力してください " />

<!-- .tabnav > li に想定しない .is-error を付けてみる -->
<ul class="tabnav">
  <li class="is-error"><a href="#"> タブ 1</a></li>
  <li><a href="#"> タブ 2</a></li>
  <li><a href="#"> タブ 3</a></li>
  <li><a href="#"> タブ 4</a></li>
</ul>
```

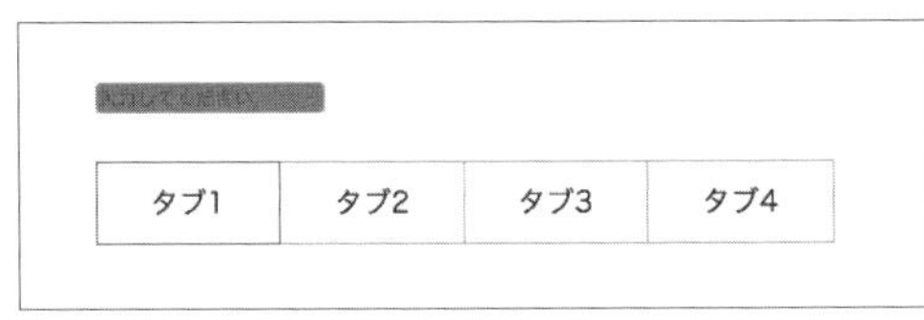

図3-9　.inputtext、.tabnav > liにそれぞれ想定しない状態スタイルを適用する

もちろん.is-errorと.is-activeをモジュールに関わらず使い回したい場合は、このままの設計で構いません。ただしこの設計はモジュールと状態スタイルが増えれば増えるほど、管理が難しくなります。多くの場合は結局これらをきちんと管理しきることができず、混乱を招いてしまうでしょう。

この問題を解決するために、状態スタイルにモジュール名を含めることをSMACSSは提唱しています。.inputtext、.tabnavはそれぞれ下記のように実装します。

.inputtextの例

HTML

```
<input class="inputtext is-
inputtext-error" type="text"
placeholder="入力してください">
```

CSS

```
.is-inputtext-error {
  border-color: #D40152;
}
.is-inputtext-error::placeholder
{
  color: #D40152;
}
```

.tabnavの例

HTML

```
<ul class="tabnav">
  <li class="is-tabnav-active"><a
href="#">タブ1</a></li>
  <li><a href="#">タブ2</a></li>
  <li><a href="#">タブ3</a></li>
  <li><a href="#">タブ4</a></li>
</ul>
```

CSS

```
.is-tabnav-active {
  background-color: #0093ff;
}
.is-tabnav-active > a {
  pointer-events: none;
  color: #fff;
}
```

こうすることで、状態スタイルを本来想定しないモジュールに付けてしまうことを防げます。

SMACSSが公式に提唱しているものではありませんが、もうひとつの解決方法はクラスセレクターを複数使用することです。HTMLは最初の例のまま変えず、CSSセレクターを下記のように修正することで、状態スタイルが干渉する問題が容易に回避できるようになります。

.inputtextの例

CSS

```
.inputtext.is-error {
  border-color: #D40152;
}
.inputtext.is-error::placeholder
{
  color: #D40152;
}
```

.tabnavの例

CSS

```
.tabnav > li.is-active {
  background-color: #0093FF;
}
.tabnav > li.is-active a {
  pointer-events: none;
  color: #fff;
}
```

テーマルール

SMACSS最後のルールはテーマルールです。

テーマルールはサイト内のレイアウトや色、テキスト処理などを一定の法則に従い上書きするもので、既存のあらゆるスタイリングが上書きの対象となり得ます。

ちょっとイメージが湧きづらいかもしれませんので、エキサイトのサイトを例にとってテーマルールをシミュレーションしてみましょう※。エキサイトのサイトは標準状態では、黒を基準にした色づかいになっています（図3-10）。

※ 執筆時現在ではエキサイトのサイトがSMACSSで構築されているわけではありません。あくまでイメージを掴むためのシミュレーションです。

図3-10　エキサイトの標準状態の配色

しかしエキサイトは右上のボタンからユーザーが配色を選択できるようになっており、試しに白のボタンをクリックすると白を基準にした色づかいに変化します（図3-11）。

図3-11　配色を白に変化させた

これをコードで表すと、次のようになります。

HTML
```html
<head>
  <!-- 標準状態ではblack.cssが読み込まれている -->
  <link rel="stylesheet" href="black.css" />
  <!-- ユーザーが右上の白ボタンをクリックすると、JavaScriptなどでwhite.cssに
切り替わる -->
  <link rel="stylesheet" href="white.css" />
</head>
```

black.css

CSS
```css
.module {
  background-color: #333; /* 黒
*/
}
```

white.css

CSS
```css
.module {
  background-color: #f7f7f7; /*
白 */
}
```

テーマルールの対象とするモジュールの数がそこまで多くなければ、特別に工夫しなくとも把握できるかもしれません。

しかしそうでない場合、大規模なテーマを作成する場合は、対象となるモジュールに「theme-」の接頭辞を付けることをSMACSSでは推奨しています。

SMACSSのまとめ

SMACSSはプロジェクトにおいて考慮しなければならないCSSの、おおよそ全体をカバーする規則を持ち合わせています。その反面それぞれの規則はそこまで厳格ではありませんので、ある程度の柔軟性を持ちたい、比較的緩く開発をしたいというときはSMACSSが向いています。

ただし場合によっては規則が緩すぎて実際のコードの指針となりづらいこともあり、その際はモジュールルールにOOCSSを取り入れたり、あるいは後述のBEMの一部を取り入れるなど、他の設計手法との組み合わせも多く見られます。

余談ですが、筆者もCSS設計を始めたころはSMACSSとOOCSSの組み合わせに、さらに自分のオリジナルの規則を組み合わせていました（それが後に、後述するPRECSSへと発展します）。

3-4 BEM

BEM（ベム）[※]はBlock, Element, Modifierの略で、Yandex社によって提唱されました。ユーザーインターフェースを独立したブロックに落とし込んでいくことで、複雑なページであっても開発を簡単かつ、素早く行うことを目的としています。

OOCSSのように基本的にモジュールをベースにした方法論であるものの、その内容は他の設計手法に比べ厳格・強力です。そのため世界的にもOOCSSに匹敵するほど名前が知られ、利用されています。本書をお手に取られた方でも、名前だけは聞いたことがある人は多いのではないでしょうか。

BEMでは名前の通り、モジュールを、

- Block
- Element
- Modifier

という単位で分解し、定義しています。また**これらBlock・Element・Modifierをまとめて「BEMエンティティ」と呼びます。**

BEMについてはカバー範囲がCSSに留まらないため、本書ですべては語りきれません。BEMに興味を持ち、もっと突っ込んで知りたい方は、ぜひ一度公式ドキュメントをご覧になってみてください。公式ドキュメントを読む際の負荷をなるべく減らすため、本書においても解説のためのコードの多くは公式ドキュメントから引用します。

※ https://en.bem.info/

BEMの基本

Block・Element・Modifierそれぞれの解説に入る前に、まずはBEM全体として共通する基本規則を解説します。

Chapter 1
Chapter 2
Chapter 3
Chapter 4
Chapter 5
Chapter 6
Chapter 7
Chapter 8
Chapter 9

使用するセレクターと詳細度

関連するポイント

2. HTMLとスタイリングが疎結合である（★）
5. 詳細度がみだりに高くない（★）

BEMではCSSでのスタイリングにおいて、要素型セレクターやIDセレクターの使用は推奨されません。クラスセレクターの使用が基本となります。

HTML
```
<a class="button" href="#">ボタン</a>
```

CSS
```
/* × 要素型セレクターを使用している */
a {...}
a.button {...}

/* ○ クラスセレクターのみを使用している */
.button {...}
```

これは詳細度をなるべく均一に保つことで、後述するModifierやMixによる上書きをしやすくするためです。そのためHTMLに複数のクラスが付いている場合でも、詳細度は均一であるようにします。

HTML
```
<a class="button button_theme_caution" href="#">ボタン</a>
```

CSS
```
/* × 詳細度を高めてしまっている */
.button.button_theme_caution {...}

/* ○ 詳細度を均一に保っている */
.button_theme_caution {...}
```

詳細度に関しては例外もありますが、まずは「クラスセレクターを使用し、詳細度は均一」というのがBEMの基本です。

クラス名は半角英数字の小文字で、複数の単語はハイフンでつなぐ

いずれのＢＥＭエンティティにおいても、クラス名には半角英数字の小文字を使用します。

「global nav」などひとつの複数の単語を含む場合は、「global-nav」と単語同士をハイフンで結合するハイフンケースで記述します。

Blockの基本

関連するポイント

7. クラス名から見た目・機能・役割が想像できる（★）

BEMにおけるBlockは「論理的かつ機能的に独立したページモジュール」と定義されています。少し難しい言い回しですが、要は「特定のコンテキストに依存していない、どこでも使い回せるパーツ」と捉えてよいでしょう。

「どこでも使い回せる」という状態を担保するために、Block自体にレイアウトに関するスタイリング（周りに影響を及ぼすpositionやfloat、marginなど）をしてはいけません。レイアウトに関する指定が必要な場合は、後述するＭｉｘというテクニックを用いて実装します。

Blockの命名規則は以下の通りです。

- Blockの命名規則（単語がひとつの場合）
  block
  例）menu

- Blockの命名規則（単語が複数の場合）
  block-name
  例）global-nav

クラス名は「それが何なのか」を表すようにします。「見た目」を表す命名は適切ではありません。例えば赤いテキストのBlockをひとつとっても、以下のように「何であるか」「何のために使用されるか」を表す命名は適切で、「見た目」だけを表している命名は適切ではありません。

```
HTML
<!-- ×「見た目」を表す命名であるため、適切ではない -->
<div class="red-text"></div>

<!-- ○ エラーであることを表しているため、適切 -->
<div class="error"></div>
```

実際のBlockの例としては、図3-12のようなモジュールが挙げられます。

図3-12　Blockの例。上からメニューBlock、検索Block、認証Block、メディアBlock

Elementの基本

6. クラス名から影響範囲が想像できる（★）
7. クラス名から見た目・機能・役割が想像できる（★）

Blockの次の単位となるElementは**「Blockを構成し、Blockの外では独立して使用できないもの」**と定義されています。先ほどBlockの例として挙げたメニューBlockは、図3-13のように4つのElementで構成されているということになります。

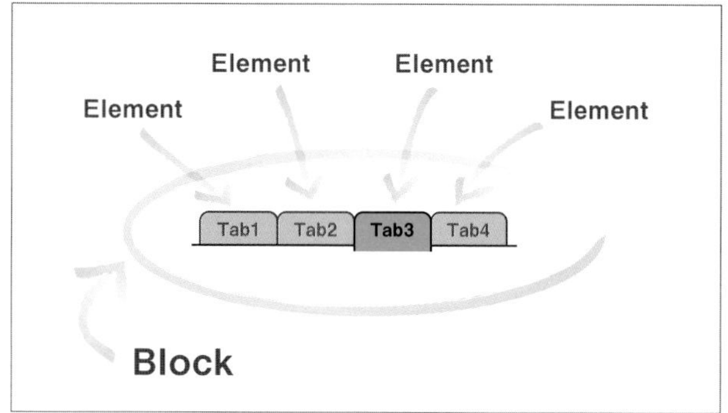

図 3-13　メニュー Blockは 4 つの Elementから構成されている

Element のクラス名は、Block の名前を継承し、アンダースコアふたつを記述した後に Elementの名前を付けます。

- Elementの命名規則（単語がひとつの場合）
  block__element
  例）menu__item

- Elementの命名規則（単語が複数の場合）
  block-name__element-name
  例）global-nav__link-item

先ほどのメニュー Blockをコードとして表すと次のようになります。

HTML
```
<!-- Block（ul 要素）-->
<ul class="menu">
  <!-- Element（li 要素、a 要素）-->
  <li class="menu__item"><a class="menu__link" href="tab1/">Tab 1</a></
li>
  <li class="menu__item"><a class="menu__link" href="tab2/">Tab 2</a></
li>
  <li class="menu__item">Tab 3</li>
  <li class="menu__item"><a class="menu__link" href="tab4/">Tab 4</a></
li>
</ul>
```

またElement名に使用する単語についてもBlockと同じく、「それが何なのか」を表す単語を使用します。「menu__item」は「このElementはmenuのitemである」と「何なのか」を表しているため適切な命名です。これが見た目などに引きずられて「menu__brown」「menu__bold」というような命名をしてはいけません。

Elementのネスト

4. 特定のコンテキストにみだりに依存していない
5. 詳細度がみだりに高くない

またもうひとつ気を付けるべき事項として、BEMではElementの中にElementがネストされた命名を推奨していません。

これは、

- Block内でElementが移動することがある
- いくつかのElementがない状態で、使われることがある
- Elementを後から追加することがある

など、Block内の構造が変わる可能性があるからです。

そのため、次のコードのa要素のようなクラス名の付け方は可能な限り避けるようにしましょう。

HTML
```
<ul class="menu">
  <!-- × a要素がmenu__linkではなく、menu__item__linkとlinkがitemの中にネストされたクラス名になっている -->
  <li class="menu__item"><a class="menu__item__link" href="tab1/">Tab 1</a></li>
  <!-- ○ a要素が親のElement名を含まず、menu__linkとなっている -->
  <li class="menu__item"><a class="menu__link" href="tab1/">Tab 1</a></li>
  ...
</ul>
```

同様の理由から、CSSにおけるセレクターについても子（孫）セレクターは使用せず、詳細度を均一に保つことがBEMにおける基本となります。

```
CSS
/* × Elementの詳細度が高い */
.menu {...}
.menu .menu__item {...}
.menu .menu__item .menu__link {...}

/* ○ Elementも含めて詳細度が均一 */
.menu {...}
.menu__item {...}
.menu__link {...}
```

なお推奨していないのはあくまで「ネストされた命名」であって、Element（.menu__item）の中にElement（.menu__link）がネストされている状態は問題ありません。またネストしてよい数についても、BEMでは上限を設けていませんので、必要に応じていくらでもネストすることが可能です。

Elementは必ずBlock内に配置する

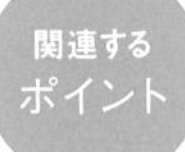

6. クラス名から影響範囲が想像できる（★）

Elementの定義である「Blockを構成し、Blockの外では独立して使用できないもの」の通り、Elementは必ずBlockの中に配置しなければなりません。そのため例え見た目が同じであっても、下記のコードのようにElementをBlock外で使用してはいけません。

```
HTML
<!-- × Block の外に Element を配置している -->
<p class="menu__item"><a class="menu__link" href="tab2/">Tab Link</a></p>

<!-- ○ Block の中に Element を配置している -->
<ul class="menu">
  <li class="menu__item"><a class="menu__link" href="tab1/">Tab 1</a></li>
  <li class="menu__item"><a class="menu__link" href="tab2/">Tab 2</a></li>
</ul>
```

Elementはなくてもよい

また、Elementはあくまで「Blockを構成するオプション要素」という位置づけであるため、Blockが必ずしもElementを持たなければいけないわけではありません。

下記のコードは、Elementを持たないBlockの例です。.inputと.buttonは.search-formのElementではなくそれぞれ独立したBlockであるため、いずれのBlockもElementを持っていないことになります。

```
HTML
<!-- サーチフォーム Block -->
<div class="search-form">
  <!-- インプット Block -->
  <input class="input">
  <!-- ボタン Block -->
  <button class="button">Search</button>
</div>
```

「Blockの中にBlockを配置してもよいのか？」と思った方もいらっしゃるかもしれませんが、BEMではBlockのネストは許容されています。これに関しては後ほど「Blockのネスト」セクションで詳細に解説します。

Blockにするか、Elementにするか

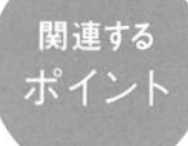

4. 特定のコンテキストにみだりに依存していない

Blockを構築していると、ときにElementの数が多く複雑になってしまうことがあるでしょう。例えば少し無理矢理ですが、先ほどのメニューBlockの中にボタンを実装してみます。

```
HTML
<ul class="menu">
  <li class="menu__item">
    <a class="menu__link" href="tab1/">Tab 1</a>
    <!-- 下記を追加 -->
    <a class="menu__btn" href="lp/"><span class="menu__icon">▶</span>To
LP</a>
  </li>
</ul>
```

コードが少し複雑になってきました。また先述の通り、BEMはElementがネストされた命名を推奨していません。そのため、例えボタンにしか使わないアイコンであっても「menu__btn__icon」ではなく、あくまで上記のコードのように「menu__icon」とする必要があります。しかし「menu__icon」というクラス名だけ見ると、ボタンとの関わりは把握できません。

では複数の単語を使用して、「menu__btn-icon」という命名も考えられますが、そもそもボタンはメニューBlockに関わらず他の場所でも使用されることが予想されます。こういった場合はElementをBlockに昇華させるのもひとつの方法です。ボタンをElementからBlockにすると、次のようなコードになります。

```
HTML
<ul class="menu">
  <li class="menu__item">
    <a class="menu__link" href="tab1/">Tab 1</a>
    <!-- .btn Block を新たに作成した -->
    <a class="btn" href="lp/"><span class="btn__icon">▶</span> ボタン </
a>
  </li>
</ul>
```

コードがいくぶんスッキリしたのに加え、メニュー Block 内に限らず、どのような場所でもボタン Block を使用することが可能になりました。繰り返しになりますが、Blockのネストの規則や詳細については後ほど「Blockのネスト」セクションにて解説します。

Modifierの基本

7. クラス名から見た目・機能・役割が想像できる
8. 拡張しやすい

Modifierは「Blockもしくは Elementの見た目や状態、振る舞いを定義するもの」定義されています。また Block、もしくは Elementに対するオプション要素という位置づけであるため、必ずしも必要なものではありません。

Modifierを単独で使用することはできず、必ず Block か Element のクラス名がある状態で、ふたつ目以降のクラス名として Modifierを付けます。

```
HTML
<!-- × Modifier を単独で使用している -->
<a class="button_size_s" href="#"> ボタン </a>

<!-- ○ ふたつ目のクラス名として Modifier を付けている -->
<a class="button button_size_s" href="#"> ボタン </a>
```

例えば先ほどから例に挙げているメニューBlockの場合、Tab 3のアクティブ表示をコントロールするのがModifierの役割になります（図3-14）。コードのイメージは次の通りです。

```
HTML
<ul class="menu">
  <li class="menu__item"><a class="menu__link" href="tab1/">Tab 1</a></
li>
  <li class="menu__item"><a class="menu__link" href="tab2/">Tab 2</a></
li>
  <!-- モディファイアの付加 -->
  <li class="menu__item menu__item_actived">Tab 3</li>
  <li class="menu__item"><a class="menu__link" href="tab4/">Tab 4</a></
li>
</ul>
```

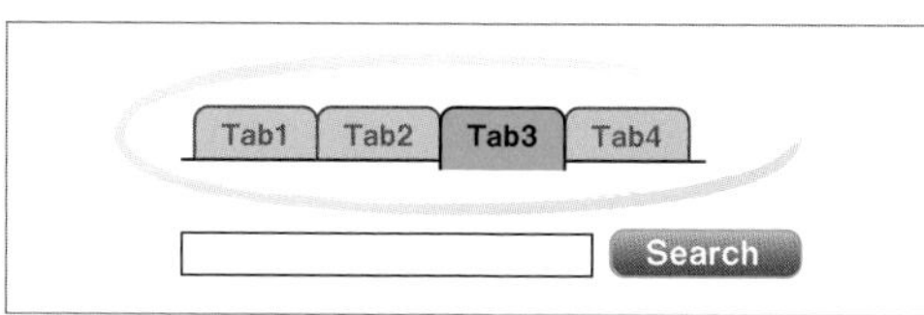

図3-14　ModifierによってTab 3がアクティブ表示されている

また単なるアクティブ表示だけでなく、図3-15のように「タブのレイアウトをガラッと変更したい」という際にも、Modifierが使用できます。コードのイメージは次の通りです。

HTML
```
<!-- モディファイアの付加 -->
<ul class="menu menu_layout_inline">
  <li class="menu__item"><a class="menu__link" href="tab1/">Tab 1</a></
li>
  <li class="menu__item"><a class="menu__link" href="tab2/">Tab 2</a></
li>
  <li class="menu__item"><a class="menu__link" href="tab3/">Tab 3</a></
li>
  <li class="menu__item"><a class="menu__link" href="tab4/">Tab 4</a></
li>
</ul>
```

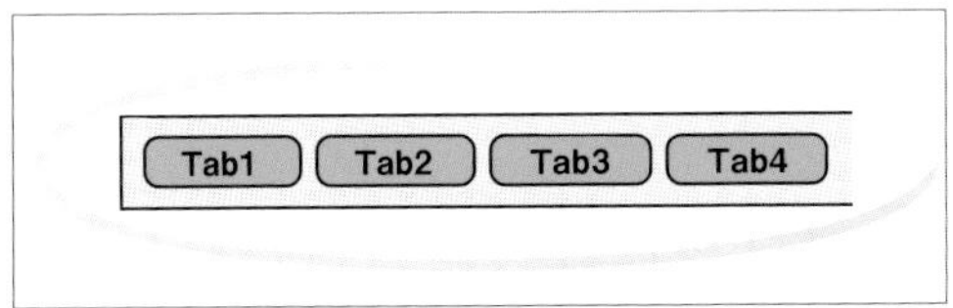

図3-15　Modifierを使用してレイアウトを変更した例

Modifierの命名規則は、Modifierを適用したいBlockまたはElementの名前を継承し、アンダースコアひとつを記述した後にModifierの名前を付けます。複数の単語を含む場合は、BlockやElementと同じようにハイフンケースで記述します。

- Modifierの命名規則（単語がひとつの場合）
  block__element_modifier
  例）menu__item_actived

- Modifierの命名規則（単語が複数の場合）
  block-name__element-name_modifier-name
  例）global-nav__link-item_actived-and-focused

ただややこしいことに、Modifierには「キーと値の組み合わせ」というタイプがあり、それに該当する場合は、キーと値をアンダースコアで区切るスネークケースを利用します。

まず各区切り内の単語がひとつの例です。「text_large」という部分は「キーと値」に該当するため、単語をアンダースコアで区切ります。

- Modifierの命名規則（単語がひとつの場合）
  例）menu__item_text_large

次に各区切り内の単語が複数の例です。「color-theme_caution」は「color-theme」がキーで「caution」が値になります。

- Modifierの命名規則（単語が複数の場合）
  例）global-nav__link-item_color-theme_caution

この例ではキーである「color-theme」に複数の単語があり、その場合はBlockやElementと同じように単語はハイフンで区切り、キーと値の区切りはアンダースコアを使用します。ややこしいですね。

今回は説明のためにあえて「color-theme_caution」としましたが、実際には「color」を省略し「theme_caution」とすることが多いです。クラス名が長いとそれだけ読みづらさは増しますので、意味を損なわない程度に単語を省略してもよいでしょう。

BlockとElementのクラス名の命名が主に「それが何であるか」ということを重視しているのに対し、Modifierの命名は「それがどうであるか」を重視します。「どうであるか」とだけ聞くと想像しづらいかもしれませんが、概ね下記3パターンのどれかに該当すると考えるとわかりやすいでしょう。

- 見た目 — どんなサイズか？どの色か？どのテーマに属するか？など
  例）
  size_s（サイズがS）
  theme_caution（テーマは警告テーマ。例えば赤く強調表示されるイメージ）

- 状態 — 他のBlock（またはElement）と比べて何が違うか？など
  例）
  disabled（使用不可）
  focused（フォーカスされている）
  actived（アクティブになっている）

- 振る舞い — それがどのように振る舞うか？など
  例）
  directions_right-to-left（文章は右から左に）
  position_bottom-right（ポジションは右下）

またModifierには上記3パターンに共通してふたつのタイプが定義されています（「キーと値」はそれらのタイプの内のひとつです）。そのタイプも併せて意識しておけば、Modifierの命名で迷うことはあまりないでしょう。

Modifierのタイプ

関連するポイント
7. クラス名から見た目・機能・役割が想像できる（★）

Modifierは、

- 真偽値
- キーと値のペア

のふたつのタイプに分けることができます。

真偽値

真偽値のModifierは、概ねは1語で完結するようなタイプのものです。主に状態に関する指定のものが多く、「disbaled（使用不可）」「focused（フォーカスされている）」「actived（アクティブになっている）」などが挙げられます。

Modifierセクションで最初に挙げたコードの繰り返しになりますが（図3-16）、次のようなコードになります。

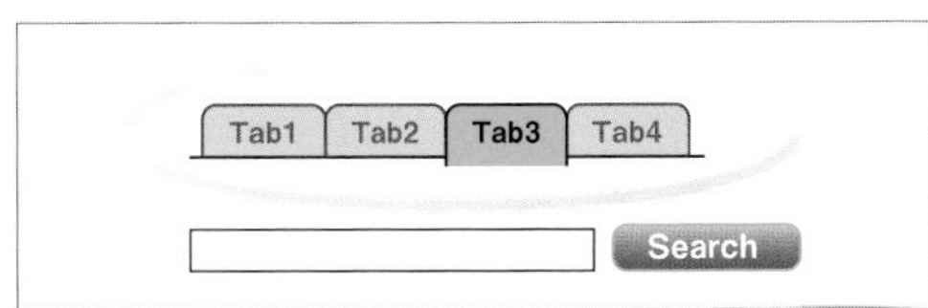

図3-16　ModifierによってTab 3がアクティブ表示されている

```
HTML
<ul class="menu">
  <li class="menu__item"><a class="menu__link" href="tab1/">Tab 1</a></
li>
  <li class="menu__item"><a class="menu__link" href="tab2/">Tab 2</a></
li>
  <!-- モディファイアの付加 -->
  <li class="menu__item menu__item_actived">Tab 3</li>
  <li class="menu__item"><a class="menu__link" href="tab4/">Tab 4</a></
li>
</ul>
```


■ キーと値のペア

キーと値のペアは、主に見た目と振る舞いに関する指定の際に使用されます。Modifierの命名では「それがどうであるか」を重視するとご説明しましたが、キーと値のペアにおいてはもう少し詳しく言うと「そのBlock（またはElement）の『何』が『どう』であるか」と言うことができます。

この「何」と「どう」にあたるのがキーと値です。再掲になりますが、メニューBlockのコード例で示したモディファイアは「layoutがinlineである」ということを表したキーと値の組み合わせです。

```
HTML
<!-- モディファイアの付加 -->
<ul class="menu menu_layout_inline">
  <li class="menu__item"><a class="menu__link" href="tab1/">Tab 1</a></
li>
  <li class="menu__item"><a class="menu__link" href="tab2/">Tab 2</a></
li>
  <li class="menu__item"><a class="menu__link" href="tab3/">Tab 3</a></
li>
  <li class="menu__item"><a class="menu__link" href="tab4/">Tab 4</a></
li>
</ul>
```

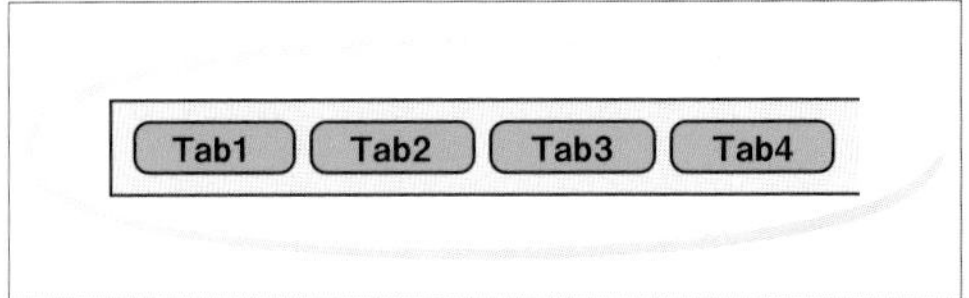

図3-17　Modifierを使用してレイアウトを変更した例

他に、例えばボタンBlockに対するキーと値のペアのModifierは、下記のように日本語訳することが可能です。

```
HTML
<a class="button button_size_s" href="#"> ボタン </a>
<!-- button_size_s → ボタンの「サイズ（何)」が「S（どう)」である -->
```

またModifierの付加の数に上限はありませんので、ひとつのBlock（またはElement）に複数のModifierを付けることが可能です。

```
HTML
<a class="button button_size_s button_theme_caution button_text_large"
href="#"> ボタン </a>
<!-- button_size_s → ボタンの「サイズ」が「S」である -->
<!-- button_theme_caution → ボタンの「テーマ」が「警告テーマ」である -->
<!-- button_text_large → ボタンの「テキスト」が「大」である -->
```

ただし、同じスタイルを上書きするModifierを複数付けることはできません。

```
HTML
<a class="button button_size_s button_size_m" href="#"> ボタン </a>
<!-- button_size_s → ボタンの「サイズ」が「S」である -->
<!-- button_size_m → ボタンの「サイズ」が「M」である（!?) -->
```

このコード例では、結局ボタンのサイズがSなのかMなのかわかりません。これくらいシンプルな例、つまりキーが同じModifierが複数付いていれば異常にすぐ気がつくかもしれません。しかし、難しいのは次のようにキーが異なるModifierが複数付いているときです。

Modifierの責任範囲を考える

関連するポイント
7. クラス名から見た目・機能・役割が想像できる

次のコードは、Modifierのによる上書きのスタイリングが衝突してしまっている例です。

HTML
```
<a class="button button_size_s button_bg-color_red" href="#"> ボタン </a>
<!-- button_size_s → ボタンの「サイズ」が「S」である -->
<!-- button_bg-color_red → ボタンの「背景色」が「赤」である -->
```

HTMLだけ見ると特に問題なさそうですが、問題なのはCSSが実は次のような実装になっているときです。

CSS
```
.button_size_s {
  width: 160px;
}
.button_bg-color_red {
  width: 200px; /* ここでスタイルの衝突が起きている！ */
  background-color: red;
  color: #fff;
}
```

.button_bg-color_redには背景色だけでなく、横幅の指定もされていました。恐らく.button_bg-color_redを作るきっかけとなった赤いボタンが、デザインカンプ上では横幅200pxだったのでしょう。しかし「bg-color」というキー名からまさか横幅の変更までしているとは、HTMLからは絶対に読み取れません。

このようにひとつのModifierで複数のスタイルをコントロールする場合、そのスタイルの数が多くなればなるほど他のModifierと衝突する可能性が高くなります。CSS設計ではしばしば「責任」という言葉が使われますが、ひとつのModifierで多くのスタイルをコントロールしている状態はまさに「責任範囲が広すぎる」と言えます。

今回の例の改善策としては、Modifier名とスタイルコントロールの責任範囲をきっちり一致させることです。まず横幅に関する指定は「size」キーを持つModifierが一貫して担うように、きちんと責任を切り分けます。

また「bg-color_red」というModifier名が文字色がを白に変更しているとも予測できませんので、例えば名前を「theme_caution※（警告テーマ）」としましょう。そうすることで名前が持てる責任範囲が背景色だけでなく、色変更にまつわる全般に関する責任範囲となります。

※ BEMでは特に色に関しては、「見た目そのまま」ではなく「どのような意味を持つか」の命名をすることを重視しています。そのため、赤が使われる状況をここでは「警告」と仮定し、命名します。

HTML

```html
<a class="button button_size_s button_theme_caution" href="#"> ボタン </a>
```

CSS

```css
.button_size_s {
  width: 160px;
}
.button_size_m {
  width: 200px;
}
.button_theme_caution {
  background-color:red;
  color: #fff;
}
```

ひとつのModifierで複数の要素を変更する

関連するポイント

8. 拡張しやすい（★）

Modifierは、Modifierが付いたその要素のみのスタイルを変更するのが基本ですが、ときにそれでは都合が悪い場合もあります。例えば先ほどのコード例に少し要素が加わって、ボタンBlockの中にひとつElementが増えたとしましょう。

HTML
```
<a class="button" href="#">
  <!-- .button__text Element が増えた -->
  <span class="button__text">ボタン</span>
</a>
```

このボタンを「caution（警告）のテーマにしたい」となり、背景色に伴い文字色も変わる場合、BlockとElementそれぞれにModifierを付けるのは若干面倒です。

HTML
```
<!-- △ Modifier を付加 -->
<a class="button button_theme_caution" href="#">
  <!-- △ こちらにも Modifier を付加 -->
  <span class="button__text button__text_theme_caution">ボタン</span>
</a>
```

CSS
```
/* △ Modifier ごとにスタイリング */
.button_theme_caution {
  background-color: red;
}
.button__text_theme_caution {
  color: #fff;
}
```

Chapter 1
Chapter 2
Chapter 3
Chapter 4
Chapter 5
Chapter 6
Chapter 7
Chapter 8
Chapter 9

背景色が赤になれば、文字色が白になるのは恐らく必ずセットとなる挙動でしょう※(でないと文字が見づらいですよね)。そういった際は、次のコードのようにひとつのModifierから子(孫)セレクターを使用する形で、他の要素の変更をまとめて行うことが可能です。

※ 今回の例では .button_theme_cautionに color プロパティを設定しても CSS のカスケーディングにより .button__textに適用されますが、BEMの説明のため今はカスケーディングについては考えません。

HTML
```
<!-- ○ Modifier は Block のみ -->
<a class="button button_theme_caution" href="#">
  <span class="button__text"> ボタン </span>
</a>
```

CSS
```
.button_theme_caution {
  background-color: red;
}
/* ○ 子孫セレクターを使用して、Modifier から Element を変更する */
.button_theme_caution .button__text  {
  color: #fff;
}
```

今回の例では要素はふたつだけですが、要素の数が増えれば増えるほどこの方法の恩恵が受けられます。

ただし詳細度を高めてしまうことで、更なる上書きを困難にしてしまうリスクもあるので、子(孫)セレクターによるネストの数はなるべく最小限にとどめるようにしましょう。

次の表に、ボタンBlockを例としてモディファイアの命名のよくあるパターンをまとめます。多くの場合真偽値となるのは状態を表すModifierで、その他はキーと値の組み合わせとなると覚えておけばよいでしょう。

	見た目	状態	振るまい
真偽値		button_disabled	
キーと値	button_size_s button_theme_caution		button_directions_ right-to-left

Blockのネスト

Blockは、他のあらゆるBlockの中にネストして設置することができます。このネストの数に特に上限はなく、いくらでもネストしてよいことになっています。例えば図3-18のように、一番大きな枠としてヘッダーBlockがあり、その中にメニュー、ロゴ、検索、認証など各種Blockを埋め込むのはBEMが推奨している手法です。

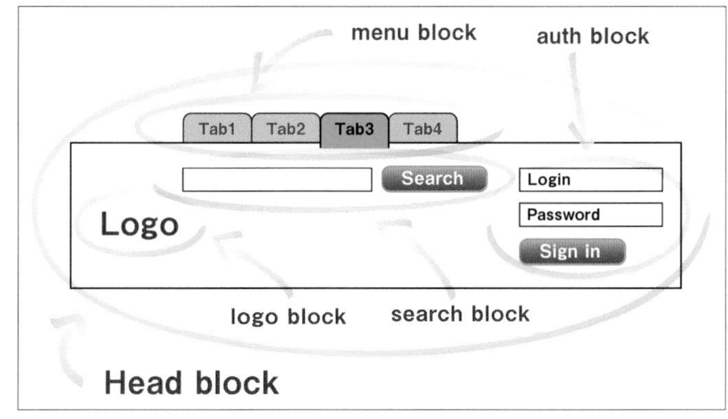

図3-18　Head blockの中にさまざまなBlockがネストされている様子

コードで表すと、以下のような形になります。

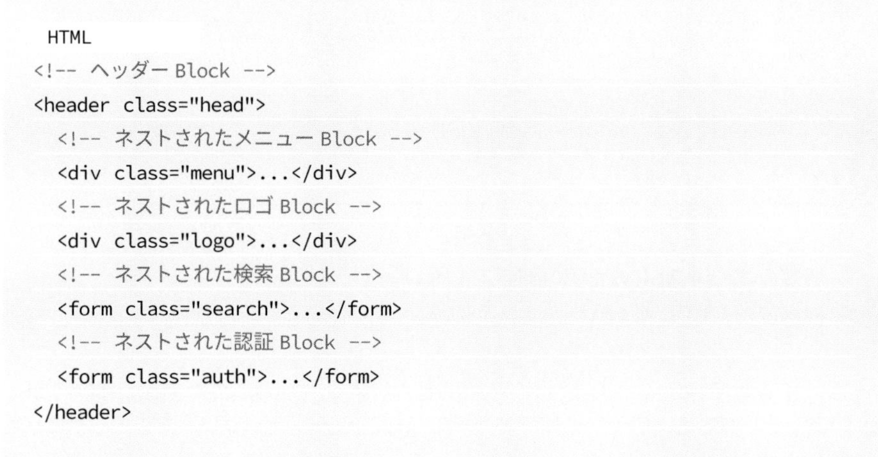

```html
HTML
<!-- ヘッダーBlock -->
<header class="head">
  <!-- ネストされたメニューBlock -->
  <div class="menu">...</div>
  <!-- ネストされたロゴBlock -->
  <div class="logo">...</div>
  <!-- ネストされた検索Block -->
  <form class="search">...</form>
  <!-- ネストされた認証Block -->
  <form class="auth">...</form>
</header>
```

このようにBlock内にBlockがある場合、今回の例では「.logoと.searchの間に余白を空けたい」などの要件が出てくるでしょう。.logoの右側に余白を空けるのは.head内に.logoがある場合なので、

```
CSS
.head .logo {
  margin-right: 30px;
}
```

と子（孫）セレクターを用いてスタイリングすることができます。しかし、この記述方法は詳細度が高くなるため、あまり推奨されていません。

次のセクションで詳細に解説しますが、BEMには「Mix」と呼ばれるテクニックが定義されています。Block内のBlockに何かスタイリングをしたい場合は、下記のコードのように親BlockのElementとなるクラス名も同時に付けることで解決します。

```
HTML
<header class="head">
  <div class="menu head__menu">...</div>
  <div class="logo head__logo">...</div>
  <form class="search head__search">...</form>
  <form class="auth head__auth">...</form>
</header>
```

Mix

4. 特定のコンテキストにみだりに依存していない
5. 詳細度がみだりに高くない

BEMにおいてBlock・Element・Modifierの次に重要といっても過言でないのがこの「Mix」という考え方（テクニック）です。Mixは「単一のDOMノードに、異なるBEMエンティティが複数付加されたインスタンス」と定義されており、誤解を恐れずに噛み砕いて言えば「ひとつのHTML要素に、役割の異なる複数のクラスが付いている状態」ということができます。

Mixを行うことにより

- コードを複製することなく、複数のBEMエンティティの振る舞いやスタイルを組み合わせる
- 既存のBEMエンティティから、新しいモジュール※を作成する

ことができるようになります。

先ほどのヘッダーBlockをもう一度例に出し、Mixの感覚を掴んでいきましょう。図3-19のように、ヘッダーBlockの中にメニュー、ロゴ、検索、認証など各種Blockがネストされています。

※ BEMのドキュメントの原文にもう少し厳密に従うと、「意味を持つインターフェースコンポーネント」となります。

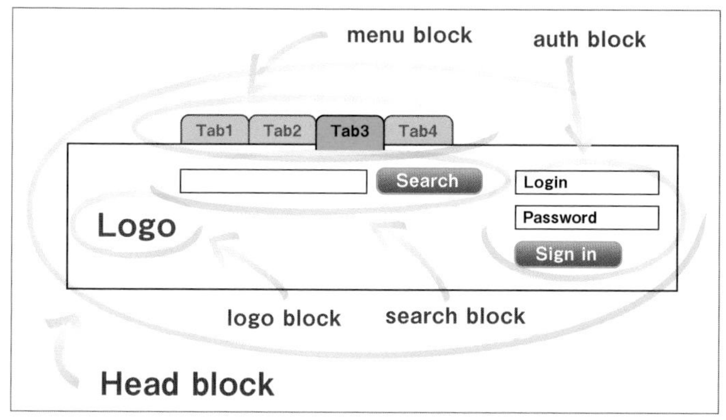

図3-19　Head blockの中にさまざまなBlockがネストされている様子

このとき、Mixを使用したコードは次の通りになります。

```
HTML
<header class="head">
  <div class="menu head__menu">...</div>
  <div class="logo head__logo">...</div> ——①
  <form class="search head__search">...</form>
  <form class="auth head__auth">...</form>
</header>
```

.head内の要素はすべてそうですが、わかりやすい例で①を見ると、同一のdivにlogo（ロゴBlock）と、head__logo（ヘッダーBlockのロゴElement）のふたつのクラスが付いているのがわかります。

先ほど「Blockのネスト」セクションで挙げた「.logoと.searchの間に余白を空けたい」という要件をMixを使用して実現するには、子（孫）セレクターを使用した.logoではなく、次のように.head__logoの方にスタイリングします。

CSS

```
/* × .logo にスタイリングをしている */
.head .logo {
  margin-right: 30px;
}

/* ○ .head__logo にスタイリングをしている */
.head__logo {
  margin-right: 30px;
}
```

なぜこのようにするかというと、ひとつは単純になるべく詳細度を高めないためです。

次にＢｌｏｃｋの再利用性が高められることが挙げられます。ロゴＢｌｏｃｋ自体にmargin-right: 30px;が付いていると、ロゴを他の場所でも使い回す際、右方向の余白が邪魔になってしまうこともあるでしょう。そういった場合にいちいちmargin-rightを打ち消すCSSを記述するのは面倒です。

これをMixを使用して.head__logoの方にmargin-rightを設定していると、右方向の余白は他にロゴBlockを使用している箇所に影響しません。よっていちいち打ち消しのCSSを記述する必要がなくなり、ロゴBlockを再利用性が高い状態に保つことができます。

それ以外にも、Mixには「Blockの独立性が保たれる」というメリットがあります。例えばロゴBlockが万が一「.company-logo」というBlock名に変わった場合、前者の.logoにスタイリングをしているコードは機能しなくなってしまいます。

しかし後者の.head__logoにスタイリングしているコードは、ロゴBlockの名前が「.logo」であろうと「.company-logo」であろうと関係ありません。Mixを使用することにより、ヘッダーBlockとロゴBlockは「お互いに、必要以上に依存しない」独立性を保てることになります。

この例ではBlockとElementのMixでしたが、BlockとBlockや、ElementとElementのMixも可能です。

MixかModifierか

関連するポイント

4. 特定のコンテキストにみだりに依存していない

Block（またはElement）の振る舞いやスタイルを変更する場合、「MixにすべきかModifierにすべきか」と悩むこともあるでしょう。先に結論から言ってしまうと、これは変更するCSSのプロパティである程度方針を分けることができます。

- Mixを使用する場合……positionやmarginなど、「レイアウト（他の要素との位置関係を調整する）に絡む」変更の場合
- Modifierを使用する場合……レイアウトではなく、そのBlock（またはElement）内で完結する変更の場合

例えば先ほどの例で挙げた「.logoと.searchの間に余白を空けたい」という要件を満たす場合は、「レイアウト（他の要素との位置関係を調整する）に絡む」場合なので、Mixが適切です。

一方で次に「.logoに枠線を付けたい」という要件が出てきた場合は、MixではなくModifierで実装した方が使い回しが利くようになります。

CSS
```
/* ○「他の要素との位置関係を調整する（レイアウトに絡む）」場合 → Mix でスタイリング */
.head__logo {
  margin-right: 30px;
}

/* ○ その Block（または Element）内で完結する変更の場合 → Modifier でスタイリング */
.logo_bordered {
  border: 1px solid #000;
}
```

少し難しい言い方をすると、「ロゴBlock自体に関すること（＝枠線を付ける）は、ロゴBlockの責任」というのが基本です。そしてレイアウトに関するスタイリングは使用されるコンテキストによりバラつきが生じるため、ロゴBlockが関心を持つべきではありません。

ではどうするかというと、ロゴBlockを使用したいコンテキストであるヘッドBlockからMixをして「.head__logo」というElementを作成します。これにより、ロゴBlockはロゴBlock内部のことだけに気を配ればよくなるので、Blockのメンテナンス性や再利用性が担保されます（図3-20）。

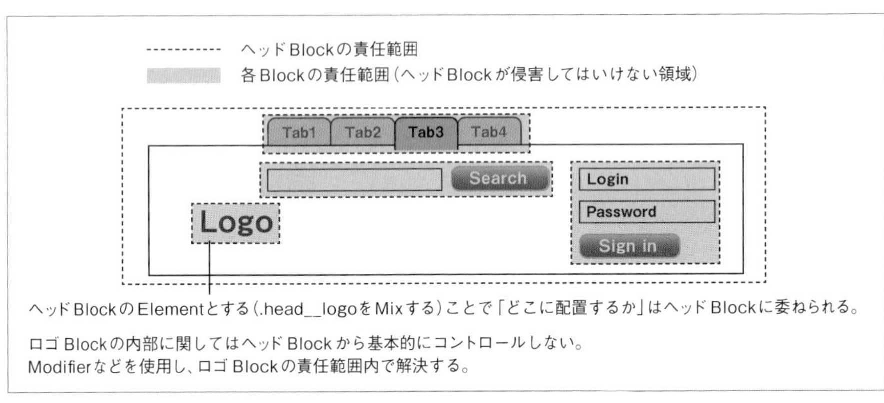

図3-20　ヘッドBlockと、ヘッドBlock内の各Blockの関係性

これについては、Chapter 2のCSS設計のポイント「1. 特性に応じてCSSを分類する」でも触れています。

この考え方を掴むのは少し難しいかもしれませんが、この「MixかModifierか」という問題に関しては、ひとまずスタイリングの種別（レイアウトかどうか）で機械的に分けてしまって大丈夫です。場合によってこのケースにはまらないこともあると思いますが、この指針に従っておけば後悔することもあまりないでしょう。

グループセレクターの代わりにMixを

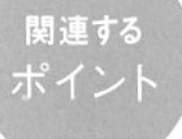

3. 影響範囲がみだりに広すぎない

Mixの活用例としてもうひとつ、グループセレクターの代わりにMixを使用する例を解説します。例えばヘッダーとフッターのテキストのスタイルが同様だったとしましょう。そのときグループセレクターを使用したスタイリングは次のコードのようになります。

HTML
```
<header class="header">...</
header>
<footer class="footer">...</
footer>
```

CSS
```
.header,
.footer {
  font-family: Arial, sans-serif;
  font-size: 14px;
  color: #000;
}
```

一見問題がないように見えますが、例えば途中からヘッダーだけフォントサイズを大きくしたくとも、必然的にフッターのフォントサイズも大きくなってしまいます。こういったとき、BEMではグループセレクターの代わりに、Mixを使用することを推奨しています。このコードをMixで書き直すと次のようになります。

HTML
```
<!-- 新たなBlockとしてtextを作り、headerとfooterにMixした -->
<header class="header text">...</header>
<footer class="footer text">...</footer>
```

CSS
```
/* 文字に関する指定はtext Blockが担うようになった */
.text {
  font-family: Arial, sans-serif;
  font-size: 14px;
  color: #000;
}
/* headerだけ、別個の指定が可能となった */
.header {
  font-size: 16px;
}
```

テキストBlockを新たに作成し、.headerと.footerにMixする形にしました。

これにより.headerと.footerはグループセレクターを使用していたときの直接の結びつきがないため、それぞれ別個にスタイルの指定をすることが可能となりました。抽象的な言い方をすれば、即ち「.headerと.footerは、それぞれBlockとしての独立性が高まった」ということになります。

ただし、上記のコード例ではCSSルールセットの順番に気を配らなければいけません。次のコードのように順番が逆転すると、.headerのフォントサイズが意図した通りに大きくはなってくれないのです。

```
CSS
.header {
  font-size: 16px;
}
/* × .text が後にくると、.header のスタイリングが無効になってしまう! */
.text {
  font-family: Arial, sans-serif;
  font-size: 14px; /* こちらが優先される */
  color: #000;
}
```

BEMの公式ドキュメントによる解説では「グループセレクターの代わりにMixを」というところで止まってしまっているのですが、筆者の意見としては

1. そもそも最初からグループセレクターを使わず、無理にMixも行わない
2. Mixをするのであれば、上書きはMixをしたBlockのModifierで行う

のいずれかを推奨します。

それぞれのパターンで書き直したコードをご紹介します。

1.そもそも最初からグループセレクターを使わず、無理にMixも行わない

HTML

```
<header class="header">...</
header>
<footer class="footer">...</
footer>
```

CSS

```
/* ○ それぞれに上書きが発生しそうで
あれば、最初から分けておく */
.header {
  font-family: Arial, sans-serif;
  font-size: 16px; /* ○ .header
はフォントサイズを大きくする */
  color: #000;
}
.footer {
  font-family: Arial, sans-serif;
  font-size: 14px;
  color: #000;
}
```

2.Mixをするのであれば、上書きはMixをしたBlockのModifierで行う

HTML

```
<!-- ○ text Block の Modifier を付
ける -->
<header class="header text text_
size_l">...</header>
<footer class="footer text">...</
footer>
```

CSS

```
.text {
  font-family: Arial, sans-serif;
  font-size: 14px;
  color: #000;
}
/* ○ 新たに作った Block の Modifier
とすると、ルールセットの順番の管理が
楽になる */
.text_size_l {
  font-size: 16px;
}
```

Mixでは対処できない場合

Elementの中に他のBlockをネストする

Mixは端的にいうと「ひとつのHTML要素に、役割の異なる複数のクラスが付いている状態」であるため、

- スタイルが衝突してしまう
- 見た目的にボックスの中に配置したい

と、ときにMixでは都合が悪い場合があります。そういった際は無理にMixではなく、次のように「button__inner」というElementを新たに作り、その中に他のBlockをネストすることで解決が可能です。

HTML
```
<button class="button">
  <span class="button__inner">
      <!-- ○ Mix ではなく Element の中にアイコン Block をネストする -->
    <span class="icon"></span>
  </span>
</button>
```

CSS
```
.button__inner {
  margin: auto;
  width: 10px;
}
```

コンテキストに依存するスタイリングを行う

関連するポイント

3. 影響範囲がみだりに広すぎない

Web開発をしていると、一定の領域に対してベーススタイルを設定する必要があるときもあります。わかりやすい例では、CMSのWYSIWYGエディタ※でコンテンツを制作する、ブログ本文などの領域です。

ブログ本文部分は私たちWeb制作者でなく、クライアントが更新するという運用体制も多いでしょう。しかしWeb制作のプロではないクライアントに、ブログ執筆の度に指定のクラス名を付けてもらうのはナンセンスです。そういった際は、次のコードのようにスタイリングすることをBEMは許容しています。

※ Microsoft Wordのように、見出しや太字、箇条書きなどを専用のインターフェースから指定できる機能のこと。What You See Is What You Get（「見たままのものを得られる」の意）の略です。

CSS
```
.blog-post p {
  margin-bottom: 20px;
}
```

ただしこのようなスタイリングはBlockの独立性を損ない、また詳細度が高まることで想定しないスタイルの上書きが発生する恐れがあります。どうしてもMixが使用できない場合のみ、このスタイリングをするようにしましょう。

Modifier名は省略してはいけない

BEMはその独特な命名規則もあり、ときにクラス名がとても長くなってしまうときがあります。特にModifierは対象となるBlockまたはElementの名前を頭に付けるという規則から、BEMの中で一番クラス名が長くなります。

例えばuser-login-buttonというBlockにsize_sというModifierを付けた場合、それだけで下記のコードのようにクラス名が長くなってしまいます。

HTML
```
<a class="user-login-button user-login-button_size_s" href="#"> ボタン </a>
```

ある程度BEMに慣れてくると規則から外れて「Modifier名からBlock名やElement名を省略してもよいのでは」と思うかもしれませんが、Modifier名を省略することは

- 名前が衝突することにより、Modifierの詳細度が増す
- どのクラスに対するModifierか見分けがつかない
- コードが検索しづらい

の3点の理由から推奨されていません。

名前が衝突することにより、Modifierの詳細度が増す

関連するポイント

5. 詳細度がみだりに高くない

例えば先ほどの「size_s」というModifierが他のBlockでも使用される際、省略されたModifier名は以下のようになります。

```
HTML
<!-- × いずれもBlock名を含まない「size_s」というModifier名 -->
<a class="user-login-button size_s" href="#">ボタン</a>
<img class="hero-image size_s" src="dummy.png">
```

ただしuser-login-buttonに対するsize_sとhero-imageに対するsize_sが行うスタイルの上書きは当然違うものですので、Block名のセレクターも使用してスタイルの衝突を防がなければなりません。

しかしそうすると、今度は詳細度が増してしまう問題を引き起こします。BEMではModifierも含め、詳細度は基本的に均一であるのが望ましいとしています。

CSS
```
/* × 単純に指定しただけでは、スタイルが衝突する */
.size_s {
  padding: 5px; /* user-login-button に適用したいスタイル */
}
.size_s {
  width: 200px; /* hero-image に適用したいスタイル */
}

/* × スタイルが衝突しないようにすると、詳細度が増してしまう */
.user-login-button.size_s {
  padding: 5px;
}
.hero-image.size_s {
  width: 200px;
}
```

詳細度を均一に保ち、かつModifierをBlock（またはElement）ごとにきちんと使い分けるのであれば、Modifier名にBlock（またはElement）名を含めるほかありません。

COLUMN ヘルパークラスの作成

先ほどの例では問題を浮き彫りにするためにsize_sのプロパティはpaddingとwidthをそれぞれ使用しましたが、場合によっては「user-login-buttonとhero-image、どちらにもwidth: 200px;を適用したい」ということもあるかもしれません。

そういった際にコードを使い回すことを重視するのであれば、ヘルパークラスを作成するのはひとつの手段です。width: 200pxを実現するヘルパークラスは、例えば次のようなコードになります。

HTML
```
<!-- いずれも w200 のヘルパークラスが付いている -->
<a class="user-login-button w200" href="#"> ボタン </a>
<img class="hero-image w200" src="dummy.png">
```

```
CSS
/* Block や Element に関わらず width を設定したいため、Block（Element）
名は含まない */
.w200 {
  width: 200px;
}
```

このヘルパークラスはChapter2のCSS設計8つのポイント「8. 拡張しやすい」でも紹介した通り、BEMに関係した話ではなくCSS開発全般に共通するものです。むしろBEMにおいて「ヘルパークラスをどう扱うか」という点については明言されていません。

ただしヘルパークラスも3つ4つとたくさん付けば、style属性にてスタイルを指定することと差がなくなってきてしまいます。ヘルパークラスに頼る前に「本当に共通化する必要があるのか？別々のModifierとした方が設計として堅牢ではないか？」を自問したり、ヘルパークラスが複数付くようであれば「ひとつのBEMエンティティとして定義できないか？」を考えましょう。

どのクラスに対するModifierか見分けがつかない

関連するポイント

6. クラス名から影響範囲が想像できる（★）

ふたつ目の問題はMixなどを使用して、ひとつのHTML要素に複数のクラスが付いている際に発生します。

例えば次のコードのようにuser-login-buttonとdropdownをMixしている場合、size_sというModifierはどちらに対する指定なのか、HTMLを見ただけでは判断できません。Modifier名を省略しなければ、このようなことは起こりません。

```
HTML
<!-- × user-login-button と dropdown を Mix しているため、どちらに対する
Modifier かわからない -->
<a class="user-login-button dropdown size_s" href="#"> ボタン </a>

<!-- ○ Modifier 名を省略していないため、どちらに対する Modifier か見分けがつく
-->
<a class="user-login-button dropdown user-login-button_size_s" href="#">
ボタン </a>
```

コードが検索しづらい

関連するポイント
6. クラス名から影響範囲が想像できる

3つ目の問題は単純です。user-login-buttonに関わるコードを検索したい場合、きちんとModifier名に「user-login-button」という名前を含めておけば、Block・Elementに加えModifierもきちんと検索にヒットさせることができます。

BEMのその他の命名規則

BEMの標準の命名規則は

block-name__elem-name_mod-name_mod-val

のように、

- 英数字の小文字
- ElementとModifierはそれぞれBlockの名前を継承する
- それぞれの区切りの中に複数の単語がある場合はハイフンひとつ
- BlockとElementの区切りはアンダースコアふたつ
- Modifierのキーの区切りはアンダースコアひとつ
- Modifierの値の区切りもアンダースコアひとつ

という規則でした。

しかしBEMを採用するにおいて必ずこの命名規則に準じないといけないわけではなく、Block・Element・Modifier・単語のそれぞれがきちんと区別できれば命名規則をカスタマイズしてもよいとしています。

BEMの最後の解説として、BEMのドキュメントにも掲載されている他の命名規則と、「MindBEMding」と題されたブログ記事※で有名になった命名規則をご紹介します。

※ https://csswizardry.com/2013/01/mindbemding-getting-your-head-round-bem-syntax/

ハイフンがふたつのスタイル

block-name__elem-name--mod-name--mod-val

Modifier前後の区切り文字をアンダースコアひとつからハイフンふたつに変更したスタイルです。その他の規則はデフォルトの命名規則と変わりません。ただし、HTMLのコメント内にハイフンがふたつ含まれているとHTMLのバリデーションエラーとなってしまいます。その点は注意してください。

キャメルケースのスタイル

blockName__elemName_modName_modVal

複数の単語をハイフンではなく、ローワーキャメルケースで記載するスタイルです。その他の規則はデフォルトの命名規則と変わりません※。

※ ドキュメントの記載例は「blockName-elemName_modName_modVal」とBlockとElementの区切り文字もハイフンひとつに変更になっているのですが、記載例に続く解説に「Block、Element、Modifierの区切り文字はデフォルトの規則と変わらない」と明記があるため、ドキュメントの記載例を誤りとしています。

リアクトスタイル

BlockName-ElemName_modName_modVal

- BlockとElementはアッパーキャメルケースで記載
- Modifierはローワーキャメルケースで記載
- BlockとElementの区切りはハイフンひとつ

という変更が加えられました。その他の規則はデフォルトの命名規則と変わりません。

ネームスペースのないスタイル

_disabled

これはModifierに限定される規則です。これだけだとわかりづらいので、次のHTMLで使用例をご確認ください。「_disabled」のModifierによりログインボタンが非活性になっている状態です。

HTML
```
<button class="btn _disabled">ログイン</button>
```

つまり命名規則としては「ModifierにBlock名もElement名も含まない」となっています。一見するとシンプルでわかりやすいですが、先ほどの「Modifier名は省略してはいけない」セクションで解説した通り、この命名規則には弱点があります。

Mixを使用した際、Modifier名にBlock名またはElement名を含んでいないと、どちらのクラスに対するModifierなのかHTMLを見ただけでは判別がつかなくなってしまうのです。

HTML
```
<header class="header">
  <!-- × _availableがheader__btnに対してなのか、loginに対してなのかわから
ない！ -->
  <button class="header__btn login _available">ログイン</button>
</header>
```

Modifierにきちんと Block名かElement名が継承されていれば、このような事態には陥りません。

HTML
```
<!-- ○ header__btnに対するModifierの場合 -->
<header class="header">
  <button class="header__btn header__btn_available login">ログイン</
button>
</header>

<!-- ○ loginに対するModifierの場合 -->
<header class="header">
  <button class="header__btn login login_available">ログイン</button>
</header>
```

そのため、Modifierにネームスペースを付けないスタイルはあまりオススメできません。

MindBEMding

最後にMindBEMdingを紹介します。MindBEMdingは正式な命名規則の名前ではなく、イギリスのCSS Wizardry社が運営しているブログに投稿された記事※のタイトルです。

ただし日本では、その記事の中で紹介されている命名規則を指すものとして認知されています。以下がその命名規則です。

block-name__elem-name--mod-name（--val）

- Modifierの区切りはハイフンふたつ
- Modifierのキーは省略可能

あまり大きな違いはありませんが、重要なのは「Modifierのキーは省略可能」という点です。

BEM本来のModifierの書き方と、MindBEMdingで紹介されているModifierの書き方を比較したのが次のコードです。

※ MindBEMding - getting your head 'round BEM syntax - https://csswizardry.com/2013/01/mindbemding-getting-your-head-round-bem-syntax/

HTML

```
<!-- BEM本来のModifierの書き方 -->
<a class="button button_size_s" href="#">ボタン</a>

<!-- MindBEMdingで紹介されているModifierの書き方 -->
<a class="button button--s" href="#">ボタン</a>
```

本来の書き方の「button_size_s」に対し、MindBEMdingの方では「button--s」とシンプルになっています。しかし、これだけでもModifierが何をするものなのか、何となく想像がつきますね。

このシンプルさから、BEM本来の書き方よりもMindBEMdingにて紹介されている書き方を採用しているサイトも多く見受けられます。

BEMのまとめ

多くの規則や考え方があり「BEMって大変そう……」「気を付けることが多すぎて混乱しそう……」と思われるかもしれません。しかしこれだけ規則が多いのはBEMが厳しいからではなく、むしろそうしないとCSSが悲惨な状態を招いてしまうからです。

そういった意味では規則が多い、ドキュメントが長いBEMはそれだけ信頼できるものでもあります。興味のある方は、ぜひ公式のドキュメント※を読んでみることをオススメします。BEMを採用するにしろしないにしろ、BEMの考え方を理解することは、必ずあなたがコーダー/エンジニアとしてレベルアップする手助けになるでしょう。

最後に、BEMを成功させるコツと、既存のプロジェクトにBEMを導入する方法をドキュメントから引用します。

※ https://en.bem.info/methodology/quick-start/

BEMを成功させるコツ

- DOMモデルではなく、Blockという単位をベースに考えましょう
- IDセレクターと要素型セレクターは使用しないようにしましょう
- 子(孫)セレクターでネストされるセレクターの数は、なるべく少なくしましょう
- 名前の衝突を避けるために、またコードから情報が読み取れるように、命名規則にきちんと従ったクラス名を付けましょう
- Blockなのか、Elementなのか、Modifierなのかを常に意識しましょう
- BlockまたはElementで変更が頻繁に起こりそうなスタイルのプロパティは、Modifierに移しておきましょう
- Mixを積極的に使用しましょう
- 管理性を高めるために、Blockはひとつひとつがなるべく小さくなるように分割しましょう
- Blockを積極的に再利用しましょう

既存のプロジェクトにBEMを導入するには

- 新しいモジュールはBEMに従って作成し、必要に応じて古いモジュールもBEMになるよう改修しましょう
- 既存のコードと新しいBEMのコードを見分けるために、例えばクラス名に「bem-」という接頭辞を付けるのも有効です

COLUMN BEMはCSSだけではない

今までBEMのCSS設計にまつわる部分を中心に解説してきました。しかし、BEMは実はCSS設計だけをまとめた方法論ではありません。CSS設計の背景にあるファイルの出力方法やファイル構成、ひいてはファイルの出力ツールも提供しているため、CSSに限らず、HTMLやJavaScriptも含めた「モジュールベースのWeb開発手法」ということができます。
その全貌はなかなか高度でまたCSSから逸脱してしまうので本書では解説しませんが、興味のある方、CSS設計も包括するモジュールベースの開発環境を考えている方は、公式ドキュメントの

- File structure
- Redefinition level
- Build
- Declarations

などの項を読んでみてください。

3-5 PRECSS

PRECSS（プレックス）※はprefixed CSS（接頭辞付きのCSS）の略で、筆者が開発しました。名前の通りすべてのクラス名に役割に応じた2文字の接頭辞を付けるのが特徴で、OOCSS、SMACSS、BEMに強く影響を受けています。今までご紹介した設計手法に目を通しておくと、より理解がしやすいでしょう。

PRECSSはCSSを役割に応じて下記6つのグループに分類し、それぞれについて規則を設けています。

1. ベース
2. レイアウト
3. モジュール
    a. ブロックモジュール
    b. エレメントモジュール
4. ヘルパー
5. ユニーク
6. プログラム

それだけでなく、PRECSSはベースグループ以外の各グループのクラスにおいて2文字の接頭辞が付いていればよいため、開発要件に合わせて独自のグループを作成することも可能です。

※ http://precss.io/ja/

基本的な指針

PRECSSはCSSの設計手法ではありますが、実際のプロジェクトで定義されるコーディング規約のなるべく多くをカバーするため、コードの書き方やクラス名に使用する単語の指針についても言及しています。

PRECSSで推奨する記法

まずコードの記法（スペースやインデント、改行の指定など）それ自体については、基本的にGoogle HTML/CSS Style Guide※1、Principles of writing consistent, idiomatic CSS ※2 に則ることを推奨します※3。これはなるべく世界的に有名な規則を採用することで、コードが他人や他社に渡ってもなるべく差異が出ないことを目的としています。

※ 1 https://google.github.io/styleguide/htmlcssguide.html
※ 2 https://github.com/necolas/idiomatic-css
※ 3 ただし本書では誌面スペースの都合上、なるべくコードがコンパクトになるような記法を採用しています。

命名規則

関連するポイント

6. クラス名から影響範囲が想像できる（★）

各グループにおける2文字の接頭辞の後は、アンダースコアを使用し、その後にクラス名を続けます。また接頭辞の後だけでなく、各モジュールの子要素の命名にもアンダースコアを使用します。

つまりPRECSSにおいてアンダースコアは、構造的な階層を表す役割を担っています。ひとつの階層の中で複数の単語を含んでいる際は、先頭を小文字にするローワーキャメルケースを使用します。詳細度の管理が複雑になるのを防ぐため、基本的にIDセレクターは使用しません。下記が実際のコード例です。

HTML
```
<!-- × ひとつの階層内でアンダースコアを使用している -->
<div class="bl_half_media">...</div>

<!-- ○ ひとつの階層内ではローワーキャメルケースを使用する -->
<div class="bl_halfMedia">...</div>
```

また各モジュールの子要素は、基本的に親の名前のみを継承し、アンダースコアの後に子要素の名前を続けます。例えば子要素の中に子要素がネストされている際も、ネストされている子要素はあくまで親の名前のみを継承します。

```
HTML
<!-- ○ それぞれの子要素はネストの階層に関わらず「bl_halfMedia」のみを継承して
いる -->
<div class="bl_halfMedia">
  <img class="bl_halfMedia_img" src="example.jpg" alt="">
  <div class="bl_halfMedia_desc">
    <h3 class="bl_halfMedia_ttl">タイトルが入ります</h3>
    <p class="bl_halfMedia_txt">説明文が入ります</p>
  </div>
</div>
```

ただし、

- 親子関係を意図をもって明確に定義したい
- モジュールが大きいため、子要素の名前の重複を避けたい

のいずれかに該当する場合は、ネストされた子要素のクラス名に直近の親要素の名前を含めることも許容します。

```
HTML
<div class="bl_halfMedia">
  <img class="bl_halfMedia_img" src="example.jpg" alt="">
  <div class="bl_halfMedia_desc">
    <!-- ○「bl_halfMedia_desc」を継承 -->
    <h3 class="bl_halfMedia_desc_ttl">タイトルが入ります</h3>
    <!-- ○「bl_halfMedia_desc」を継承 -->
    <p class="bl_halfMedia_desc_txt">説明文が入ります</p>
  </div>
</div>
```

汎用的に使用可能な単語

- _wrapper
- _inner
- _header
- _body
- _footer

これらは後述するそれぞれのグループいずれにおいても、必要に応じて汎用的に使用できます。何らかの都合があり「_wrapper」クラスがモジュールの外側に必要な場合は、次のようにマークアップします。

HTML

```
<div class="bl_halfMedia_wrapper">
  <div class="bl_halfMedia">
    <div class="bl_halfMedia_inner">
      <div class="bl_halfMedia_header">
        ...
      </div>
    </div>
  </div>
</div>
```

単語を省略する場合

BEMの提唱したモジュール設計と命名規則は非常に素晴らしいアイディアですが、ときにクラス名がとても長くなってしまうことがあります。PRECSSでは意味や可読性が損なわれない限り、単語を省略することを推奨します。省略の指針についてはGoogle HTML/CSS Style Guide※の「4.1.3 ID and Class Name Style」に基づくことを基本としています。

また2語以上でひとつのまとまりを表す語群は、それぞれの頭文字の大文字のみで表現することも推奨します。ただし、ある程度一般的であったり、連続するパターンがあることが望ましいでしょう。次に省略語の例をいくつか提示します。

※ https://google.github.io/styleguide/htmlcssguide.html#ID_and_Class_Name_Style

一般的な2語以上の例

省略前	省略後
mainVisual	MV

連続するパターンの2語以上の例

省略前	省略後
northEurope	NE
northAmerica	NA
southAmerica	SA

その他、よく使われる省略語

省略前	省略後
category(ies)	cat(s)
column	col
content(s)	cont(s)
level	lv
version	v
section	sect
description	desc
button	btn
clearfix	cf
image	img
number	num
title	ttl
text	txt
left	l
right	r
small	sm
medium	md
large	lg
reverse	rev

シリーズを形成する場合

モジュールのクラス名は基本的に意味のある、または目的や挙動が読み取れる命名を推奨しますが、似たようなモジュールが続く場合は、連番を付けて管理することもPRECSSでは許容します。ただしその場合、ひとつ目のものには連番を付けません。

```
HTML
<!-- × ひとつ目に連番が付いている -->
<div class="bl_halfMedia1">...</div>
<div class="bl_halfMedia2">...</div>
<div class="bl_halfMedia3">...</div>

<!-- ○ ひとつ目に連番が付いていない -->
<div class="bl_halfMedia">...</div>
<div class="bl_halfMedia2">...</div>
<div class="bl_halfMedia3">...</div>
```

これは、仮に「ひとつ目にすべて連番を付ける」としてしまうと、後からシリーズを形成するようになった際、ひとつ目のものに連番を付け直す修正が発生してしまうからです。もしくはそれを見越してすべてのモジュールに「1」という連番を付ける手段もありますが、それはそれで冗長なクラス名を招いてしまいます。

ベースグループ

関連するポイント

1. 特性に応じてCSSを分類する（★）
3. 影響範囲がみだりに広すぎない（★）

- 接頭辞：なし

ベースグループはSMACSSにおけるベースルールや、後ほどコラムにてご紹介するFLOCSSにおけるFoundationとほぼ同等で、リセットCSSのルールセットや、その他プロジェクトにおいて標準となるスタイリングを行います。

```css
/* プロジェクトにおいて標準となるスタイリングの例 */
html {
  font-family: serif;
}
a {
  color: #1565c0;
  text-decoration: none;
}
img {
  max-width: 100%;
  vertical-align: top;
}
```

またPRECSSでは、特定のスコープ内における限定的なベーススタイルの適用も許容します。例えば「ヘッダー内のリンクはすべて白色だが、フッター内は青色に統一したい」という場合に、限定的なベーススタイルを使用します。ただし詳細度を高めてしまう行為であるため、使用する際は十分注意してください。

```
CSS
/* 限定的なベーススタイルの例 */
.ly_header a {
  color: white;
}
.ly_footer a {
  color: blue;
}
```

レイアウトグループ

関連するポイント

1. 特性に応じてCSSを分類する（★）

- 接頭辞：ly_（layoutの略）

ヘッダー、ボディエリア、メインエリア、サイドエリア、フッター等の大きなレイアウトを形成する要素に使用します。原則としてこのグループには、レイアウトに関わるスタイリング（widthやmargin、pading、floatなど）しか行いません。あくまでコンテンツが入る「枠」を定義するだけで、コンテンツは後述するモジュールグループで作成します。

ただし「ヘッダーの背景色は黒」など「枠」と「あしらい」の粒度が一致している場合は、必要に応じてレイアウト以外のスタイリングを行うことも許容します。

レイアウトグループの例についてはChpter 4で実際の表示とコードを解説しています。もし先に実際のコードが見たい方は、先にChapter 4を読んでみてください。

モジュールグループ

PRECSSでは再利用性の高いコードをモジュールと呼び、管理します。モジュールは大きさよって

- ブロックモジュール
- エレメントモジュール

のふたつの粒度に分けて定義しています。

ブロックモジュール

関連するポイント

6. クラス名から影響範囲が想像できる（★）
7. クラス名から見た目・機能・役割が想像できる（★）

- 接頭辞：bl_（blockの略）

ブロックモジュールは、そのモジュール特有のいくつかの子要素を持ち、また後述するエレメントモジュールや、他のブロックモジュールを含むこともできます。BEMで例えるならば「複数のElementを持つBlock」と言い換えることができます。

それら複数の子要素やエレメントモジュールをひとつの塊としてまとめ、さまざまなページで使用できるようにすることがブロックモジュールの基本的な考え方です。Webサイトの中核を担うもので、多くのモジュールはこのブロックモジュールに該当します。

図3-21にブロックモジュールの見た目と、続いてコードの例を示します。

webサイト制作
ユーザーにベストな体験を提供するクリエイティブとテクノロジーを作り上げます。

図3-21　ブロックモジュールの例（カードモジュール）

Chapter 1
Chapter 2
Chapter 3
Chapter 4
Chapter 5
Chapter 6
Chapter 7
Chapter 8
Chapter 9

HTML

```
<div class="bl_card">
  <figure class="bl_card_
imgWrapper">
    <img src="/assets/img/
elements/code.jpg" alt="web サイト
制作 ">
  </figure>
  <div class="bl_card_body">
    <p class="bl_card_ttl">web サ
イト制作 </p>
    <p class="bl_card_txt">
      ユーザーにベストな体験を提供
するクリエイティブとテクノロジーを作
り上げます。
    </p>
  </div>
</div>
```

CSS

```
.bl_card {
  box-shadow: 0 3px 6px rgba(0,
0, 0, .16);
  font-size: 16px;
  line-height: 1.5;
}
.bl_card_imgWrapper {
  position: relative;
  padding-top: 56.25%;
  overflow: hidden;
}
.bl_card_imgWrapper img {  ―①
  position: absolute;
  top: 50%;
  width: 100%;
  transform: translateY(-50%);
}
.bl_card_body {
  padding: 15px;
}
.bl_card_ttl {
  margin-bottom: 5px;
  font-size: 1.125rem;
  font-weight: bold;
}
.bl_card_txt {
  color: #777;
}
```

PRECSSでは、詳細度は基本的にクラスセレクターひとつの均一な状態を保つようにしますが、BEMのように厳格ではありません。CSSのコードの①のように、スコープが絞られていれば子（孫）セレクターを使用することも許容しています。

そのため、例えばリストのようなモジュールは、次のようにシンプルにマークアップすることも可能です。

HTML

```
<ul class="bl_bulletList">
  <li> リスト 1</li>
  <li> リスト 2</li>
  <li> リスト 3</li>
</ul>
```

CSS

```
.bl_bulletList {
  line-height: 1.5;
}
.bl_bulletList > li {
  margin-bottom: 10px;
}
```

■ ブロックモジュールにレイアウトに関わるスタイリングはしない

関連するポイント

1. 特性に応じてCSSを分類する（★）

ブロックモジュールには他の要素に影響を及ぼさないスタイルのみを適用します。他に影響を及ぼすスタイル、即ちfloatやwidth等のレイアウトに関わるものは、ブロックモジュール自体にはスタイリングしません。つまりブロックモジュールの幅は、なるべく初期値のまま（多くはブロックレベル要素であるため、親要素の横いっぱいに広がる）であることが望ましいと言えます。

レイアウトに関わる指定が必要な場合は、BEMと同様にブロックモジュールが使用されるコンテキストのElementとしてスタイルを適用します。図3-22のような表示になる、次のコードを見ていただくとわかりやすいでしょう。

図3-22　カードモジュールが3カラムを形成している例

HTML
```
<div class="bl_3colCardUnit">
  <div class="bl_3colCardUnit_item bl_card">...</div>
  <div class="bl_3colCardUnit_item bl_card">...</div>
  <div class="bl_3colCardUnit_item bl_card">...</div>
</div>
```

CSS
```
/* ○ .bl_card にはレイアウトに関わる指定をしない */
.bl_card {
  box-shadow: 0 3px 6px rgba(0, 0, 0, 0.16);
  font-size: 16px;
  line-height: 1.5;
}

.bl_3colCardUnit {
  display: flex;
}
/* ○ ここでレイアウトに関わる指定をする */
.bl_3colCardUnit_item {
  width: 31.707%;
  margin-right: 2.43902%;
}
```

先ほどの「レイアウトに関わる指定が必要な場合は、ブロックモジュールが使用されるコンテキストのElementとしてスタイルを適用する」という規則に照らし合わせると、「ブロックモジュール(.bl_card)が使用されるコンテキスト(= .bl_3colCardUnit)のElement(= bl_3colCardUnit_item)としてスタイルを適用する」ということになります。CSSの方でもその通りに、レイアウトに関わるスタイリングは.bl_cardではなく、親モジュールである.bl_3colCardUnitと、その子要素(Element)である.bl_3colCardUnit_itemのみに宣言されています。

このようにスタイルを切り分けることで、.bl_cardモジュールはとても再利用性が高いブロックモジュールとなり、汎用的に使い回すことができます。

また親要素のElementとしてではなく、親要素を利用した子(孫)セレクターとしてスタイリングすることもPRECSSでは可能です。詳細度がひとつ高くなりますが、この程度なら現実的にさほど問題ありません。

```
HTML
<div class="bl_3colCardUnit">
  <div class="bl_card">...</div>
  <div class="bl_card">...</div>
  <div class="bl_card">...</div>
</div>
```

```
CSS
.bl_card {
  box-shadow: 0 3px 6px rgba(0, 0, 0, 0.16);
  font-size: 16px;
  line-height: 1.5;
}

.bl_3colCardUnit {
  display: flex;
}
/* ○ ここで子セレクターを使用して、レイアウトに関わる指定をする */
.bl_3colCardUnit > .bl_card {
  width: 31.707%;
  margin-right: 2.43902%;
}
```

レイアウトに関わるプロパティの例外として、ブロックモジュールを単体で使用する場合でも、上下間の余白は必要になるでしょう。PRECSSでは上下間の余白の実装方法として、

- モジュールに直接設定する
- モジュールには設定せず、逐一ヘルパークラスをHTML側に付ける

どちらも許容しています。これについての詳細は、後のヘルパークラスのセクションと、Chapter 7のコラムにて詳しく解説しています。

「レイアウトに関わる指定は親のモジュールから行う」という原則を守り続けるのは面倒かもしれませんが、これを遵守しておけば、Bootstrapなど他のCSSフレームワークが提供するグリッドシステムとも容易に連携することが可能になります。

ブロックモジュールにおける概念・命名の粒度

関連するポイント

7. クラス名から見た目・機能・役割が想像できる

ブロックモジュールはレイアウトのために高次のモジュールを作成することもあるため、以下にブロックモジュールの命名に役立つ指針をご紹介します。

- Block - ブロックモジュールの基本単位。そのモジュール特有の複数の子要素や、エレメントモジュールを含む
- Unit - Blockの集まり（先ほどの例の「.bl_3colCardUnit」など）
- Container - Unitの集まり

必ずしもこれらの名前を含まなければならないわけではありませんが、わかりづらい形に単語を短縮することは推奨しません。クラス名をなるべくシンプルにするため、筆者はよく「block」という単語は省略します（「bl_cardBlock」ではなく、「bl_card」など）。現実として、Unit以上の単位を使用することはあまりないでしょう。

エレメントモジュール

関連するポイント

4. 特定のコンテキストにみだりに依存していない
6. クラス名から影響範囲が想像できる（★）
7. クラス名から見た目・機能・役割が想像できる（★）

- 接頭辞：el_（elementの略）

ボタンやラベル、見出し等の最小単位のモジュールで、どこにでも埋め込むことが可能なモジュールです。命名は次のコードのように、極力汎用的なものを推奨します。

```html
HTML
<!-- × 名前が汎用的でない -->
<span class="el_newsLabel">News</span>
<button class="el_submitBtn"> 送信 </button>

<!-- ○ 名前が汎用的である -->
<span class="el_label">News</span>
<button class="el_btn"> 送信 </button>
```

これはどのようなものがコンテンツとして入ったとしても、クラス名と内容が乖離しないための措置です。「el_newsLabel」がNews以外のものに使われていたり、「el_submitBtn」が送信以外のボタンに使われているのは混乱しますよね。かといって、Newsや送信ボタンだけに使うのも、もったいない気がします。

背景色が変わるなど、一定の法則に従ってエレメントモジュールのバリエーションがある場合は、OOCSSの「ストラクチャーとスキンの分離」の考え方、及びBEMと同様にモディファイアを使用して拡張パターンを実装します。

モディファイアの命名規則は、該当モジュールの名前を継承し、その後にアンダースコアふたつを付け、モディファイア名を続ける形です。その他のモディファイアに関することついては、後ほど改めて解説します。

```html
HTML
<!-- ふたつ目以降のクラスとしてモディファイアを付け、拡張パターンを実装する -->
<span class="el_label el_label__red">News</span>
<span class="el_label el_label__blue">Blog</span>
```

エレメントモジュールのレイアウトに関わるスタイリング

ブロックモジュールと同様に、エレメントモジュールに対しても基本的にレイアウトに関わるスタイリングは行いません。

ただし、ブロックモジュールに比べエレメントモジュールは、バリエーションに限りがある場合が多いのです。例えばボタンの大きさの違いはサイト内で10数個もなく、たいていは5、6個程度でしょう。そのため、エレメントモジュールに直接widthを指定すること、及びモディファイアでサイズの変更を制御することは許容します。

しかし、モディファイア名には十分気を付ける必要があります。例えば小さいサイズのボタンを200pxとして、次のようなコードを書いたとしましょう。

HTML

```
<button class="el_btn">送信</button>
<!-- el_btn__w200 モディファイアを付加 -->
<button class="el_btn el_btn__w200">送信</button>
```

CSS

```
.el_btn {
  width: 300px;
}

/* モディファイアで width プロパティを上書き */
.el_btn.el_btn__w200 {
  width: 200px;
}
@media screen and (max-width: 768px) {
  .el_btn.el_btn__w200 {
    width: 100%; ——①
  }
}
```

デスクトップ環境などの横幅の場合は横幅200pxで、スマートフォン環境などの横幅の場合は※ボタンを押しやすくするために、メディアクエリで横幅100%にする指定をしています(①)。

しかしこのようなことをしてしまうと、「el_btn__w200とはなっているが、スマートフォンにおいては横幅200pxではない」という、どうも論理的に釈然としない状態を招いてしまいます。

また開発が進むにつれて「デスクトップパソコンでも、スマートフォンでも常に横幅200px」というボタンが出てきた場合、モディファイア名は「el_btn__w200」としたいところですが、これではモディファイア名が完全に衝突してしまいます。そのためサイズをモディファイアで制御するにしても、できるだけ「small」などの単語を使用することを推奨します(ここではsmallを省略して「s」とします)。

※ メディアクエリは本来「スマートフォンかパソコンか」などの「デバイス」ではなく、デバイスの「特性」をベースとして分岐をするためのものであるため、「スマートフォンのサイズの場合」というような言い方をするのは厳密には好ましくありません。ただし本書ではCSS設計の説明のわかりやすさを優先し、このような表現を用います。

HTML

```
<button class="el_btn">送信</button>
<!-- × モディファイア名に具体的な固定値を入れている -->
<button class="el_btn el_btn__w200">送信</button>
<!-- ○ モディファイア名に汎用的なキーワードを使用している -->
<button class="el_btn el_btn__s">送信</button>
```

CSS

```
/* × モディファイア名に具体的な固定値を入れている */
.el_btn.el_btn__w200 {
  width: 200px;
}
@media screen and (max-width: 768px) {
  .el_btn.el_btn__w200 {
    width: 100%;
  }
}

/* ○ モディファイア名に汎用的なキーワードを使用している */
.el_btn.el_btn__s {
  width: 200px;
}
@media screen and (max-width: 768px) {
  .el_btn.el_btn__s {
    width: 100%;
  }
}
```

ブロックモジュールと同様に、エレメントモジュールが使用されるコンテキストの子要素クラスを使用してスタイリングすることももちろん可能です（次のコードの①）。ただし詳細度が同じ場合は、宣言順をきちんと管理しないと上手く上書きできないこともあります。

状況によっては複数のクラスセレクターを使用して詳細度を高めることも許容します（次のコードの②）。意図的に詳細度を高めることは、宣言順に依存しない、堅牢で確実なCSSを書くことにもつながります。ただし、みだりに詳細度を高めたり、詳細度が高すぎるセレクターにはもちろん注意してください。

HTML
```
<header class="bl_headerUtils">
  <a class="bl_headerUtils_btn el_btn" href="#">お問い合わせ</a>
</header>
```

CSS
```
/* el_btnの元のスタイル */
.el_btn {
  width: 300px;
}

/* ①宣言順で上書きする場合 */
.bl_headerUtils_btn {
  width: 200px;
}

/* ②詳細度を高めて上書きする場合 どちらの方法も可能です。後者の場合、.bl_headerUtils_btnクラスがいりません */
.bl_headerUtils_btn.el_btn {
  width: 200px;
}

.bl_headerUtils .el_btn {
  width: 200px;
}
```

■ ブロックモジュールか、エレメントモジュールか

開発を進める中で、ときに「このモジュールはブロックなのか？　エレメントなのか？」と迷うことがあるでしょう。さまざまなプロジェクトがある中で、ブロックモジュールとエレメントモジュールの境界を画一的に定義することは残念ながらできません。

ただしわかりやすい指針として、「他の色々なモジュールの中に埋め込まれるかどうか？」があります。他のモジュールの中に埋め込まれることが多いのであれば、エレメントモジュールとして、取り回しをしやすくしておくとよいでしょう。ボタンやラベルなどは比較的その傾向が強いため、それらをイメージしてもらうとわかりやすいと思います。

また、その他にも「ルート要素と子要素を含め、おおよそ要素数が3つ以内」という指針も、エレメントモジュールとして作成するかどうかの指針として役立ちます。

本書のChapter 5「CSS設計モジュール集 ①最小モジュール」においても多くのエレメントモジュールの例を出しているため、そちらもぜひ参考にしてください。

モディファイア

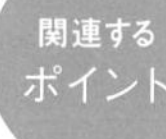

8. 拡張しやすい（★）

- 命名規則：基となるクラス名__モディファイア名

すでに何度か名前を出していますが、

- あしらいが変わる
- 大きさが変わる
- 一定の規則に従って振る舞いが変わる（カラム等）

などの場合は、モディファイアによる上書きを行います。

モディファイア名の付け方

関連するポイント
7. クラス名から見た目・機能・役割が想像できる（★）

「何をするモディファイアなのか」を明確にするために、モディファイア名は「__backgroundColorRed」のように「__keyValue」の形を基本としますが、「el_btn__red」ようにおおよそ想像がつくものであれば、keyの省略が可能です。また名前が長くなるのを避けたい場合は、Emmetのショートハンド※に準じて「__backgroundColorRed」を「__bgcRed」のように省略することも可能です。

またBEMの場合は命名に「見た目」よりも「意味」を重視するため、特に色に関しては「theme」という単語を含むことを推奨しています。例えば赤色の場合は警告色とみなして「btn_theme_caution」という命名をします。

しかし現実として、すべての色に意味を持たせた命名は困難です。そのため、PRECSSでは見た目通りに「el_btn__red」とモディファイア名を作成することを許容します。もちろん、例えば赤がそのサイトにおける警告色である場合は、「el_btn__cautionColor」というように意味を持つモディファイア名の付け方も推奨します。

※ Emmetとは、HTMLとCSSを効率よく開発するためのツールキットです。エディタにプラグインとして追加することで使用することができます。
Emmet Documentation：https://docs.emmet.io/
チートシート：https://docs.emmet.io/cheat-sheet/

モディファイアの適用対象と詳細度

多くはモジュールグループ（ブロックモジュールとエレメントモジュール）において使用されますが、レイアウトグループなど、他のグループに対しても使用することもできます。

注意点としてモディファイアでスタイルを上書きする際は、基本的にセレクターに複数クラスを使用して、詳細度を高めることを推奨しています。「スタイルを上書きする」ということは意図的なアクションであり、であればCSSの読み込み順でスタイルに変化が出てしまうのは好ましくありません。

これもBEMとは異なる思想ですが、「CSSが自分の手を離れても、CSSのルールセットの順番が変わることは絶対ない」と言い切ることができるでしょうか？　Web開発者の都合を優先するのではなく、あくまで「スタイルを上書きする」という目的に立ち返り、想定外の事態が発生してもなるべくサイトが壊れないことを優先し、このような規則としています。

また「状態」を変更する際にももちろんモディファイアを使用することができますが、基本的には後述するプログラムグループで変更を制御することをPRECSSでは推奨しています。

```
CSS
/* × 何らかの都合で宣言順が変わったとき、モディファイアが機能しなくなる（白が適用される）*/
.el_btn__orange {
  background-color: orange;
}
.el_btn {
  background-color: white;
}

/* ○ 詳細度を高めているため、宣言順が変わってもモディファイアが機能する */
.el_btn {
  background-color: white;
}
.el_btn.el_btn__orange {
  background-color: orange;
}
```

■ ブロックモジュールに対するモディファイアの例

関連するポイント

8. 拡張しやすい（★）

ブロックモジュールにおいて子要素にモディファイアによる変更を適用する際、

- 対象の子要素のみにモディファイアを適用する
- ブロックモジュールのルート要素にモディファイアを適用する

の2通りの方法が挙げられます。

前者の場合は通常の規則通り複数クラス指定をすることにより、後者の場合はモディファイア名と子（孫）セレクターを使用することにより、詳細度を高めます。後者の方法はルート要素に付与したひとつのモディファイアで、複数の子要素のスタイルを変更したい場合に最適です。

これについてはChpater 2のCSS設計8つのポイント「8. 拡張しやすい」モジュールのリファクタリング部分にて、それぞれのパターンのコードを解説しています。詳細はそちらを参照してください。

ヘルパーグループ

7. クラス名から見た目・機能・役割が想像できる（★）
8. 拡張しやすい（★）

- 接頭辞：hp_（helperの略）

基本的にひとつのスタイルのみで、「ここのスタイルだけ調整したい」というような場合に用いるグループです。ヘルパークラスによる上書きはとても意図的であり確実に適用されてほしいため、!importantを付加することを推奨します。

命名規則に関してはモディファイアと同様「keyValue」の形を取り、省略する場合はEmmetのショートハンドに準ずることを推奨します。

- Emmetのショートハンドに準じた命名の例

    hp_marginBottom20
    ↓
    hp_mb20

その他の規則として

- px以外の単位の場合はEmmetのショートハンドで表現（Emmetにない場合は、わかりやすい頭文字を使用）
- 小数点はアンダースコアで表現
- ネガティブな値はkeyを大文字で表現

とします。なお、これらの規則はモディファイアの命名にも概ね有効です。

ただしひとつの要素に対しヘルパークラスを多用し過ぎると、style属性を使用していることとあまり変わりがなくなってしまい、メンテナンス性に欠けたHTMLとなってしまいます。ヘルパークラスが3つ以上になった場合は、それらヘルパークラスのスタイリングを最初から含んだ形のモジュール化を検討するべきでしょう。

ヘルパークラスは基本的に1スタイルのみのため、CSSのプロパティと値を一行で記載することを許容します。また挙動が限定的でかつ明確な場合のみ、ひとつ以上のスタイルであってもヘルパークラスで処理することが可能です。

以上の規則を、次のコードでまとめてご確認ください。

CSS

```
/* px 以外の単位の場合は Emmet のショートハンドで表現 */
.hp_mt2e { margin-top: 2em !important; }

/* 小数点はアンダースコアで表現 */
.hp_mt2_5e { margin-top: 2.5em !important; }

/* ネガティブな値は key を大文字で表現 */
.hp_MT2e { margin-top: -2em !important; }
```

clearfixについて

上記の「挙動が限定的でかつ明確な場合のみ、ひとつ以上のスタイルであってもヘルパーで処理することが可能」という規則に当てはめれば、float解除のテクニックであるclearfixもヘルパーグループに含めることができます。ただしclearfixはそれ自体が充分に一般的であり、誰が見ても役割を把握できるため、無理に接頭辞を付けなくても構いません。

またPRECSSではfloatの解除にclearfixの使用を推奨しています。親要素に「overflow: hidden;」を設定する方法もありますが、overflowプロパティは本来の用途で使われることもしばしばあります。コードだけ見たときにfloat解除のためなのか、overflow本来の用途としてスタイリングしているのか判別が付かない状態は好ましくありません。

ヘルパーの拡張グループを作成する

PRECSSの解説の冒頭で「2文字の接頭辞が付いていれば、独自のグループを作成することも可能」と述べました。それに従って、筆者はよく独自のグループとしてデスクトップ幅用のヘルパーグループと、タブレット幅以下用のヘルパーグループをそれぞれ「lg_」「md_」という接頭辞と共に作成しています。

例えば「デスクトップ幅だけで表示させたい」「タブレット幅以下だけで表示させたい」といった要件を叶えるために、次のようなコードのヘルパークラスを作成します。

```
CSS
/* デスクトップ幅だけで表示 */
.lg_only {
  display: block !important;
}
@media screen and (max-width: 768px) {
  .lg_only {
    display: none !important;
  }
}

/* タブレット幅以下だけで表示 */
.md_only {
  display: none !important;
}
@media screen and (max-width: 768px) {
  .md_only {
    display: block !important;
  }
}
```

オリジナルグループの解説はまたこの後行いますが、このようにプロジェクトの要件に柔軟に対応しつつ、かつきちんとグループ管理できるのはPRECSSならではの特徴です。

モジュールの上下間の余白を実装するヘルパークラス

モジュールの上下間の余白が、デザインである程度統一されていればモジュールに直接スタイリングすることも可能ですが、現実として完全に統一されていないことも多いでしょう。例えば「カードモジュールの次にテキストが続く場合は余白を20pxにしたいが、他のモジュールが続く場合は、詰まって見えてしまうため40pxにしたい」というデザイン上の都合は、至極もっともです。

その場合、モジュール自体に余白のためのスタイリングを行うのは現実的ではありませんので、ヘルパークラスを用いて実装することを筆者はよく行っています。

HTML

```html
<!-- デスクトップ幅・タブレット幅以下どちらにも同じ値を適用する場合 -->
<div class="bl_card hp_mb20">...</div>

<!-- それぞれ異なる値を適用する場合 -->
<div class="bl_card lg_mb40 md_mb20">...</div>
```

CSS

```css
/* デスクトップ幅・タブレット幅以下どちらにも同じ値を適用する場合 */
.hp_mb20 {
  margin-bottom: 20px !important;
}

/* それぞれ異なる値を適用する場合 */
.lg_mb40 {
  margin-bottom: 40px !important;
}
@media screen and (max-width: 768px) {
  .md_mb20 {
    margin-bottom: 20px !important;
  }
}
```

また「デスクトップ幅では40px、タブレット幅以下では20px」という組み合わせが頻出する場合は、それらの値を合わせてひとつのクラスにまとめることもあります。

HTML

```
<!-- ひとつのクラスにまとめた場合 -->
<div class="bl_card hp_smSpace">...</div>
```

CSS

```
/* ひとつのクラスにまとめた場合 */
.hp_lgSpace {
  margin-bottom: 100px;
}
@media screen and (max-width: 768px) {
  .hp_lgSpace {
    margin-bottom: 80px;
  }
}

.hp_mdSpace {
  margin-bottom: 80px;
}
@media screen and (max-width: 768px) {
  .hp_mdSpace {
    margin-bottom: 60px;
  }
}

.hp_smSpace { /* 今回使用するのはこちら */
  margin-bottom: 40px;
}
@media screen and (max-width: 768px) {
  .hp_smSpace {
    margin-bottom: 20px;
  }
}
```

ブロックモジュールのセクションでも触れたため繰り返しになりますが、この余白についての詳細は、Chapter 7のコラムでも詳しく解説しています。

ユニークグループ

6. クラス名から影響範囲が想像できる（★）

- 接頭辞：un_（uniqueの略）

ある1ページでしか使用されていないことを明示するグループです。そのページでしか使われていないため、改修や運用の際に影響範囲を気にせずにスタイルを編集してよい目印になっています。モジュールの大きさも自由です。小さくても大きくてもかまいません。ECSS※以外の設計手法で、不要になれば迷わず削除できるCSSの目印を用意しているのは、筆者の知る限り他にありません。

例えばPRECSSのドキュメントの扉ページのような特別なページ（図3-23）に使用するのもいいですし、通常のページ内でもモジュール設計から外れる場所（例えばpostion: absolute;が頻出するような場所）に使用するのもいいでしょう。

※ 本書では解説しませんが、簡潔にいうと本書で解説している設計手法らとまったく異なる、「分離して管理する」という考え方をベースにした設計手法です（http://ecss.io/）。

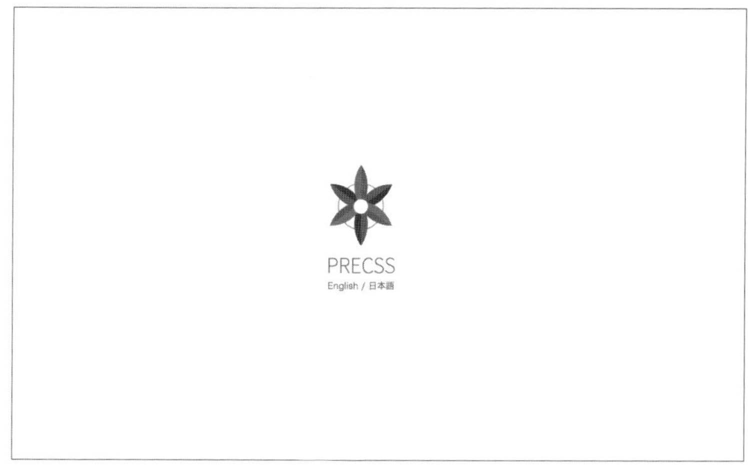

図3-23　PRECSSドキュメントの扉ページ（http://precss.io/）

つまりユニークグループは、あらゆるイレギュラーのための万能な回避策です。何か迷ったら、とりあえずユニークグループを使ってください。影響範囲が明確なので、いつでも誰でも、迷わずに手直しすることができます。

ただし濫用し過ぎると再利用性に欠けるため、あくまでイレギュラーのための措置であることは留意してください。

ユニークグループをスタイリングしているCSSには、どのページで使用しているかコメントを残しておくとよりよいでしょう。

次のコードは、PRECSSドキュメントの扉ページの例です。

HTML

```
<div class="un_siteRoot_wrapper">
  <section class="un_siteRoot">
    <figure class="un_siteRoot_logo"><img src="images/icon.svg" alt="PRECSS logo"></figure>
    <h1 class="un_siteRoot_ttl">PRECSS</h1>
    <p class="un_siteRoot_link"><a href="/en/">English</a> / <a href="/ja/"> 日本語 </a></p>
  </section>
</div>
```

CSS

```
/* 扉ページ（precss.io/）
  ================================================================ */
.un_siteRoot_wrapper {
  position: relative;
  top: 33vh;
  text-align: center;
}
.un_siteRoot {
  display: inline-block;
}
.un_siteRoot_logo {
  width: 100px;
  margin: 0 auto;
}
```

プログラムグループ

1. 特性に応じてCSSを分類する（★）
8. 拡張しやすい

PRECSSではJavaScript等のプログラムで要素にタッチする際、または状態を管理する際、専用のクラスを付加し、モジュールとしてのスタイリングとは分離することを推奨します。プログラムグループは少し特殊で、ふたつの接頭辞が存在します。

- 接頭辞：js_（JavaScriptの略）
  JavaScriptにて要素を取得するためのクラスです。

- 接頭辞：is_（英語be動詞のisから）
  要素の状態を管理するためのクラスです。状態のスタイリングは必ず適用されなければならないスタイルであるため、!importantの使用を推奨します。

状態の命名はis_activeとシンプルに記述することが可能ですが、他の箇所にも影響を及ぼさないよう必ずセレクターは複数のクラスにする必要があります。また対応ブラウザや状況によっては、JavaScript用のクラスではなく、カスタムデータ属性やWAI-ARIAを使用して状態を管理することも許容します。

```html
HTML
<dl class="bl_accordion js_accordion">
  <dt>
    <a class="bl_accordion_ttl js_accordion_ttl" href="#">
      アコーディオンタイトルが入ります
    </a>
  </dt>
  <!-- JavaScriptによって、is_activeが付加される -->
  <dd class="bl_accordion_txt js_accordion_body is_active">
    アコーディオンの内容が入ります
  </dd>
</dl>
```

```
CSS
.js_accordion_body {
  display: none;
}

/* × 他の箇所にまで影響を及ぼす可能性がある */
.is_active {
  display: block;
}
/* ○ 複数クラスで適用箇所を絞っている */
.js_accordion_body.is_active {
  display: block;
}
```

なお表示 / 非表示程度のシンプルな制御であれば、上記のコードの通り「.js_」接頭辞のクラスに対するスタイリングで事足ります。しかしモジュールによっては、「表示 / 非表示の状態によって、アイコンも変わる」など、複雑なスタイリングが必要なこともあるでしょう。

そういった場合は、.js_ クラスと .is_ クラスの組み合わせでなく、.bl_ クラスと .is_ クラスの組み合わせでスタイリングを行うことも可能です。

この例は Chapter 6 のアコーディオンモジュールにて実装しているため、併せて参考にしてください。

本書の本筋ではありませんのでとても簡単な例ですが、JavaScript は以下のように記述して、「.js_」と「.is_」以外の接頭辞には依存しないようにします。

```
JavaScript
$('.js_accordion .js_accordion_ttl').on('click', function () {
  $(this).toggleClass('is_active')
  $(this)
    .parent()
    .next('.js_accordion_body')
    .toggleClass('is_active')
})
```

オリジナルグループ

今まで紹介したグループの他、プロジェクトに応じて柔軟に接頭辞と共にグループを追加できるのがPRECSSの特徴です。例えばオリジナルのグリッドレイアウトを構築する場合、gridの略として「.gr_4」、「.gr_6」や、columnの略として「.cl_4」、「.cl_6」といった接頭辞を追加することができます。

ヘルパーグループのセクションで解説した通り、デスクトップ幅にのみ有効なクラスは「.lg_」、タブレット幅以下のみ有効なクラスは「.md_」、スマートフォン幅のみ有効なクラスは「.sm_」とするのもいいでしょう。

またPRECSSの命名規則が使えるのは、HTML/CSS/JavaScriptに限りません。テンプレートエンジンやビルド環境、あるいはCMSテンプレートにもPRECSSの命名規則を活かすことができます。例えばテンプレートエンジンのコードで、WordPressのメソッドに依存してるmacroやmixinがある場合は、「wp_」という接頭辞を付けておくと、名前を見るだけでバックエンドの処理が絡んでいることが予測できます。Movable Typeなら「mt_」、a-blog cmsなら「ac_」、HubSpot CMSなら「hs_」という具合になります。

言語やテンプレートエンジンによっては変数名にハイフンが使用できないものもありますが、PRECSSではハイフンを使用しないため、開発環境全体を通して命名規則を統一することも可能です。一定の法則に従っている限り、PRECSSはどのように拡張してもらっても構いません。

PRECSSのまとめ

後発で作成したこともあり、OOCSSやSMACSS、BEMの利点を取り入れつつ、実際に業務を進めるにおいて弱点と思う箇所を改善しながらできあがったのがPRECSSです。そのため強力なモジュールシステムは維持しつつも、イレギュラーな要件があった際に対応しやすい柔軟性も持ち合わせています。

特に、

- ユニークグループの存在により、影響範囲が明確なモジュールを定義できる
- 必要に応じて、グループを追加することでPRECSS自体を拡張することができる
- PRECSSの命名規則をHTML/CSS/JavaScript以外の環境にも使用することができる

というのは、他の設計手法にはないPRECSS独自の強みと言えるでしょう。

COLUMN 日本人発の設計手法の元祖FLOCSS

日本人が作成した設計手法として、PRECSSの前に谷拓樹氏によって提唱されたFLOCSS（フロックス）[※1]があります。国内での知名度はとても高く、本書をご覧の皆さまの中にもFLOCSSをご存知の方が多いのではないでしょうか。

FLOCSSはFoundation・Layout・Objectの頭文字とCSSの略で、前述のOOCSSやSMACSS、BEM、さらにSuitCSSやMCSSからも影響を受けて開発されたものです。下記の3つのレイヤーと、Objectレイヤーの子レイヤーによって構成されています。またLayout以降のレイヤーでは、それぞれのレイヤーに該当する要素に接頭辞を付けることが特徴です。

1. Foundation
2. Layout（接頭辞：l-[※2]）
3. Object

i. Component（接頭辞：c-）
ii. Project（接頭辞：p-）
iii. Utility（接頭辞：u-）

※1 https://github.com/hiloki/flocss
※2 IDセレクターを使用する際は、接頭辞は付けません。

特にモジュールの設計についてはBEMをベースにしつつも、BEMほどセレクターや詳細度について厳格ではないため、プロジェクトに応じて柔軟に対応できるのがFLOCSSの強みです。

またFoudation以外のレイヤーのモジュールすべてに接頭辞が付いている点は、コードをぱっと見てもどのような役割を担っているか想像できるメリットがあります。ドキュメントも日本語で記載されているためSMACSSと同等に導入しやすく、かつSMACSSよりも規則が明確であるため、複数人での開発や保守もしやすいでしょう。

公式ドキュメントが日本語で公開されており、また谷拓樹氏による書籍「Web制作者のためのCSS設計の教科書」[※]内でもご本人が解説されているため細かい内容はそちらにお任せします。FLOCSSだけでなくCSS設計全般についてもとてもよく解説されている本ですので、本書と合わせてご覧いただくと、CSS設計に対する理解がより深まるかと思います。

※ https://book.impress.co.jp/books/1113101128

レイアウトの設計

ここまででCSS設計の基本を押さえてきましたので、
いよいよ実践的なコードを紹介していきます。

CHAPTER

4

4-1 Chapter4～Chapter7のコードの前提

解説に入る前に、コードの前提として

- 使用するリセットCSS
- 独自に定義したベーススタイル
- 使用する設計手法

についてお話しします。

これは本Chapterから、Chapter7の「CSS設計モジュール集③モジュールの再利用」まで共通の内容となります。

使用するリセットCSS

本書ではリセットCSSとして、ハードリセット系のcss-wipe※を使用します。オンラインで提供しているサンプルデータの方では、リセットCSSとしてcss-wipeとNormalize.cssをそれぞれ選択した場合のコード例を提供していますが、本書内においてはコード量の都合からcss-wipeの使用を前提としたコードで解説を進めていきます。

※ https://github.com/stackcss/css-wipe

独自に定義したベーススタイル

本書ではリセットCSSに加え、下記の最低限のベーススタイルを独自に加えています。

```css
body {
  color: #222;
  font-family: sans-serif;
  line-height: 1.5;
}

a {
  color: #0069ff;
}

img {
  max-width: 100%;
  vertical-align: top;
}
```

使用する設計手法

BEMで記述した例と、PRECCSで記述した例の2パターンを紹介・解説します。なおBEMのコードの命名規則について、Chapter 3 では公式ドキュメントに記載されている命名規則で解説しました。しかし本Chapterからは、扱いやすく、また本来の命名規則よりも広く使われているMindBEMdingの方式を採用しています。

CSS設計には絶対的な正解はなく、案件によって最適な手法も異なります。また案件に適していることをクリアしたうえで、実装者の好みかどうかという点も現実として重要でしょう。ふたつのコードを見比べながらそれぞれの特徴を押さえ、どちらが案件に適しているか、自分の好みであるかを確認してみてください。

また各モジュールにて登場するアイコンは、Font Awesome Version 5.6.3 の無料版を使用しています。

4-2 本Chapterで扱うサンプル

本Chapterでは図4-1の構造をサンプルとして扱い、

- ヘッダー
- フッター
- コンテンツエリア
  1カラム設計
  2カラム設計

のコードを解説していきます。

Triad
お問い合わせ
私たちの特徴
サービス
制作実績
会社情報
採用情報
ブログ
マーケティング戦略策定
ユーザーを考えた設計で満足な体験を
提供するサービスやペルソナによって、webサイトの設計は異なります。サービスやペルソナに合わせた設計を行うことにより、訪問者にストレスのないよりよい体験を生み出し、満足を高めることとなります。
わたしたちはお客さまのサイトに合ったユーザビリティを考えるため、分析やヒアリングをきめ細かく実施、満足を体験できるクリエイティブとテクノロジーを設計・構築し、今までにない期待を超えたユーザー体験を提供いたします。
私たちの特徴
サービス
制作実績
会社情報
採用情報
ブログ
私たちの強み
私たちのポリシー
webサイト構築
webサイト改善
解析・レポーティング
多言語webサイト構築
メッセージ
会社概要
新卒採用
中途採用
© 2019 Triad Inc.
図4-1　本書で構築するレイアウト構造（コンテンツエリアが1カラム設計の例）

なお本Chapterでの解説の目的はあくまでレイアウトの設計であるため、各レイアウトエリアの中に配置されているモジュールのコードの解説は省略します。サンプルデータの方ではすべてのコードを載せていますので、気になる・再利用される方はそちらをご参照ください。

それぞれのエリアの幅や余白は図4-2の通りで、基本的な横幅が1200px、コンテンツエリアとヘッダー・フッター間の余白が60pxとなっています。レイアウトとしては、最小幅を指定しないフレキシブルレイアウトです。

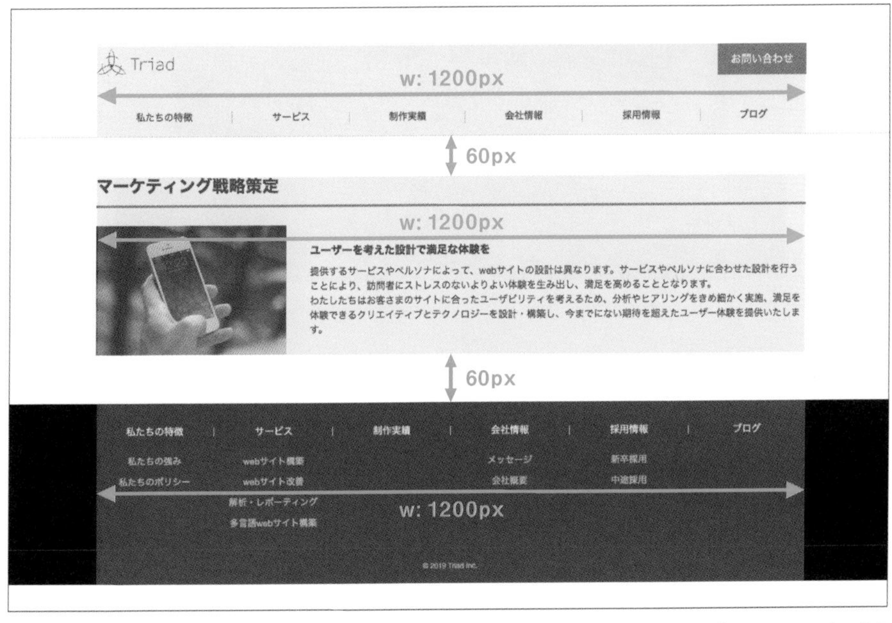

図4-2 各レイアウトエリアの横幅およびメインコンテンツとの余白

BEM・PRECSSいずれにおいてもベストプラクティスは**「レイアウトに関することは、レイアウト用のクラスに任せる」**という形で責任を分離することです。その中に入るコンテンツに関して、気にする必要は一切ありません。

イメージとしては図 4-3 のように、各エリアを色分けできればそれだけでレイアウトの設計は成功です。逆に言えば、色分けに必要のないスタイリングが含まれている場合、「そのコードは余計かもしれない」と疑う指標になります。

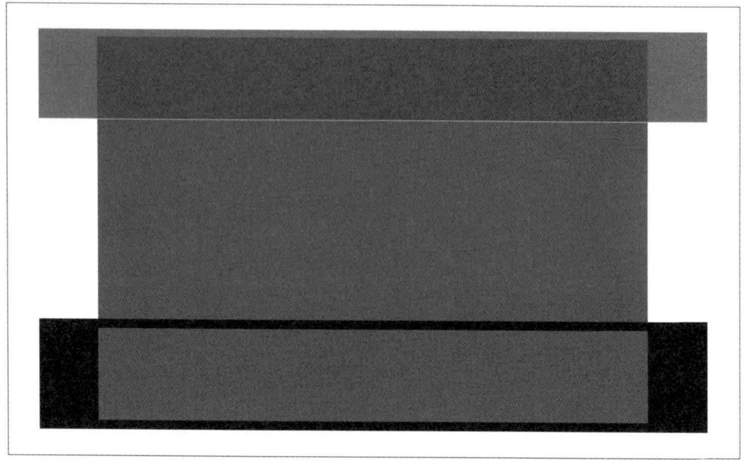

図 4-3　各エリアを単純に色分けした図

もちろん現実としては、色分け以外のコードもレイアウトに含んでいた方が都合のいい場合がありますので、あくまでレイアウトの責任範囲を掴むためのイメージとしてください。

それでは、まずはヘッダーのコードから見てみましょう。コード自体は比較的シンプルですので、気張らず、肩の力を抜いて読み進めていただければと思います。

4-3 ヘッダー

ヘッダーのレイアウトは図4-4のようにふたつに分けて実装します。

- 外側……ヘッダー全体を括る要素。上部の余白の確保と、コンテンツエリアとの境界となるボーダーを実装するのに使用します。
- 内側……ヘッダー内において、コンテンツエリアと同等の横幅を実装するのに使用します。

なお内側の中に配置されているロゴやボタン、グローバルナビゲーションについては、レイアウトそのものではなく「レイアウトエリア内に配置されたモジュール（コンテンツ）」が正しい解釈です。

PRECSSにおいてはレイアウトのコードにつられて、よくこれらも「ly_headerLogo」「ly_headerBtn」のように「ly_」の接頭辞を付けて実装する例を見かけるのですが、これらはあくまでモジュールであるため、「bl_」または「el_」の接頭辞が適切です。

BEMにおいてはそもそもレイアウトとモジュールを区別せず、すべてにおいて基本単位はBlockとなります。しかし、だからと言ってレイアウトとコンテンツにまつわるスタイリングを一緒くたにしてしまうとメンテナンス性の悪いCSSとなってしまいますので、レイアウトとモジュールの区別はきちんと付けておくべきです。

外側

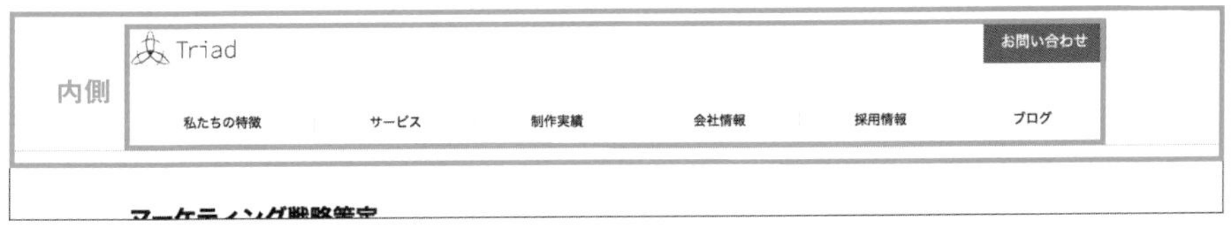

図4-4　ヘッダーのレイアウトの構造

BEM

HTML

```
<!-- 外側にあたる要素 -->
<header class="header">
  <!-- 内側にあたる要素 -->
  <div class="header__inner">
    <!-- 以下、レイアウトの中に配置されたロゴ・ボタン・ナビゲーションが続きます -->
  </div>
  <!-- /.header__inner -->
</header>
```

CSS

```
.header {
  padding-top: 20px;
  border-bottom: 1px solid #ddd;
}
.header__inner { ——①
  max-width: 1230px;
  padding-right: 15px;
  padding-left: 15px;
  margin-right: auto;
  margin-left: auto;
}
```

PRECSS

HTML

```
<!-- 外側にあたる要素 -->
<header class="ly_header">
  <!-- 内側にあたる要素 -->
  <div class="ly_header_inner">
    <!-- 以下、レイアウトの中に配置されたロゴ・ボタン・ナビゲーションが続きます -->
  </div>
  <!-- /.ly_header_inner -->
</header>
```

CSS

```
.ly_header {
  padding-top: 20px;
  border-bottom: 1px solid #ddd;
}
.ly_header_inner { ——①
  max-width: 1230px;
  padding-right: 15px;
  padding-left: 15px;
  margin-right: auto;
  margin-left: auto;
}
```

① .header__inner / .ly_header_innerに対するスタイリング

コンテンツ幅は1200pxと説明しましたが、今回はcss-wipeを使用しておりすべての要素にbox-sizing: border-box;が適用されているため、左右のpaddingの15pxずつを足して1230pxとなっています。

この左右のpaddingはスクリーンサイズを狭めたときに、見苦しくならないための対応です。図4-5 の上の例はpaddingを設定しなかった例で、左右がブラウザの両端にくっついて詰まって見えてしまいます。これを解消するために、padding-rightとpadding-leftに15pxを適用したのが下の例です。

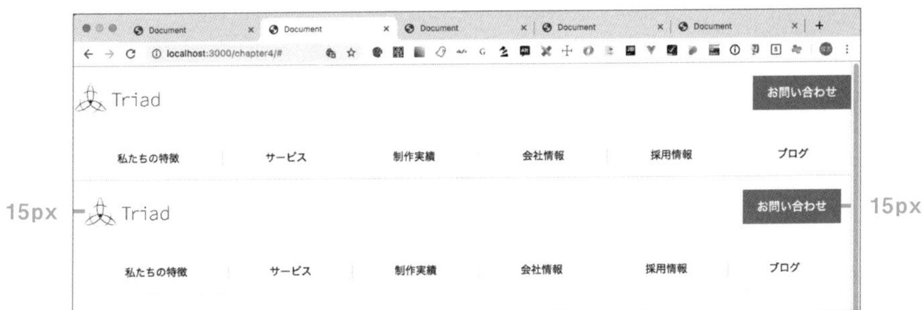

図4-5　padding-right / padding-leftを適用していない例（上）、padding-right / padding-leftを適用している例（下）

これは厳密にはCSS設計とは関係なく、またデザインカンプにきちんと指定がある際はもちろんそれに従うべきです。しかし多くの場合、この措置を行うことによってウェブサイトとしての品質が上がるので、覚えておいて損はないでしょう。

後はmargin-rightとmargin-leftをそれぞれautoに設定することで、左右中央寄せにしています。

COLUMN div要素の閉じタグにはなるべくコメントを

先述のHTMLコードの閉じタグには、

```
HTML
</div>
<!-- /.header__inner -->
```

のように開きタグに対応するコメントが付いていますが、これには理由があります。というのもdiv要素はネストして利用されることも多く、数が多くなるとどの開きタグと閉じタグが対応しているかわかりづらくなってしまうのです。

インデントが適切に付けられていればまだ見分けは付きやすいですが、インデントが崩れたり、あるいは何らかの理由でインデントが削除されると、div要素の対応を見分けるのはとても困難になります。

万が一インデントがなくなっても見分けがつくよう、閉じタグにはなるべくコメントを添えるようにする癖を付けるとよいでしょう。次のコード例は、実は閉じタグがひとつたりません。コメントなしの場合、すぐにわかるでしょうか?

```
HTML
<!-- コメントなし、インデントなしの例 -->
<div class="div1">
<div class="div2">
<div class="div3">
<div class="div4">
<div class="div5">
<div class="div6">
コンテンツが入ります
</div>
</div>
</div>
</div>
</div>

<!-- コメントなし、インデントありの例 -->
<div class="div1">
```

```
  <div class="div2">
    <div class="div3">
      <div class="div4">
        <div class="div5">
          <div class="div6">
            コンテンツが入ります
          </div>
        </div>
      </div>
  </div>
</div>

<!-- コメントあり、インデントなしの例 -->
<div class="div1">
<div class="div2">
<div class="div3">
<div class="div4">
<div class="div5">
<div class="div6">
コンテンツが入ります
</div>
<!-- /.div6 -->
</div>
<!-- /.div5 -->
</div>
<!-- /.div4 -->
</div>
<!-- /.div3 -->
</div>
<!-- /.div1 -->

<!-- コメントあり、インデントありの例 -->
<div class="div1">
  <div class="div2">
    <div class="div3">
      <div class="div4">
        <div class="div5">
          <div class="div6">
            コンテンツが入ります
          </div>
          <!-- /.div6 -->
        </div>
        <!-- /.div5 -->
      </div>
      <!-- /.div4 -->
  </div>
  <!-- /.div3 -->
</div>
<!-- /.div1 -->
```

「いちいちコメントを付けるのが面倒」と思われる方もいるかもしれませんが、Emmetを使用すれば大幅に効率化できるので心配ありません。先述のように.div1 ~ .div6まで自動的にコメントを付けるには、次のように最後に「|c」とパイプとアルファベットの小文字のcを記述します。

```
.div1>.div2>.div3>.div4>.div5>.div6|c
```

4-4 フッター

フッターに関しても、レイアウトは図 4-5 のように外側と内側のふたつに分けて実装します。ただしフッターでは、ナビゲーションとコピーライトの間にスクリーンサイズいっぱいに広がるボーダーを入れています。

そのため、構造としては図 4-6 のように外側と内側のセットが、上下に並ぶ形になります。

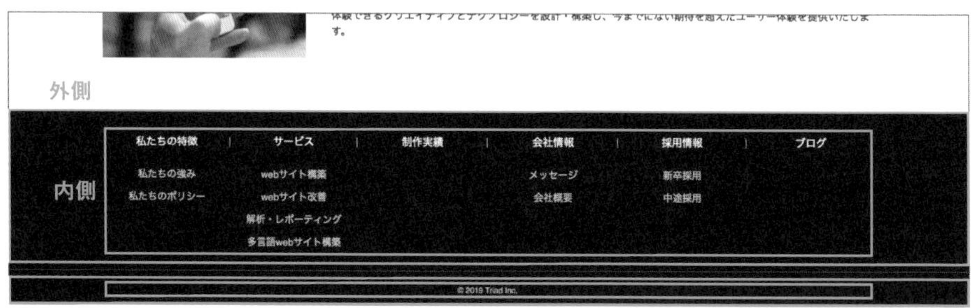

図 4-6　フッターのレイアウト構造

このボーダーは少し厄介に思えますが、**「横幅いっぱいのレイアウトエリアと、コンテンツ幅のレイアウト幅を分離する」**ということをきちんと行っていれば、そこまで難しいものではありません。

BEM

HTML

```
<footer>
  <!-- 外側にあたる要素 -->
  <div class="footer">
    <!-- 内側にあたる要素 -->
    <div class="footer__inner">
      <!-- 以下、レイアウトの中に配置されたナビゲーションが続きます -->
    </div>
    <!-- /.footer__inner -->
```

PRECSS

HTML

```
<footer>
  <!-- 外側にあたる要素 -->
  <div class="ly_footer">
    <!-- 内側にあたる要素 -->
    <div class="ly_footer_inner">
      <!-- 以下、レイアウトの中に配置されたナビゲーションが続きます -->
    </div>
    <!-- /.ly_footer_inner -->
```

BEM つづき

```
  </div>
  <!-- /.footer -->
  <!-- 外側にあたる要素 ここでボーダーを追加 -->
  <div class="footer footer--border-top-gray">
    <!-- 内側にあたる要素 -->
    <div class="footer__inner">
      <small class="footer-copyright"> ©2019 Triad Inc.</small>
    </div>
    <!-- /.footer__inner -->
  </div>
  <!-- /.footer -->
</footer>
```

CSS

```
.footer {
  padding-top: 20px;
  padding-bottom: 20px;
  background-color: #222;
}
.footer--border-top-gray { ―①
  border-top: 1px solid #777;
}
.footer__inner {
  max-width: 1230px;
  padding-right: 15px;
  padding-left: 15px;
  margin-right: auto;
  margin-left: auto;
}
```

PRECSS つづき

```
  </div>
  <!-- /.ly_footer -->
  <!-- 外側にあたる要素 ここでボーダーを追加 -->
  <div class="ly_footer hp_btGray">
    <!-- 内側にあたる要素 -->
    <div class="ly_footer_inner">
      <small class="el_footerCopyright"> ©2019 Triad Inc.</small>
    </div>
    <!-- /.ly_footer_inner -->
  </div>
  <!-- /.ly_footer -->
</footer>
```

CSS

```
.ly_footer {
  padding-top: 20px;
  padding-bottom: 20px;
  background-color: #222;
}
.ly_footer_inner {
  max-width: 1230px;
  padding-right: 15px;
  padding-left: 15px;
  margin-right: auto;
  margin-left: auto;
}
.hp_btGray { ―①
  border-top: 1px solid #777 !important;
}
```

①ボーダーの実装方法の違い

ナビゲーションとコピーライト間のボーダーをBEMではfooterモジュールのモディファイアとして実装しているのに対し、PRECSSではヘルパークラスで実装しています。正直これに関してはどちらの実装方法でもよいと考えますが、BEMはあまりヘルパークラスに積極的ではないよう※ですので、モディファイアでの実装としています。

もしこのボーダーを他の箇所でも使用したい場合は、PRECSSの例のようにヘルパークラスで実装しておくとよいでしょう。

※ ドキュメントでは触れられておらず、ドキュメント自体のマークアップや、BEMを生み出したYandex社のWebサイトを見てもヘルパークラスは確認した限り登場しません。

ヘッダーの内側とフッターの内側のスタイリングは共通化すべきか？

ヘッダーの内側（header__inner / ly_header_inner）とフッターの内側（footer__inner / ly_footer_inner）のスタイリングを見ると、完全に同じであることがわかります。

であれば、次のコードのように共通のスタイリングを持った新たなレイアウト用のクラスを作成することも可能です。

PRECSSの場合

HTML

```
<header class="ly_header">
  <div class="ly_centered">
    (省略)
  </div>
  <!-- /.ly_centered -->
</header>

<footer>
  <div class="ly_footer">
    <div class="ly_centered">
      (省略)
    </div>
    <!-- /.ly_centered -->
  </div>
  <!-- /.ly_footer -->
  <div class="ly_footer hp_
btGray">
    <div class="ly_centered">
      (省略)
    </div>
    <!-- /.ly_centered -->
  </div>
  <!-- /.ly_footer -->
</footer>
```

CSS
```
/* .ly_header_inner、.ly_footer_inner の代わりに下記を記載 */
.ly_centered {
  max-width: 1230px;
  padding-right: 15px;
  padding-left: 15px;
  margin-right: auto;
  margin-left: auto;
}
```

もちろんこのように同じコードをひとつのクラスにまとめるのもよいですが、筆者としてはここまではせず、元のly_header_innerとly_footer_innerでそれぞれ別にスタイリングした状態でもよいと考えています。というのもこのスタイリングはCSSファイル内で頻出するわけではないので、例えば仮にコンテンツ幅に変更があっても、修正するのはly_header_innerとly_footer_innerを含めたせいぜい数カ所でしょう※。

であれば無理に共通化しない方が、ヘッダー・フッターどちらかに個別の調整（例えばフッターの内側では全体的にフォントサイズを小さくするなど）が必要になったときに、セレクターをそのまま利用できるのでメンテナンス性が高いと筆者は考えます。それでも共通化したい場合は、セレクターは別々のままとし、Sassのmixinなどを利用する手もあります。

これに関してはどちらかが正解といったことではありませんので、考え方の参考にしてください。

※ 数カ所にならなければ、きちんとレイアウトの分離ができていない可能性があります。

4-5 コンテンツエリア

最後に、コンテンツエリアのレイアウト設計の解説をします。なお本セクションでもコンテンツ部分のコードは省略しますが、今回使用しているタイトルモジュール、メディアモジュールはそれぞれこの後のChapter 5、Chapter 6にて解説しています。

1カラム設計

本Chapterでの冒頭でも図示しましたが、1カラム設計の場合は図4-7のようにヘッダー・フッターとの余白をそれぞれ60px分確保します。コンテンツ幅は変わらず1200pxです（左右の余白も含めたCSS上の数値は1230px）。

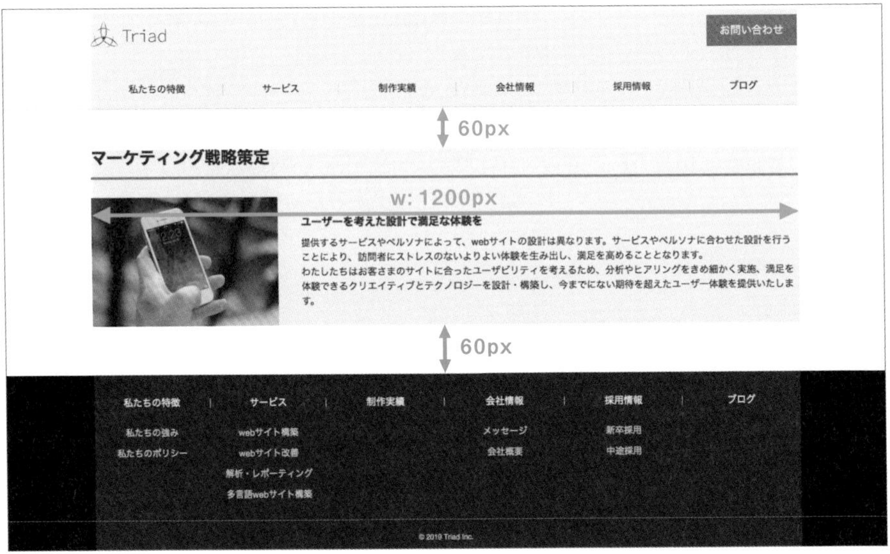

図4-7　コンテンツエリアの1カラム時の構造

BEM

HTML

```
<header class="header">
（省略）
</header>
<main>
  <article>
    <section class="content">
      <!-- 以下、レイアウトの中に
配置されたコンテンツが続きます -->
    </section>
  </article>
</main>
<footer>
（省略）
</footer>
```

CSS

```
.content {
  max-width: 1230px;
  padding: 60px 15px;
  margin-right: auto;
  margin-left: auto;
}
```

PRECSS

HTML

```
<header class="ly_header">
（省略）
</header>
<main>
  <article>
    <section class="ly_cont">
      <!-- 以下、レイアウトの中に
配置されたコンテンツが続きます -->
    </section>
  </article>
</main>
<footer>
（省略）
</footer>
```

CSS

```
.ly_cont {
  max-width: 1230px;
  padding: 60px 15px;
  margin-right: auto;
  margin-left: auto;
}
```

結局、これ自体はヘッダーとフッターの内側のコードとほぼ変わらないため、難しいことは特にありません。1点だけ着目するとすれば、上下の余白をmarginではなくpaddingで確保している点です。

これについては、次の背景色が交互になるパターンで併せて解説します。

背景色が交互になるパターン

コンテンツエリア1カラムの設計として、単純に背景色が同一なパターンだけでなく、セクションごとに背景色が交互になるパターンも考えてみましょう。図4-8のように、背景色は横幅いっぱいに敷かれるイメージです。

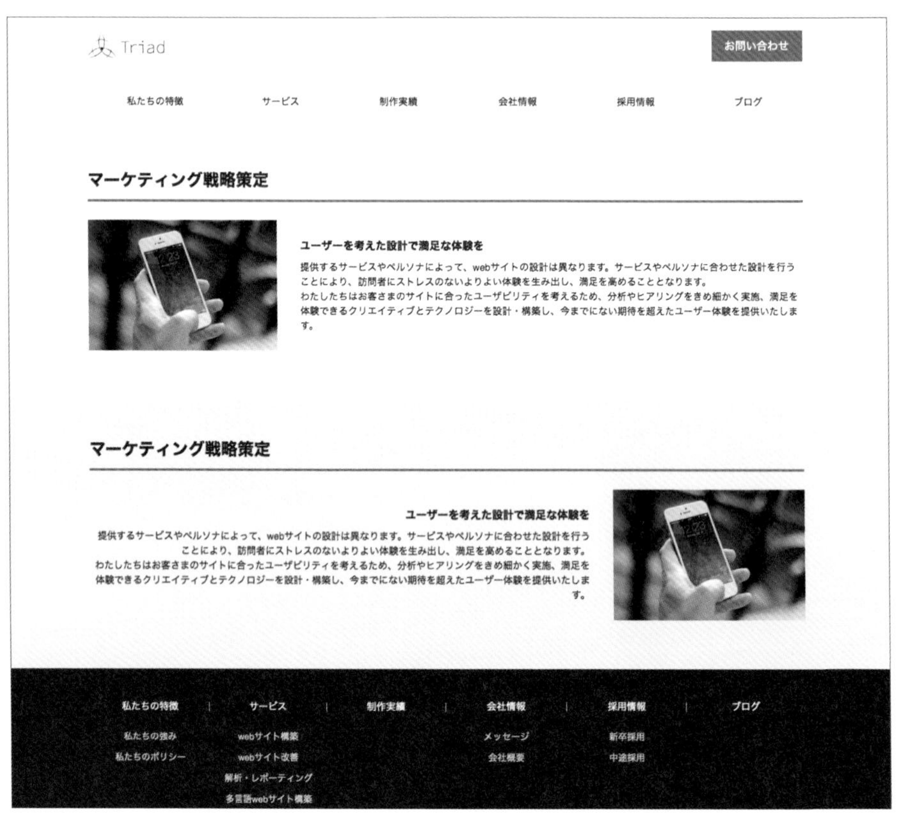
Triad
お問い合わせ
私たちの特徴
サービス
制作実績
会社情報
採用情報
ブログ
マーケティング戦略策定
ユーザーを考えた設計で満足な体験を
提供するサービスやペルソナによって、webサイトの設計は異なります。サービスやペルソナに合わせた設計を行うことにより、訪問者にストレスのないよりよい体験を生み出し、満足を高めることとなります。
わたしたちはお客さまのサイトに合ったユーザビリティを考えるため、分析やヒアリングをきめ細かく実施、満足を体験できるクリエイティブとテクノロジーを設計・構築し、今までにない期待を超えたユーザー体験を提供いたします。
マーケティング戦略策定
ユーザーを考えた設計で満足な体験を
提供するサービスやペルソナによって、webサイトの設計は異なります。サービスやペルソナに合わせた設計を行うことにより、訪問者にストレスのないよりよい体験を生み出し、満足を高めることとなります。
わたしたちはお客さまのサイトに合ったユーザビリティを考えるため、分析やヒアリングをきめ細かく実施、満足を体験できるクリエイティブとテクノロジーを設計・構築し、今までにない期待を超えたユーザー体験を提供いたします。
私たちの特徴
サービス
制作実績
会社情報
採用情報
ブログ
私たちの強み
私たちのポリシー
webサイト構築
webサイト改善
解析・レポーティング
多言語webサイト構築
メッセージ
会社概要
新卒採用
中途採用

図4-8　コンテンツエリアの背景色が交互になるパターンの例

コードは次のようになります。

BEM

HTML

```
<header class="header">
 (省略)
</header>
<main>
  <article>
    <section class="content">
      <!-- 以下、レイアウトの中に配
置されたコンテンツが続きます -->
    </section>
    <section class="background-
color-base"> ―①
      <div class="content">
        <!-- 以下、レイアウトの中
に配置されたコンテンツが続きます -->
      </div>
      <!-- /.content-->
    </section>
  </article>
</main>
<footer>
 (省略)
</footer>
```

CSS

```
.background-color-base {
  background-color: #efefef;
}
```

PRECSS

HTML

```
<header class="ly_header">
 (省略)
</header>
<main>
  <article>
    <section class="ly_cont">
      <!-- 以下、レイアウトの中に配
置されたコンテンツが続きます -->
    </section>
    <section class="hp_bgcBase">
                                ―①
      <div class="ly_cont">
        <!-- 以下、レイアウトの中
に配置されたコンテンツが続きます -->
      </div>
      <!-- /.ly_cont -->
    </section>
  </article>
</main>
<footer>
 (省略)
</footer>
```

CSS

```
.hp_bgcBase {
  background-color: #efefef
!important;
}
```

Chapter 1
Chapter 2
Chapter 3
Chapter 4
Chapter 5
Chapter 6
Chapter 7
Chapter 8
Chapter 9

① <section class="background-color-base"> / <section class="hp_bgcBase">

コンテンツエリアのクラスを括っているコードです。実際の表示との対応は図4-9を見てもらえるとわかりやすいでしょう。

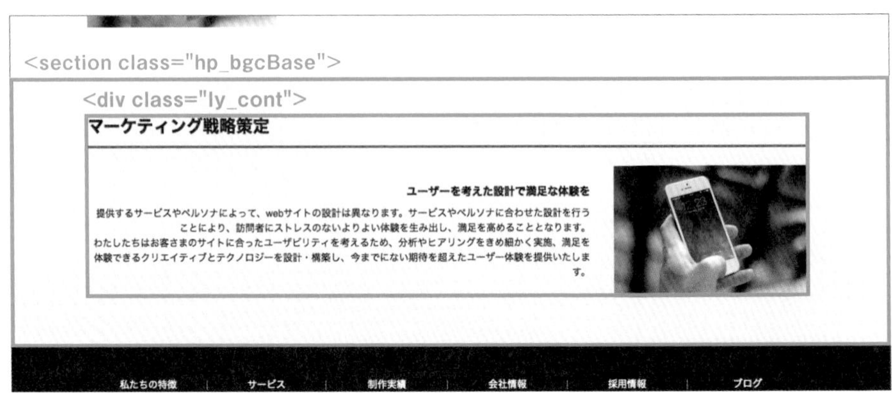
<section class="hp_bgcBase">
<div class="ly_cont">
マーケティング戦略策定
ユーザーを考えた設計で満足な体験を
提供するサービスやペルソナによって、webサイトの設計は異なります。サービスやペルソナに合わせた設計を行うことにより、訪問者にストレスのないよりよい体験を生み出し、満足を高めることとなります。
わたしたちはお客さまのサイトに合ったユーザビリティを考えるため、分析やヒアリングをきめ細かく実施、満足を体験できるクリエイティブとテクノロジーを設計・構築し、今までにない期待を超えたユーザー体験を提供いたします。
私たちの特徴
サービス
制作実績
会社情報
採用情報
ブログ

図4-9　背景色のクラスとコンテンツエリアのクラスの構造（PRECSSの場合）

BEMでは新規Blockとしてクラスを作成したのに対し、PRECSSではヘルパークラスとして背景色を設定するクラスを作成しました。フッターのボーダーの例と同じく、シンプルな機能であるためです。

上下の余白をmarginではなくpaddingで確保したのは、背景色が設定されることを見越してのことでした。仮にこの上下の余白をmarginで実装すると、図4-10のように背景色の領域が意図した通りに確保されません。

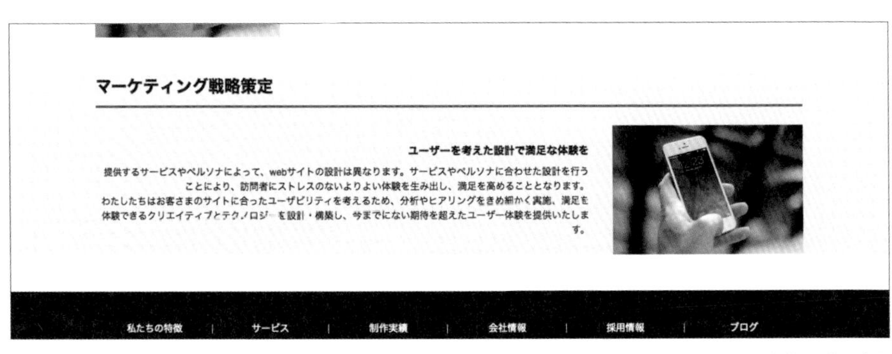
マーケティング戦略策定
ユーザーを考えた設計で満足な体験を
提供するサービスやペルソナによって、webサイトの設計は異なります。サービスやペルソナに合わせた設計を行うことにより、訪問者にストレスのないよりよい体験を生み出し、満足を高めることとなります。
わたしたちはお客さまのサイトに合ったユーザビリティを考えるため、分析やヒアリングをきめ細かく実施、満足を体験できるクリエイティブとテクノロジーを設計・構築し、今までにない期待を超えたユーザー体験を提供いたします。
私たちの特徴
サービス
制作実績
会社情報
採用情報
ブログ

図4-10　上下の余白をmarginで実装した際の表示

2カラム設計

最後のレイアウト設計はコンテンツエリアが2カラムの場合です。図4-11のようなイメージで、ブログの記事詳細ページなどを想定してもらえるとわかりやすいでしょう。

図4-11　コンテンツエリアが2カラム設計の場合

構造は図4-12のようになっています。少し複雑ですが、コンテンツエリア自体が横幅1200px、上下の余白60pxなのは変わりません。スクリーンサイズが小さくなった際に、サイドバーも縮んでしまうとかなり見づらくなってしまうため、サイドバーは260pxで固定します。

左側のメインエリアとの余白は、コンテンツ幅が1200px以上に保たれている場合は約40p xとし、スクリーンサイズに伴いコンテンツ幅も縮んだ際は、それに合わせて40pxから徐々に小さくなるようにします。

メインエリア自体は、1200pxからサイドバーの横幅と、先述の余白分を引いた値を自動的に割り当てます。

図 4-12　コンテンツエリアが２カラム設計の場合の構造

なお、今回はメディアクエリによるレイアウトエリアの調整が必要になります（スマートフォンで閲覧した際に、サイドバーが260pxのままだと見づらいですよね）。メインエリアとサイドバーを横並びではなく縦並びにし、それぞれ横幅いっぱいに広がるようにします（図4-13）。

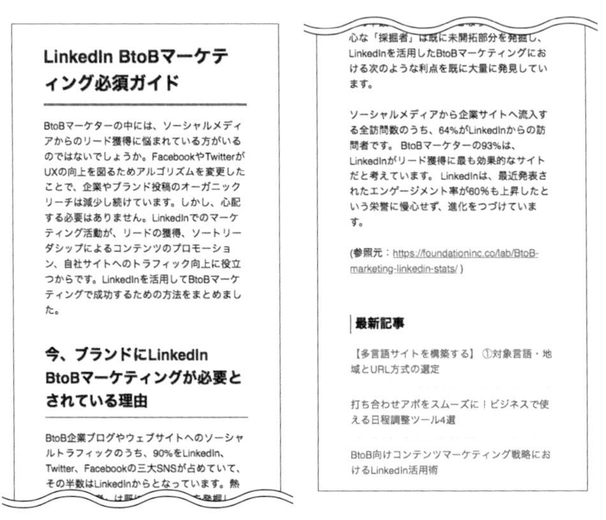

図 4-13　メディアクエリ適用時の２カラムの設計

実際のコードは次の通りです。

BEM

HTML

```
<header class="header">
（省略）
</header>
<div class="content content--has-column"> —①
  <main class="content__main"> —②
    <article>
      <h2 class="level2-heading">LinkedIn BtoB マーケティング必須ガイド </h2>
      <!-- 以下、レイアウトの中に配置されたコンテンツが続きます -->
    </article>
  </main>
  <aside class="content__side"> —③
    <h2 class="level4-heading">最新記事 </h2>
  </aside>
</div>
<!-- /.content -->
<footer>
（省略）
</footer>
```

PRECSS

HTML

```
<header class="ly_header">
（省略）
</header>
<div class="ly_cont ly_cont__col"> —①
  <main class="ly_cont_main"> —②
    <article>
      <h2 class="el_lv2Heading">LinkedIn BtoB マーケティング必須ガイド </h2>
      <!-- 以下、レイアウトの中に配置されたコンテンツが続きます -->
    </article>
  </main>
  <aside class="ly_cont_side"> —③
    <h2 class="el_lv4Heading"> 最新記事 </h2>
  </aside>
</div>
<!-- /.ly_cont -->
<footer>
（省略）
</footer>
```

BEMつづき

CSS

```
/* .contentのスタイリングに下記を追
加 */
.content--has-column {
  display: flex;
  justify-content: space-between;
}
.content__main {
  flex: 1;
  margin-right: 3.25203%;
}
.content__side {
  flex: 0 0 260px;
}

/* メディアクエリ適用時 */
@media screen and (max-width:
768px) {
  .content--hasColumn {
    flex-direction: column;
  }
  .content__main {
    margin-right: 0;
    margin-bottom: 60px;
  }
}
```

PRECSSつづき

CSS

```
/* .ly_contのスタイリングに下記を追
加 */
.ly_cont.ly_cont__col {
  display: flex;
  justify-content: space-between;
}
.ly_cont_main {
  flex: 1;
  margin-right: 3.25203%;
}
.ly_cont_side {
  flex: 0 0 260px;
}

/* メディアクエリ適用時 */
@media screen and (max-width:
768px) {
  .ly_cont.ly_cont__col {
    flex-direction: column;
  }
  .ly_cont_main {
    margin-right: 0;
    margin-bottom: 60px;
  }
}
```

① <div class="content content--has-column"> / <div class="ly_cont ly_cont__col">

1カラム設計の際は単なるコンテンツ幅の設定と左右中央寄せをしていた要素に、モディファイアを追加しました。このモディファイアはカラムを形成する際に使用することを想定したもので、CSSのスタイリングを見るとわかる通りdisplay: flex;を使用し直下の要素を横並びにしています。

後はメインエリアを形成する要素（②）、サイドバーを形成する要素（③）をそれぞれコンテンツエリア内に設置し、幅や余白などのスタイリングを行います。

ポイントは1カラム設計のコンテンツエリアを上手く使い回すこと

1カラム設計と2カラム設計のコードを見比べると、main要素やarticle要素、section要素などセマンティクスの都合で変更がある要素はあれど、「content / ly_contクラスの中にすべてのコンテンツが収まる」という構造が共通しています。

これが大事なポイントで、

- 2カラムにするためにcontent / ly_contクラスの上にひとつ親要素を追加しなければならない
- もしくは下にinnerのような子要素をひとつ追加しなければならない

となってしまうと、レイアウトのためのクラスが増えて管理がややこしくなってしまいます。なるべく既存のコードを上手く使い回してシンプルな状態を保てると、長い時間が経っても比較的保守しやすいCSSとなります。

以上、本Chapterではレイアウトの設計方法を解説してきました。きちんとレイアウトとコンテンツのスタイルが分離できていれば、レイアウトのCSSは自ずとシンプルになるはずです。

冒頭でも述べましたがレイアウトの基本は本当に単純で、「色分けできるかどうか」です。それ以上だと余分なコードを含んでいる可能性があり、それ以下だと色分けできないので、本当にそれ以上でも以下でもありません。

冒頭で挙げた、単純な色分けしかしていない図4-3はレイアウトの責任範囲を一番端的に、かつ的確に表している図ですので、イメージが付かない方はぜひもう一度ご覧になり、「この程度でいいんだ」と捉えてください。

CSS設計モジュール集 ①

最小モジュール

モジュール集最初のChapterとして、
ボタンやラベル、見出しなど、Webサイト内のあらゆる箇所で
使用される最小モジュールを紹介・解説します。

CHAPTER

5-1 本Chapter以降のモジュール集の進め方

モジュール集となる本Chapter以降では、まず最初に、仕上がりの状態となる完成図を確認します。ホバーなどの状態変化や、メディアクエリ適用時にスタイリングを変更する際は併せて図を掲載します（完成図やコードにメディアクエリ適用時の解説がない場合は、そのモジュールには特にメディアクエリを設定しないことを意味します）。

それらの図を実現するコードを紹介しつつ、CSS設計におけるポイントや、必要に応じてCSSプロパティの解説をしていきます。CSS設計を実際のモジュールに落とし込むとどのようなコードになるのか確認しつつ、ぜひ実際の案件などに再利用ください。

拡張パターンについて

それぞれのモジュールに、拡張パターンを用意している場合があります。この拡張パターンというのは、モジュールの既存のマークアップをベースに、モディファイアを付加することで見た目や振る舞いを変化させたバージョンです。

バリエーションについて

モジュールによってはバリエーションを用意しているものもあります。モディファイアで追加作成できる拡張パターンに対して、バリエーションは完全に別のクラスとして扱った方がよいものです。

「元のモジュールと何となく似ているんだけど、同じモディファイアで拡張して作るにはちょっと無理がある、設計的に最適解ではない」というものをバリエーションとして紹介しています。

BEMとPRECSSの差違について

CSSについて、多くの場合はセレクターが異なるだけで、BEMとPRECSSの間に差違はほとんどありません。しかしときおりBEM特有の記述、またはPRECSS特有の記述があります。

また、各モジュール内において、わかりやすく解説するために追加でコード例が必要な場合は、基本的にPRECSSでの記述例を掲載します。

5-2 最小モジュールの定義

本書において、最小モジュールとは「サイト内のいたるところで繰り返し使われる要素」のことを指します。PRECSSにおいては、「el_」の接頭辞のつくエレメントモジュールに該当します。

最小モジュールとそれ以上のモジュールの厳密な境界線を引くことは難しいですが、多くはボタンや、ラベル、テキストリンクの後ろに付くアイコンなどを想像してもらうとよいでしょう。筆者の考えとしてはChapter 3のPRECSSのセクションで説明したように「ルート要素と子要素を含め、おおよそ要素数が3つ以内」を指標のひとつとしています。

5-3 ボタン

基本形

完成図

ホバー時

オレンジ色の背景色に、白色の文字を左右・天地中央揃えで配置したシンプルなボタンです。角丸にはしておらず、ボックスシャドウを薄く落としています。ホバー時はボーダーを残しつつ、背景色と文字色が反転します。

BEM

HTML

```
<a class="btn" href="#">標準ボ
タン</a>
```

CSS

```
.btn {
  display: inline-block; ―①
  width: 300px; ―②
  max-width: 100%; ―③
  padding: 20px 10px; ―④
  background-color: #e25c00;
  border: 2px solid transparent
; ―⑤
  box-shadow: 0 3px 6px
rgba(0, 0, 0, .16);
  color: #fff;
  font-size: 1.125rem; ―⑥
  text-align: center;
  text-decoration: none;
  transition: .25s;
}

.btn:focus,
.btn:hover {
  background-color: #fff;
  border-color: currentColor;
                          ―⑤
  color: #e25c00;
}
```

PRECSS

HTML

```
<a class="el_btn" href="#">標準
ボタン</a>
```

CSS

```
.el_btn {
  display: inline-block; ―①
  width: 300px; ―②
  max-width: 100%; ―③
  padding: 20px 10px; ―④
  background-color: #e25c00;
  border: 2px solid transparent
; ―⑤
  box-shadow: 0 3px 6px
rgba(0, 0, 0, .16);
  color: #fff;
  font-size: 1.125rem; ―⑥
  text-align: center;
  text-decoration: none;
  transition: .25s;
}

.el_btn:focus,
.el_btn:hover {
  background-color: #fff;
  border-color: currentColor;
                          ―⑤
  color: #e25c00;
}
```

① display: inline-block

ボタンが使用される場面を考えたときに、単体で使用されることのほか、段落内でテキストとともに使用されるケースもあります。そして多くの場合、段落で指定している文字揃え（text-align）の向きにボタンの位置も従うことが求められます。このときにdisplayプロパティをinline-blockに設定していると、親の段落のtext-alignの値を継承するため、ボタンの揃えのためのCSSをいちいち書く必要がありません。

「いちいちCSSを書く必要がない」というのは開発の省力化になるだけでなく、モディファイアやイレギュラーな指定をみだりに増やさないことでもあるので、CSS設計において重要な考え方のひとつです。

テキストが入りますテキストが入りますテキストが入りますテキストが入りますテキストが入りますテキストが入りますテキストが入りますテキストが入りますテキストが入りますテキストが入ります

標準ボタン

テキストが入りますテキストが入りますテキストが入りますテキストが入りますテキストが入りますテキストが入りますテキストが入りますテキストが入りますテキストが入りますテキストが入ります

標準ボタン

テキストが入りますテキストが入りますテキストが入りますテキストが入りますテキストが入りますテキストが入りますテキストが入りますテキストが入りますテキストが入りますテキストが入ります

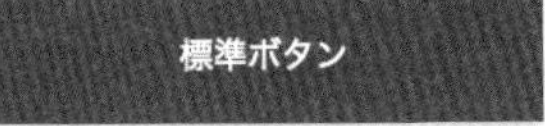

図5-1　段落のtext-alignに自動的に従う様子。display: blockだとこの挙動は実現しない

② width: 300px;

通常多くのプロジェクトにおいてボタンの大きさはある程度統一されているため、横幅はwidthプロパティで固定します。これはつまり、長いテキストが入る際はボタン内で改行することを意味します（図5-2）。

図 5-2　テキストが自動的に改行された様子

逆にボタン内で改行をさせたくないときは、widthではなくmin-widthを使用します。

min-widthを使用することによりある程度ボタンの大きさを統一したうえで、長いテキストが入る場合は横幅が自動的に伸びるようになります（図5-3）。

図 5-3　min-widthの使用により横幅が自動的に伸びた様子

その他、横幅の最大値を設けたい場合はmax-widthを併用します。横幅をテキスト量に完全に依存させたい場合は、何も指定しません。

③ max-width: 100%;

スクリーンサイズが狭くなった際にボタンが見切れないように、横幅の最大値は親のボックスに従うようにします。この値を設定しないと、図5-4の下のボタンのようにスクリーンサイズが狭くなった際に、コンテンツの枠からはみ出してしまいます。

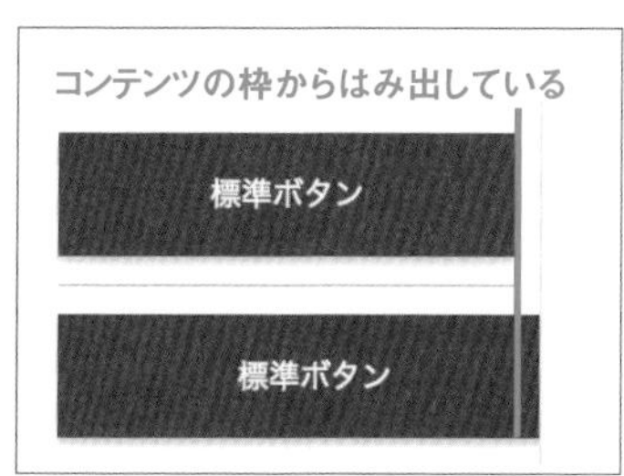

図 5-4　下のボタンに max-width: 100%; を指定していないため、コンテンツ枠からはみ出している

④ padding: 20px 10px;

ボタンの高さは71pxですが、これをheightプロパティで設定してはいけません。仮に長いテキストが入った場合、テキストがボタン外にあふれてしまうからです（図5-5）。

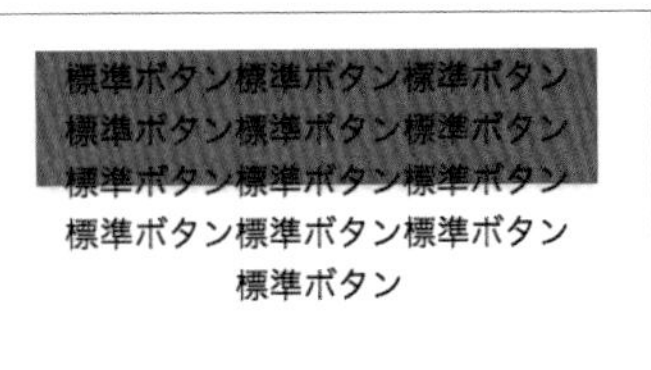

図5-5　heightプロパティで高さを設定すると、長いテキストが入った際にボタン外にあふれてしまう（わかりやすさのため文字色を変更）

万が一想像しない量のテキストが入っても、最低限の見た目を担保できるよう、上下のpaddingで高さを確保します（図5-6）。

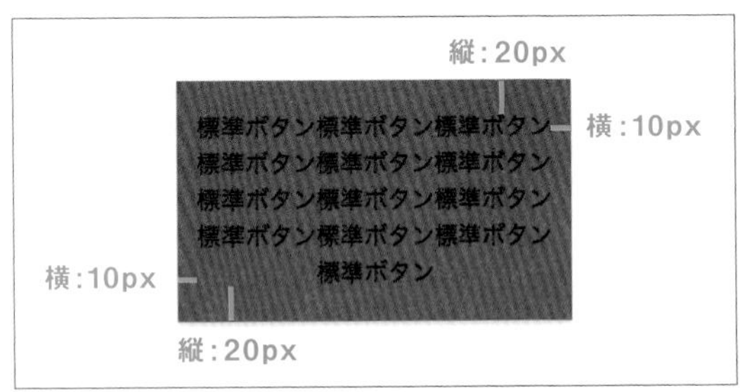

図5-6　padding: 20px 10px;と指定しているため、想像しない量のテキストが入ってもテキストがあふれない

ちなみに高さの確保だけであればmin-heightを使用することもできますが、上下中央揃えのための指定をしなければテキストが上付きになってしまいます（図5-7）。

図5-7　min-heightだけ指定した場合、テキストが上付きになってしまう

高さの確保と上下中央揃えを同時に行えるpaddingによる指定が一番シンプルでいいでしょう。左右の10pxのpaddingについては、テキストが両端に接するほどの長さでも見苦しくならないための設定です。

⑤ border: 2px solid transparent;（ホバー前）、border-color: currentColor;（ホバー時）

この指定はホバー時のスタイルに対応するための記述です。一見ホバー時のみ「border: 2px solid currentColor;」と指定しても良さそうですが、そうするとホバー時のみ上下・左右にそれぞれボーダー分の4pxが追加されるため、ホバーしたときにボタンのサイズも変わるおかしな挙動となってしまいます。図5-8 はその挙動を比較したもので、ホバー時の方がボタンが大きいことが如実にわかります。

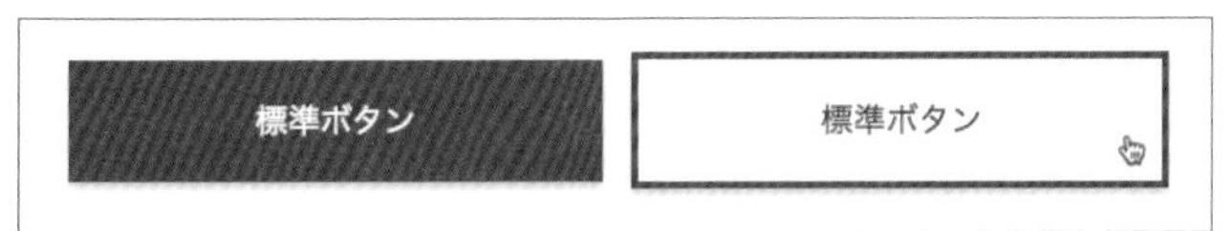

図5-8　borderをホバー時のみに指定した場合の挙動。ホバー時にサイズが大きくなってしまっている

これを防止するためにホバー前の状態からborderを宣言して、あらかじめ大きさを確保しておきます。

ボーダー色については背景色と同じ「#e25c00」でも構わないのですが、後々に色違いボタンが作成されることを考慮すると、上書きするプロパティはなるべく少なくしておきたいものです。そのため、透明の「transparent」を指定します。

後はホバー時に、ボーダー色だけを改めて設定するだけです。

なおcurrentColorという値ですが、見慣れない方もいると思います。この値は、

- その要素自体にcolorプロパティの値が設定されていれば、その値
- なければ、直近の親要素のcolorプロパティの値

を継承します。今回はホバー時のcolorプロパティに「#e25c00」を指定していますので、ボーダーカラーもこの「#e25c00」が適用されます。

今回の例だけでなく「文字色と同じボーダー色にしたい」という場合にこのcurrentColorを使用すると、万が一文字色が変わってもボーダー色も自動的に変わるため、直しに強いCSSとなります。

⑥ font-size: 1.125rem;

多くのブラウザにおいて、remの基準となるルート要素(通常はhtml要素)のfont-sizeは16pxです。そのためこの1.125remという値は、18pxとして表示されることを期待して設定しています。

ではなぜ18pxと指定しないかというと、pxは固定値であるため、ブラウザのフォントサイズ変更機能、またはユーザーがブラウザに独自に設定しているCSSが適用されないためです。

実際にブラウザのフォントサイズ変更機能を使用してフォントサイズを変えてみると、remを使用しているボタンは設定内容がきちんと反映されていることがわかります(図5-9)。

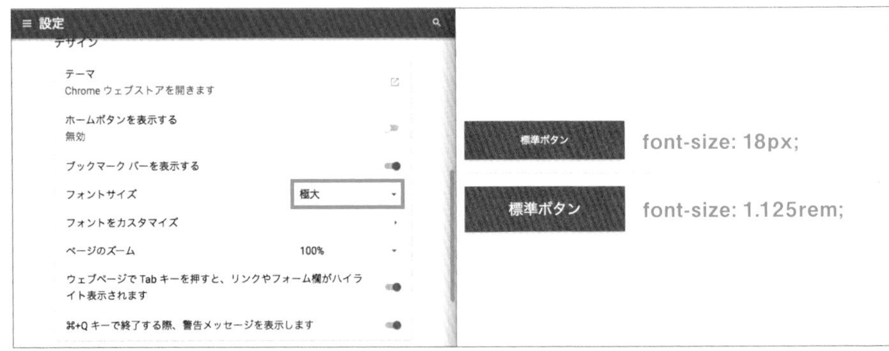

図5-9 Google Chromeのフォントサイズ変更機能(左)、pxとremで設定しているボタンの表示の違い(右)

Webサイトを閲覧するユーザーの数だけ、それぞれの事情や好みがありますので、なるべく各ユーザーの設定を受け入れられるようにしておくことはとても重要です。

ただしCSSだけ見るとfont-sizeにはremを使用し、widthやpaddingなど他の値にはpxを使用しているため、値の混在が気になる人もいるのではと思います。もちろんこれにはきちんとした理由があり、仮にwidthやpaddingをemやremなどの相対値で設定すると、図5-10のようにボタン自体が大きくなってしまいます。フォントサイズ変更機能はあくまで、フォントサイズにのみ影響があるべきと筆者は考えています。それでもボタン自体を大きく見たいユーザーのために、多くのブラウザではきちんとズーム機能も用意されています。

図 5-10　width や padding を rem で指定した例と、px で指定した例

CSS において使用する単位にはさまざまな意見があり、すべて固定値であるべきという意見もあれば、反対にすべて相対値であるべきという意見もあります。どれが正解かを一概に言うことはできませんが、なぜその単位を選択したのか、「理由をきちんと説明できること」が大切です。

COLUMN　ホバー時のスタイルをフォーカス時にも適用する理由

ホバー時のスタイリングを行っているセレクターを見ると、「:hover」の疑似要素だけでなく「:focus」と、フォーカス時のスタイリングも同様に行っています。この指定は主に、キーボードのタブキーを押下してページ遷移を行うユーザーに配慮するためです。

特別に指定をせずともイベントを起こす要素にフォーカスした場合はブラウザのデフォルトスタイルのフォーカスリングが表示されます。しかしこのフォーカスリングはユーザーの視力によって、または Web サイトで使われている配色によっては、変化に気付かない場合もあります。

図 5-11 は上がフォーカスリングのみの表示、下がフォーカスリングに加えてホバー時のスタイリングも適用した例です。下の方が、より変化がわかりやすいのではないでしょうか?

図 5-11　フォーカスリングのみの表示（上）、フォーカスリングに加えてホバー時のスタイリングを適用した表示（下）

そもそも状態の変化を伝えたいのは「ホバーしたとき」ではなく、「ユーザーがアクションを起こそうとしているとき」です。この「ユーザーがアクションを起こそうとしている」の選択肢としてホバーとフォーカスは同列にありますので、何か事情がない限り「ホバー時のみ変化を伝える」というのは論理的ではありません。

またこの対応は結果として、例えば目や、身体が不自由なユーザーのユーザビリティの向上につながります。そのようなユーザーは全体としては少数派であっても確実に存在しますので、なるべくどのようなユーザーに対しても、Webサイトはなるべく平等であるべきと筆者は考えています※。

※ この考え方はアクセシビリティにも通じます。アクセシビリティについては誌面の都合上解説できませんので、別途情報を収集してもらえますと幸いです。

拡張パターン

矢印付き

完成図

ホバー時

リンクであることをより強調した、矢印アイコンの付いたボタンです。矢印の実装にはFont Awesomeの「arrow-right」を使用しています※。

※ https://fontawesome.com/icons/arrow-right?style=solid

BEM

HTML

```
<a class="btn btn--arrow-right"
href="#"> 矢印付きボタン </a>
```

CSS

```
/* .btn のスタイリングに続いて下記を
記載 */
.btn--arrow-right {
 position: relative; ―①
 padding-right: 2em; ―②
 padding-left: 1.38em; ―②
}

.btn--arrow-right::after {
  content: '\f061';
  position: absolute;
  top: 50%; ―③
  right: .83em;
  font-family: 'Font Awesome 5
Free';
  font-weight: 900; ―④
  transform: translateY(-50%);
                                ―③
}
```

PRECSS

HTML

```
<a class="el_btn el_btn__
arrowRight" href="#"> 矢印付きボ
タン </a>
```

CSS

```
/* .el_btn のスタイリングに続いて下
記を記載 */
.el_btn.el_btn__arrowRight {
  position: relative; ―①
  padding-right: 2em; ―②
  padding-left: 1.38em; ―②
}

.el_btn.el_btn__
arrowRight::after {
  content: '\f061';
  position: absolute;
  top: 50%; ―③
  right: .83em;
  font-family: 'Font Awesome 5
Free';
  font-weight: 900; ―④
  transform: translateY(-50%);
                                ―③
}
```

① position: relative;

after疑似要素で実装するアイコンにposition: absolute;を使用するため、こちらでposition: relativeを使用しafter疑似要素の起点とします。

② padding-right: 2em; / padding-left: 1.38em;

アイコンを設置する分、右側余白を多めの値に再設定します。これを行わないと、テキスト量が増えた時にアイコンにテキストが被ってしまうためです（図5-12）。

図5-12　アイコンの分だけ余白を取らないとテキストが被ってしまう

またpadding-rightのみ再設定するとテキストの中央揃えのバランスが悪くなってしまうため、padding-leftも併せて再設定します（図5-13）。

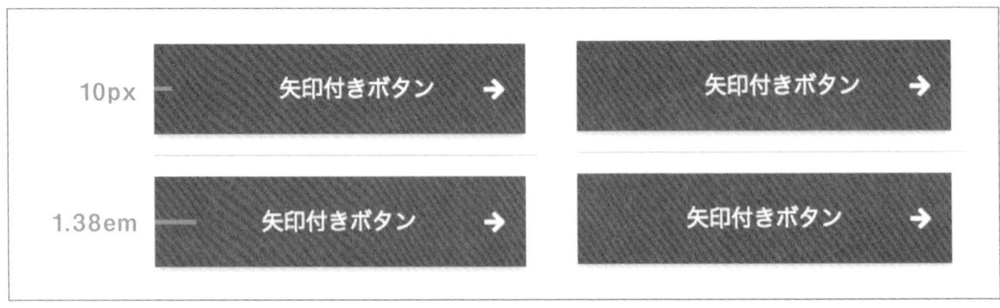

図5-13　padding-left: 10pxのままのボタン（上行）、padding-left: 1.38emに再設定したボタン（下行）
下のボタンの方がテキストの中央揃えが自然なことがわかる

なお単位にｅｍを使用している理由は、例えフォントサイズが変わっても、フォントサイズの変更に合わせて自動的に左右の余白を調整するためです。アイコン自体はフォントサイズに合わせて自動的に拡大・縮小されますので、左右の余白もそれに合わせて拡大・縮小されなければなりません（でないと、先ほどのようにアイコンにテキストが被ってしまう事態が起こります）。

基本形でpxを使用しているのに、この拡張パターンでemを使用するには違和感があるかもしれません。しかしよく考えてみると、

- 基本形のpadding-left / padding-right……テキストが増えた際、ボタンの左右に到達して詰まって見えるのを防ぐための指定

- 矢印付きの padding-left / padding-right……アイコンとテキストが被るのを防ぐ、またテキストが中央寄せに見えるよう調整する

と役割が違うんですね。そのため、適切な単位も異なってきます。

文字だけで理解しようとすると難しいので、サンプルデータにてフォントサイズを変えてみたり、テキスト量を変えてみたり、後述の大パターンに矢印付きのモディファイアを付けてみたりと、いろいろ試してみてください。

■ ③ top: 50%; / transform: translateY (-50%) ;

position: absolute; を適用している要素に対する、天地中央揃えの常套手段です。まず top: 50%; のみを適用すると、図 5-14 のようにアイコンが少し下にずれた状態となります。

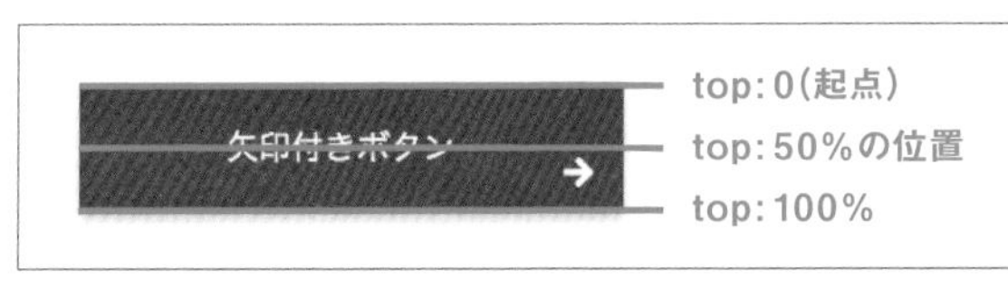

図 5-14　after 疑似要素と、その親要素の位置関係

これに transform: translateY (-50%) ; を使用すると図 5-15 のように描画され、天地中央揃えになります。

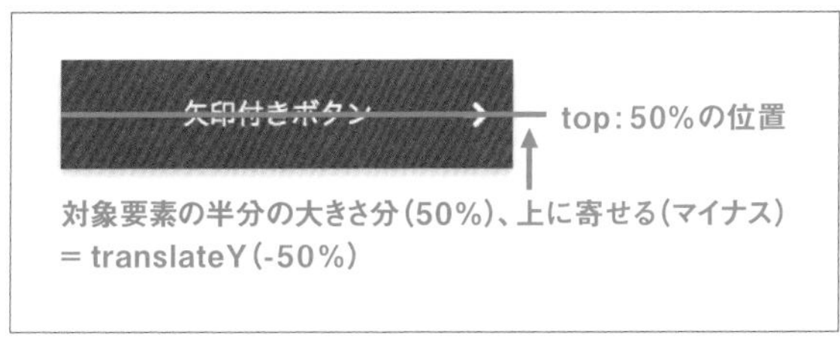

図 5-15　translateY (-50%) の挙動

■ ④ font-weight: 900;

この指定は、Font Awesome の Solid スタイル（線が少し太く描画されるもの）のアイコンを表示させるためのものです。「文字を太くしたい」という意図ではありません。Font Awesome はバージョン 5 から同じアイコンでも複数のスタイルに対応し、font-weight で切り替えができるようになりました。ただし、無料版で使用できるのは Solid と Brands のスタイルのみ※です。

※ https://fontawesome.com/how-to-use/on-the-web/referencing-icons/basic-use

BEMとPRECSSの詳細度の違い

CSSのコードを見たとき、モディファイアのセレクターがBEMが「.btn--arrow-right」とクラスを単一指定しているのに対し、PRECSSでは「.el_btn.el_btn__arrowRight」とクラスが複数指定になっています。

Chapter 3でも紹介しましたが、これは「モディファイアは明確な上書きである」というPRECSSの考え方に則ったものです。BEMの例では、

- 万が一モディファイアのスタイリングが通常より前になってしまった場合、モディファイアが機能しない
- 誤ってボタンとはまったく関係ない他のBlockにモディファイアを指定しても、モディファイアのスタイルが適用されてしまう

というリスクがあります。

完成図

標準のボタンに比べより目立つよう、サイズが少し大きいボタンです。横幅、高さ、フォントサイズがそれぞれ少しずつ大きくなっています。ホバー時の挙動は基本形と同様です。

BEM

HTML

```
<a class="btn btn--large"
href="#"> 大ボタン </a>
```

CSS

```
/* .btn のスタイリングに続いて下記を
記載 */
.btn--large {
  width: 340px;
  padding-top: 25px; ―①
  padding-bottom: 25px; ―①
  font-size: 1.375rem;
}
```

PRECSS

HTML

```
<a class="el_btn el_btn__large"
href="#"> 大ボタン </a>
```

CSS

```
/* .el_btn のスタイリングに続いて下
記を記載 */
.el_btn.el_btn__large {
  width: 340px;
  padding-top: 25px; ―①
  padding-bottom: 25px; ―①
  font-size: 1.375rem;
}
```

① padding-top: 25px; / padding-bottom: 25px;

高さを増すためには元の .btn / .el_btn のスタイルと同様に height プロパティではなく、padding-top / padding-bottom を使用します。

色違い

完成図

ホバー時

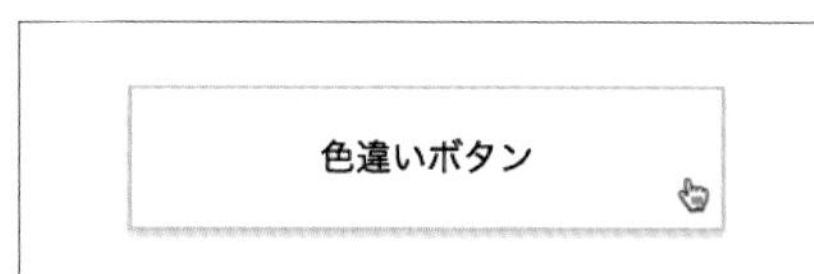

背景色と、ホバー時のボーダー色が黄色に変化したボタンです。背景色の変化に伴い、可読性の確保のため文字色も黒に変更しています。

また基本形ではホバー時の文字色はボーダー色と同じオレンジでしたが、文字を黄色にすると可読性が低いため、ホバー時も黒のままにします。

BEM

HTML

```
<a class="btn btn--warning"
href="#">色違いボタン</a>
```

CSS

```
/* .btn のスタイリングに続いて下記を
記載 */
.btn--warning {
  background-color: #f1de00;
  color: #222; ―①
}

.btn--warning:focus,
.btn--warning:hover {
  border-color: #f1de00;
  color: #222; ―②
}
```

PRECSS

HTML

```
<a class="el_btn el_btn__
yellow" href="#">色違いボタン</
a>
```

CSS

```
/* .el_btn のスタイリングに続いて下
記を記載 */
.el_btn.el_btn__yellow {
  background-color: #f1de00;
  color: #222; ―①
}

.el_btn.el_btn__yellow:focus,
.el_btn.el_btn__yellow:hover {
  background-color: #fff; ―③
  border-color: #f1de00;
}
```

■ ① color: #222;（ホバー前）

背景色が黄色の場合は必ず黒文字になってほしいため、背景色と合わせて文字色も忘れずに設定します。

② color: #222;（ホバー時）

こちらはＢＥＭのみに必要な記述です。この記述がないと、基本形に設定されているルールセットに詳細度で負けてしまい、ホバー時の文字色がオレンジとなってしまいます。

CSS

```
/* 基本形のルールセット */
.btn:focus,
.btn:hover {
  background-color: #fff;
  border-color: currentColor;
  color: #e25c00; /* 2. このオレンジが適用されてしまう */
}

/* モディファイアのルールセット */
.btn--warning {
  background-color: #f1de00;
  color: #222; /* 1. この黒が適用されて欲しいが… */
}

.btn--warning:focus,
.btn--warning:hover {
  border-color: #f1de00;
  color: #222; /* 3. そのためここできちんと上書き */
}
```

③ background-color: #fff;（ホバー時）

対してこの記述は、PRECSSのみに必要な記述です。今度はホバー前のモディファイアにbackground-colorを指定しているため、ホバー時に何も指定しないと、ホバー時しても背景色が黄色のままとなってしまいます。

CSS

```
/* 基本形のルールセット */
.el_btn:focus,
.el_btn:hover {
  background-color: #fff; /* 1. この白が適用されて欲しいが… */
  border-color: currentColor;
  color: #e25c00;
}

/* モディファイアのルールセット */
.el_btn.el_btn__yellow {
  background-color: #f1de00;
/* 2. この黄色が適用されてしまう */
  color: #222;
}

.el_btn.el_btn__yellow:focus,
.el_btn.el_btn__yellow:hover {
  background-color: #fff; /* 3. そのためここできちんと上書き */
  border-color: #f1de00;
}
```

BEMとPRECSSのモディファイア名の違い

BEMのモディファイア名が「warning」としているのに対し、PRECSSではシンプルに「yellow」としています。

この違いは、BEMが特に色に関するクラス名の付け方として見たままの状態を付けるのを嫌うためです。「warning」というのは「theme-warning」の略で、BEMとしては例えば「黄色は警告色」など、色に意味を付けることを重視しています。

しかし現実としてすべての色に意味を付けるのは困難であるため、また「黄色が警告以外に使われる場合はどうするのか？」という状況にも対応するため、PRECSSではあえて意味を重視せず、見たままで汎用性の高いモディファイア名を許容しています。

バリエーション

角丸ボタン

完成図

元のボタンを角丸にしたことに加え、

- ボックスシャドウが付いていない
- 濃いオレンジが下線として入っている
- 高さが少し低い
- 横幅が短い

などの差異があります。

これをbtnクラスのモディファイア「btn--rounded / el_btn__rounded」としてしまうのはオススメしません。「btn--rounded/el_btn__rounded」というモディファイア名からでは角丸以外の変更は予想できないからです。

また「元のボタンのボックスシャドウや高さ・横幅を活かしたまま角丸にしたい」という要望が後からあった場合、モディファイア名が完全に被ってしまいます。「btn--rounded / el_btn__rounded」というモディファイア名は、本来この要望のために使用されるべきと言えるでしょう。

そのためこちらの角丸ボタンは、重複するコードはあるものの、多くのスタイルが異なるため別クラスとして作成します。「多くのスタイル」が具体的に何個以上になれば別クラスとするかは難しいところですが、筆者は基準として3つ以上のスタイルの差異があれば、別のクラスとして分離することを検討し始めます。

BEM

HTML

```
<a class="rounded-btn" href="#">
角丸ボタン </a>
```

CSS

```
.rounded-btn {
  display: inline-block;
  width: 236px;
  max-width: 100%;
  padding: 15px 10px;
  background-color: #e25c00;
  border: 2px solid transparent;
  border-bottom-color: #d40152;
  border-radius: 10px;
  color: #fff;
  font-size: 1.125rem;
  text-align: center;
  text-decoration: none;
  transition: .25s;
}

.rounded-btn:focus,
.rounded-btn:hover {
  background-color: #fff;
  border-color: currentColor;
  color: #e25c00;
}
```

PRECSS

HTML

```
<a class="el_roundedBtn"
href="#"> 角丸ボタン </a>
```

CSS

```
.el_roundedBtn {
  display: inline-block;
  width: 236px;
  max-width: 100%;
  padding: 15px 10px;
  background-color: #e25c00;
  border: 2px solid transparent;
  border-bottom-color: #d40152;
  border-radius: 10px;
  color: #fff;
  font-size: 1.125rem;
  text-align: center;
  text-decoration: none;
  transition: .25s;
}

.el_roundedBtn:focus,
.el_roundedBtn:hover {
  background-color: #fff;
  border-color: currentColor;
  color: #e25c00;
}
```

5-4 アイコン付き小ボタン

基本形

完成図

ホバー時

ボーダーの中にテキストがあり、その前にテキストのヒントとなるアイコンが付いたボタンです。ホバー時は背景色と文字色が反転します。いろいろなアイコンが入ることが予想されるので、基本形の段階から拡張パターンを強く意識するのがポイントです。

アイコンにはFont Awesomeの「download」を使用しています※。

※ https://fontawesome.com/icons/download?style=solid

BEM

HTML

```
<a class="before-icon-btn before-
icon-btn--download" href="#"> ダ
ウンロード </a>  ―①
```

CSS

```
.before-icon-btn {
  position: relative;
  display: inline-block;
  padding: .2em .3em;  ―②
  border: 1px solid currentColor;
  color: #e25c00;
  text-decoration: none;
  transition: .25s;
}

.before-icon-btn:focus,
.before-icon-btn:hover {
  background-color: #e25c00;
  color: #fff;
}

.before-icon-btn::before {
  display: inline-block;
  margin-right: .5em;  ―②
  font-family: 'Font Awesome 5
Free';
  font-weight: 900;
}

.before-icon-btn--
download::before {  ―③
  content: '\f019';
}
```

PRECSS

HTML

```
<a class="el_beforeIconBtn
el_beforeIconBtn__download"
href="#"> ダウンロード </a>  ―①
```

CSS

```
.el_beforeIconBtn {
  position: relative;
  display: inline-block;
  padding: .2em .3em;  ―②
  border: 1px solid currentColor;
  color: #e25c00;
  text-decoration: none;
  transition: .25s;
}

.el_beforeIconBtn:focus,
.el_beforeIconBtn:hover {
  background-color: #e25c00;
  color: #fff;
}

.el_beforeIconBtn::before {
  display: inline-block;
  margin-right: .5em;  ―②
  font-family: 'Font Awesome 5
Free';
  font-weight: 900;
}

.el_beforeIconBtn.el_
beforeIconBtn__download::before {
                                  ―③
  content: '\f019';
}
```

① before-icon-btn--download / el_beforeIconBtn__download

冒頭で述べた通り、このボタンはいろいろなアイコンが入ることが予想されます。そのため、基本形の段階からダウンロードアイコン専用のモディファイアを用意し、そのモディファイアに対して後述する③でアイコンの実装を行っていきます。

② padding: .2em .3em; / margin-right: .5em;

実はこのボタンには、フォントサイズを設定していません。というのもこのようなボタンは、使用されるコンテキストのフォントサイズに合わせたい場合があるからです。始めに解説したボタンの「矢印付き」の拡張パターンもそうでしたが、フォントサイズが変わる可能性のあるモジュールは、余白をpxなどの固定値ではなく、フォントサイズに由来する相対値で設定するのがポイントです。

そうするとフォントサイズを極端に大きくした場合でも、きちんと余白のバランスを保つことができます。

試しに余白の固定値を

- ボタン本体……padding: 3px 5px;
- アイコンの右側……margin-right: 8px

とし、フォントサイズを変更して見比べてみましょう。

図5-16は上から

- 元のサイズのモジュール（固定値:px）
- 元のサイズのモジュール（相対値:em）
- フォントサイズを大きくしたモジュール（固定値:px）
- フォントサイズを大きくしたモジュール（相対値:em）

です。

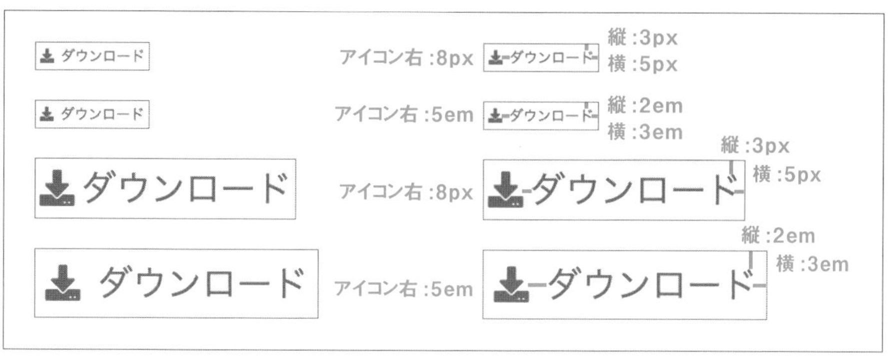

図5-16　フォントサイズを変更した場合の固定値と相対値の比較

元のサイズの場合は固定値でも相対値でも特段変化がないのに対し、フォントサイズを大きくした際にその違いが顕著になります。固定値の方はフォントサイズを大きくした場合でも余白値はあくまでpxの固定値のため、枠線とアイコンの右側が詰まってしまっていますね。

このようにフォントサイズが変わる可能性のあるモジュールは、余白を相対値で実装するようにすると、「変更に強い」「直しの少ない」モジュールを作ることができます。

③ .before-icon-btn--download::before / .el_beforeIconBtn.el_beforeIconBtn__download::before

①であらかじめ分離しておいたダウンロードアイコン実装用のセレクターです。この直前に「.before-icon-btn::before / .el_beforeIconBtn::before」のセレクターを用いてbefore疑似要素（＝アイコン）に共通するスタイリングは済ませていますので、後はダウンロードアイコンを表示するためにcontentプロパティを設定するだけです。

before-icon-btn / el_beforeIconBtnというクラス名について

クラス名に付いている「before」という単語が気になる人もいるかと思います。クラス名を短くすることだけを考えれば、「icon-btn / el_iconBtn」と「before」の単語を付けないクラス名とすることももちろん可能です。

しかし今回本書では作成しませんが、同じ見た目のまま、アイコンが末尾に付くタイプのボタンが、今後絶対追加されないとも言い切れません（図5-17）。

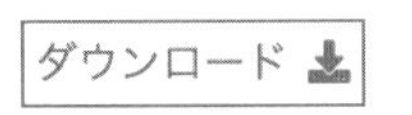

図5-17　アイコンが末尾につくタイプのボタン

特にボタンはこういったバリエーションが増えやすいものですので、そういったことも見越して、なるべくユニーク（一意）なクラス名にしておくと、あとあと困りません。

ちなみに「before icon」という単語の並びは英語的に違和感がありますが、「::before疑似要素を使用したアイコン」という風に、beforeを形容詞的に捉えてもらえると納得いくのではないかと思います。

拡張パターン

アイコン違い

完成図

ホバー時

アイコンがダウンロードアイコンからズームアイコンになりました。テキスト量が減ったため、それに合わせてボタンの横幅も短くなりましたが、元々 width プロパティは設定していなかったため特別な上書きはしていません。ホバー時の挙動も、特別な変化はありません。

BEM

HTML

```
<a class="before-icon-btn before-icon-btn--zoom" href="#"> 拡大 </a>
```

CSS

```
/* .before-icon-btn のスタイリングに続いて下記を記載 */
.before-icon-btn--zoom::before {
  content: '\f00e';
  transform: translateY (-6%) ; ―①
}
```

PRECSS

HTML

```
<a class="el_beforeIconBtn el_beforeIconBtn__zoom" href="#"> 拡大 </a>
```

CSS

```
/* .el_beforeIconBtn のスタイリングに続いて下記を記載 */
.el_beforeIconBtn.el_beforeIconBtn__zoom::before {
  content: '\f00e';
  transform: translateY (-6%) ; ―①
}
```

■ ① transform: translateY (-6%) ;

ズームアイコンにすると、アイコンが少し下寄りに見えてしまうため、天地中央揃えになるよう上側に少し寄せています。

元のクラスの実装で「共通のスタイル」と「変更したいスタイル（アイコン部分）」をきちんと分離していたため、これだけの追加コードで拡張パターンが作れてしまいます。非常にシンプルですね！

5-5 アイコン

基本形

完成図

ファイル名.pdf

テキストの前にアイコンが付くタイプです。リンクと共に使われることが多いですが、モジュールとしての責任範囲はあくまで「アイコンを付加すること」です。そのため、ホバー時の挙動はこのモジュールでは実装しません。

完成図において下線が付いているのは、ブラウザのデフォルトスタイルによるものです。

BEM

HTML

```
<span class="before-icon before-icon--pdf"><a href="#"> ファイル名 .pdf</a></span> ——①
```

CSS

```
.before-icon::before {
  display: inline-block;
  margin-right: .3em; ——②
  color: #e25c00;
  font-family: 'Font Awesome 5 Free';
  font-weight: 400; ——③
}

.before-icon--pdf::before {
  content: '\f1c1';
}
```

PRECSS

HTML

```
<span class="el_beforeIcon el_beforeIcon__pdf"><a href="#"> ファイル名 .pdf</a></span> ——①
```

CSS

```
.el_beforeIcon::before {
  display: inline-block;
  margin-right: .3em; ——②
  color: #e25c00;
  font-family: 'Font Awesome 5 Free';
  font-weight: 400; ——③
}

.el_beforeIcon.el_beforeIcon__pdf::before {
  content: '\f1c1';
}
```

① span 要素

冒頭で「ホバー時の挙動はこのモジュールでは実装しない」と述べましたが、しかしながら現実としてa要素と共に使われることが多い事実も無視できません。

このクラスはbefore疑似要素を生成できる要素であればひとつだけで済むので、本来であれば次のようにマークアップすることが理想です。

```
HTML
<a class="el_beforeIcon el_beforeIcon__pdf" href="#">ファイル名.pdf</a>
```

しかしながらa要素の中にbefore疑似要素を生成すると、Internet Explorerで図5-18のように、アイコンにも下線が入る表示となってしまいます※。

※ 逆に言えばInternet Explorerをサポートしなくてよい場合は、理想形のマークアップを採用できます。

ファイル名.pdf

図5-18　Internet Explorerでのみ発生する、アイコンにも下線が入ってしまう状態

とても細かい箇所ではありますが、この問題を避けるためにa要素のテキストの前にアイコンを表示したい場合は、何か別の要素を親としてその要素にモジュールのクラスを設定します。

もちろんa要素以外で使用する場合は、下記のようにひとつの要素だけで使用することが可能です。

```
HTML
<span class="el_beforeIcon el_beforeIcon__pdf">ファイル名.pdf</span>
```

Chapter 1
Chapter 2
Chapter 3
Chapter 4
Chapter 5
Chapter 6
Chapter 7
Chapter 8
Chapter 9

② margin-right: .3em;

こちらは先ほどのアイコン付き小ボタン「.before-icon-btn / el_beforeIconBtn」モジュールと同じく、フォントサイズが変わったとしてもアイコンとテキストの間を適切に空けるためのスタイリングです。

③ font-weight: 400;

こちらも同じくFont Awesomeのアイコンを表示させるための指定であり、「フォントを通常の太さにしたい」という意図ではありません。

拡張パターン

アイコン違い

【完成図】

ファイル名.xlsx
ファイル名.pptx
チェック項目

それぞれ、行頭のアイコンが変わったパターンです。

これらの変更はシンプルであり、また決まり切ったパターンとなっているためまとめて解説します。

BEM

HTML

```
<span class="before-icon before-icon--excel"><a href="#"> ファイル名 .xlsx</a></span>
<span class="before-icon before-icon--power-point"><a href="#"> ファイル名 .pptx</a></span>
<span class="before-icon before-icon--check-square"><a href="#"> チェック項目 </a></span>
```

CSS

```
/* .before-icon のスタイリングに続いて下記を記載 */
.before-icon--excel::before {
  content: '\f1c3';
}

.before-icon--power-point::before
{
  content: '\f1c4';
}

.before-icon--check-square::before {
  content: '\f14a';
}
```

PRECSS

HTML

```
<span class="el_beforeIcon el_beforeIcon__excel"><a href="#"> ファイル名 .xlsx</a></span>
<span class="el_beforeIcon el_beforeIcon__PP"><a href="#"> ファイル名 .pptx</a></span>
<span class="el_beforeIcon el_beforeIcon__checkSquare"><a href="#"> チェック項目 </a></span>
```

CSS

```
/* .el_beforeIcon のスタイリングに続いて下記を記載 */
.el_beforeIcon.el_beforeIcon__excel::before {
  content: '\f1c3';
}

.el_beforeIcon.el_beforeIcon__PP::before {
  content: '\f1c4';
}

.el_beforeIcon.el_beforeIcon__checkSquare::before {
  content: '\f14a';
}
```

BEMとPRECSSの命名規則の違い

PowerPointのアイコンを表示させているクラス名に着目すると、BEMは「power-point」というモディファイア名に対し、PRECSSでは「PP」と略していることがわかります。これはそれぞれの設計手法の思想の違いから生まれているもので、ＢＥＭはとかくクラス名の「意味」を重要視しているからか、単語を大幅に省略した書き方は少なくともBEMの公式ドキュメントでは見かけません。

対してＰＲＥＣＳＳは可能な限り開発者の開発しやすさも担保したいと考えているため、単語の省略が可能です。今回の場合は、PRECSSのドキュメントにもある「2語以上でひとつのまとまりを表す語群は、それぞれの頭文字の大文字のみで表現する」単語省略の指針に基づいています。

ただし、過剰な単語省略はときに他の開発者を惑わせる原因となることもあります。今回の場合は「excel」の名を冠したモディファイア名がすでにあり、アイコンと「PP」という名前からもPowerPointを連想することができるためこの命名を使用しています。何のコンテキストもなく、一般的でない単語の省略の仕方には注意しましょう。

アイコン違い（CSSによるアイコンの実装）

完成図

‹ 戻る

表示自体は他のモディファイアと特段変わりがないように思えますが、今回の矢印はFont Awesomeを使用せず、CSSで実装しています。このような単純な図形はCSSで実装することによって

- アイコンフォントのファイルを読み込む必要がないため、表示が速い
- アイコンの太さを自在に変更できる

などのメリットがあります。

BEM

HTML

```
<span class="before-icon before-icon--chevron-left"><a href="#">戻る</a></span>
```

CSS

```
/* .before-icon のスタイリングに続いて下記を記載 */
.before-icon--chevron-left::before {
  content: '';
  width: .375em;
  height: .375em;
  border-bottom: .125em solid #e25c00; ―①
  border-left: .125em solid #e25c00; ―①
  transform: rotate(45deg) translateY(-30%); ―②
}
```

PRECSS

HTML

```
<span class="el_beforeIcon el_beforeIcon__chevLeft"><a href="#">戻る</a></span>
```

CSS

```
/* .el_beforeIcon のスタイリングに続いて下記を記載 */
.el_beforeIcon.el_beforeIcon__chevLeft::before {
  content: '';
  width: .375em;
  height: .375em;
  border-bottom: .125em solid #e25c00; ―①
  border-left: .125em solid #e25c00; ―①
  transform: rotate(45deg) translateY(-30%); ―②
}
```

① border-bottom: .125em solid #e25c00; / border-left: .125em solid #e25c00;

まずは左向き矢印のベースとなる図形をborder-bottom / boder-leftプロパティを用いて実装します。②のtransformプロパティが適用される前では、図5-19のように単純なボーダーの描画となっています。

└ 戻る

図5-19　border-bottomとborder-leftプロパティを適用した状態の描画

② transform: rotate (45deg) translateY (-30%) ;

①で描画したボーダーに手を加えることで､左向きの矢印としています。まず｢rotate:(45deg)｣を適用した描画は、図5-20のようになります。

< 戻る

図5-20　transform: rotate (45deg) ; のみを適用した場合の描画

これでも十分矢印には見えますが、しかしよく見るとテキストに対して若干下寄りになってしまっているのがわかります。

これをテキストと天地中央揃えにするために、translateY (-30%) を適用します。これらふたつの値により、左向きの矢印で、かつテキストと天地中央が揃っているアイコンの実装が可能になります。

COLUMN　プロパティの記述順

ボーダーを実装するに辺り、

1. border-bottom
2. border-left

の順で記述しましたが、この順番には理由があります。というのも、これはCSSのショートハンドの適用順に基づいた順番になっています。

CSSにおいて四方に対して値を設定できるプロパティは、ショートハンドを用いると次のように記述することができます。わかりやすい例としてmarginを挙げましょう。

CSS

```
margin: 10px 20px 30px 40px;
```

これは、次のコードと同じ意味になります。

CSS

```
margin-top: 10px;
margin-right: 20px;
margin-bottom: 30px;
margin-left: 40px;
```

このようにショートハンドを用いると、上から時計回りで四方に値が割り当てられていきます。今回のようにショートハンドを用いない場合も、CSSのこの挙動にならってショートハンドの展開順通りに記述しておくと、他の人が見ても違和感のない、より品質の高いコードとなるでしょう。

なお、CSSのプロパティの順番を事前に定義した通りに並び替えてくれるCSScomb※という便利なツールも存在します。CSScombに関しては、Chapter 9にて解説しています。

※ http://csscomb.com/

COLUMN chevronという単語

BEMの省略されていないクラス名を見ると「chevron-left」という名前になっているのがわかります。実はこの三角形の1辺がないような矢印は「chevron」と呼ばれています。

chevronというのは山形そで章のことを指しており、このアイコンはずばり山形そで章に似ていることからそう呼ばれています（と言われても、山形そで章自体があまりピンと来ないかもしれませんが……）。

Font Awesomeなどのアイコンサービスでもchevronと呼ばれているくらいにWebでは一般的な呼称ですので、覚えておいて損はないでしょう。

バリエーション

末尾アイコン

完成図

進む ›

今まで行頭についていたアイコンが行末になりました。それに従いアイコンを描画するのに使用する疑似要素もbeforeからafterに変わりますので、別クラスとして実装します。

その他、基本的な考え方や実装方法は、行頭にアイコンが付く場合と変わりません。

BEM

HTML

```
<span class="after-icon after-
icon--chevron-right"><a href="#"
>進む</a></span>
```

CSS

```
.after-icon::after {
  display: inline-block;
  margin-left: .3em;
  color: #e25c00;
  font-family: 'Font Awesome 5
Free';
  font-weight: 900;
}

.after-icon--chevron-right::after
{
  content: '';
  width: .375em;
  height: .375em;
  border-top: .125em solid
#e25c00;
  border-right: .125em solid
#e25c00;
  transform: rotate(45deg);
}
```

PRECSS

HTML

```
<span class="el_afterIcon el_
afterIcon__chevRight"><a href="#"
>進む</a></span>
```

CSS

```
.el_afterIcon::after {
  display: inline-block;
  margin-left: .3em;
  color: #e25c00;
  font-family: 'Font Awesome 5
Free';
  font-weight: 900;
}

.el_afterIcon.el_afterIcon__
chevRight::after {
  content: '';
  width: .375em;
  height: .375em;
  border-top: .125em solid
#e25c00;
  border-right: .125em solid
#e25c00;
  transform: rotate (45deg) ;
}
```

5-6 ラベル

基本形

完成図

NEWS

よくブログ記事に付けられているカテゴリ名やタグ名を表示するのに使用されるパーツです。ラベルという呼称が一般的ですが、ときに「バッジ」と呼ばれることもあります。

さまざまな文字列が入ることが予想されるため、横幅は文字数に合わせて可変します。

BEM

HTML

```
<span class="label">NEWS</span>
```

CSS

```
.label {
  display: inline-block;
  padding: .2em .3em; —①
  background-color: #e25c00;
  color: #fff;
  font-size: .75rem;
  font-weight: bold;
}
```

PRECSS

HTML

```
<span class="el_label">NEWS</
span>
```

CSS

```
.el_label {
  display: inline-block;
  padding: .2em .3em; —①
  background-color: #e25c00;
  color: #fff;
  font-size: .75rem;
  font-weight: bold;
}
```

① padding: .2em .3em;

ボタンのときと同じように、高さや横幅の確保はheightではなくpaddingで行います。

またラベルの場合はあまりフォントサイズを変えて使用されることはありませんが、念のためその要件にも耐えられるよう、余白は固定値ではなく相対値であるemを使用しておきます。

拡張パターン

色違い

完成図

PRESS RELEASE

背景色がオレンジから黄色になったパターンです。背景色の変化にともない、可読性の確保のため文字色も白から黒に変更します。

BEM

HTML

```
<span class="label label--warning
">PRESS RELEASE</span>
```

CSS

```
/* .label のスタイリングに続いて下記
を記載 */
.label--warning {
  background-color: #f1de00;
  color: #000;
}
```

PRECSS

HTML

```
<span class="el_label el_label__
yellow">PRESS RELEASE</span>
```

CSS

```
/* .el_label のスタイリングに続いて
下記を記載 */
.el_label.el_label__yellow {
  background-color: #f1de00;
  color: #000;
}
```

リンク

完成図

ホバー時

ラベルがリンクになっているパターンです。ホバー時はボタンと同様に背景色と文字色が反転し、ボーダーが付きます。

今までのクラスにただホバー時のスタイルを適用するとa要素でない場合もホバーイベントが有効になってしまうため、少し工夫が必要です。

BEM

HTML

```
<a class="label label--link" href
="#">NEWS</a> ―①
```

CSS

```
/* .labelのスタイリングに下記を追加
*/
.label {
  border: 2px solid transparent;
                                  ―②
}

.label--link { ―③
  text-decoration: none;
  transition: .25s;
}

.label--link:focus,
.label--link:hover {
  background-color: #fff;
  border-color: currentColor;
  color: #e25c00;
}
```

PRECSS

HTML

```
<a class="el_label" href="#">NEWS
</a> ―①
```

CSS

```
/* .el_labelのスタイリングに下記を
追加 */
.el_label {
  border: 2px solid transparent;
                                  ―②
}

a.el_label { ―③
  text-decoration: none;
  transition: .25s;
}

a.el_label:focus,
a.el_label:hover {
  background-color: #fff;
  border-color: currentColor;
  color: #e25c00;
}
```

① label--link（BEMのみのクラス）

まず着目すべき違いは、HTMLです。BEMは「詳細度はフラットに、スタイリングはクラスに」が基本のため、リンクとなった際の挙動のスタイリングもクラスに行います。

対してPRECSSはそこまで厳格に定めていないため、a要素をセレクターとして使用することを許容しています。この違いは、そのまま③のCSSセレクターの違いにも現れています。

② border: 2px solid transparent;

ホバー時にボーダーが残ってほしいため、そのための指定です。しかし注目すべきは、ホバー用のセレクター（③の.label--link / a.el_label）ではなく、それぞれ基本形のセレクターにスタイリングしている点です。

なぜこのようなことをするのかというと、ボーダーを生成するスタイルをホバー用のクラスに指定した場合、図5-21のようにボタンのサイズが変わってしまうのです。実際にホバーしてみると、ボーダーの分だけラベルの大きさが増しているのがわかります。

```css
CSS
a.el_label {
  border: 2px solid transparent; /* この行を追加 */
  text-decoration: none;
  transition: .25s;
}
```

図5-21　左から.el_btn、a.el_btn、a.el_btn（ホバー時）

しかしリンクになったからといってラベルのサイズが大きくなるのは好ましくありません。この差異をなくすために、基本形のセレクターにborderを設定しています。

③ .label--link / a.el_label

①を受けて、セレクターがBEMとPRECSSでそれぞれ異なっています。例えばボタンであれば、a要素の他にbutton要素を使うこともあり得るので、BEMのようにクラスベースでスタイリングをしておいた方が後々修正の手間がないかもしれません。しかし今回のラベルがbutton要素になることはあまり考えられないので、PRECSSではa要素をセレクターとしてそのまま使用しています。

もちろんPRECSSにおいても「.el_label__link」というモディファイアを作成してクラスベースで作成することも可能ですし、万が一button要素となったとしても次のコードのようにグループセレクターを使用することも可能です。どの方針を採用するかは、状況に応じて判断してください。

CSS
```
/* 元のセレクター */
a.el_label {...}

/* クラスセレクターを使用した例 */
.el_label.el_label__link {...}

/* グループセレクターを使用した例 */
a.el_label,
button.el_label {...}
```

バリエーション

楕円ラベル

完成図

上下左右の角が取れ、楕円形になったパターンです。先ほどの基本形とスタイリングはほぼ同じなので、基本形をベースにモディファイアとして実装するか、バリエーションとして別クラスとするか悩ましいところです。

しかしこのモジュールの使われ方を考えたときに、もしかすると「楕円ラベルだけ一括して大きさを変更したい」などの変更が発生するかもしれません。また楕円ラベルを多用する場合、毎回「.el_label .el_label__rounded」とモディファイアを付加するのは少し面倒ですので、今回はバリエーションとして別クラスで実装します。

BEM

HTML

```
<span class="rounded-label">NEWS
</span>
```

CSS

```
.rounded-label {
  display: inline-block;
  padding: .3em .9em; ——①
  background-color: #e25c00;
  border-radius: 1em; ——②
  color: #fff;
  font-size: .75rem;
  font-weight: bold;
}
```

PRECSS

HTML

```
<span class="el_roundedLabel">
NEWS</span>
```

CSS

```
.el_roundedLabel {
  display: inline-block;
  padding: .3em .9em; ——①
  background-color: #e25c00;
  border-radius: 1em; ——②
  color: #fff;
  font-size: .75rem;
  font-weight: bold;
}
```

① padding: .3em .9em;

基本形と異なるコードのひとつ目です。楕円にしたときに詰まって見えてしまわないよう、余白を少し広くとる形で調整しています。

② border-radius: 1em;

基本形と異なるコードのふたつ目です。単位にemを使用することにより、上下を潰さない形で楕円形を実現することが可能になります。

5-7 見出し

Chapter 1
Chapter 2
Chapter 3
Chapter 4
Chapter 5
Chapter 6
Chapter 7
Chapter 8
Chapter 9

基本形

完成図

ページタイトル

背景色の上に中央揃えでテキストを配置し、その下に1pxの下線を入れます。下線の横幅はテキスト量に関わらず、常に一定の80pxです。border-bottomやtext-decorationでは下線のスタイリングに融通が利かないため、after疑似要素を使用して下線を生成します。

またこの見出しモジュールに関しては、アイコンモジュールやラベルモジュールのように、他のモジュールに埋め込まれること、また「フォントサイズは埋め込まれた先（コンテキスト）に従って変わってほしい」ということはあまりありません。そのため余白などは相対値のemではなく、計算が容易な固定値のpxを使用しています。

BEM

HTML

```
<h1 class="level1-heading">
  <span class="level1-heading__
inner">ページタイトル</span> ——①
</h1>
```

CSS

```
.level1-heading {
  padding: 30px 10px;
  background-color: #e25c00;
  color: #fff;
  font-size: 1.75rem;
```

PRECSS

HTML

```
<h1 class="el_lv1Heading">
  <span>ページタイトル</span>——①
</h1>
```

CSS

```
.el_lv1Heading {
  padding: 30px 10px;
  background-color: #e25c00;
  color: #fff;
  font-size: 1.75rem;
```

BEM つづき

```
  text-align: center;
}

.level1-heading__inner {
  position: relative;
  display: inline-block; ——②
  transform: translateY (-20%) ;
                                ——②
}

.level1-heading__inner::after {
  content: '';
  position: absolute;
  bottom: -10px;
  left: 50%; ——③
  width: 80px;
  height: 1px;
  background-color: currentColor;
  transform: translateX (-50%) ;
                                ——③
}
```

PRECSS つづき

```
  text-align: center;
}

.el_lv1Heading > span {
  position: relative;
  display: inline-block; ——②
  transform: translateY (-20%) ;
                                ——②
}

.el_lv1Heading > span::after {
  content: '';
  position: absolute;
  bottom: -10px;
  left: 50%; ——③
  width: 80px;
  height: 1px;
  background-color: currentColor;
  transform: translateX (-50%) ;
                                ——③
}
```

① .level1-heading__inner / span 要素

BEMではspan要素にクラスを設定しているのに対し、PRECSSではspan要素にクラスを設定せず、CSSにおいても子セレクターとしてspanを使用しています。これは厳格さを重視するBEMと、ある程度の柔軟さを許容するPRECSSの思想の違いです。

② display: inline-block; / transform: translateY (-20%) ;

テキストの下に下線があることにより、単なる天地中央揃え（テキストに対する天地中央揃え）ではテキストと下線のセットが下寄りに見えてしまいます（図5-22）。

テキストと下線をセットとして天地中央揃えに見えるよう、transform: translateY(-20%); を設定します。そのtransformプロパティを有効にするために、合わせてdisplay: inline-block;を適用します。

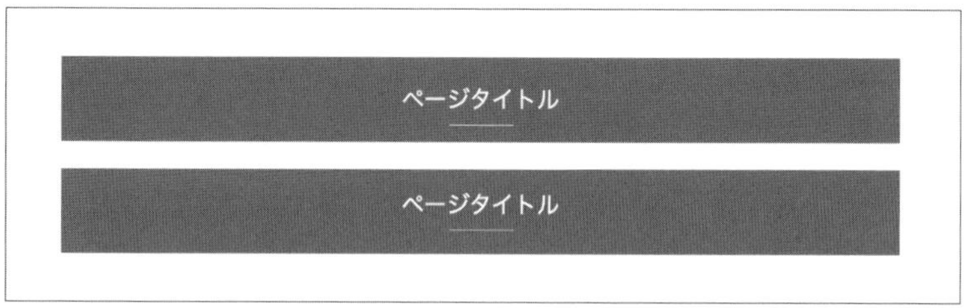

図5-22　テキストに対する単純な天地中央揃え（上）、テキストと下線のセットが天地中央揃えに見えるよう補正したモジュール（下）

③ left: 50%; / transform: translateX (-50%) ;

ボタンモジュールの拡張パターン「アイコン付き」ではposition: absolute;による天地中央揃えを解説しましたが、その左右中央揃えのパターンです。基本的な仕組みはボタンのときと変わりません（図5-23）。

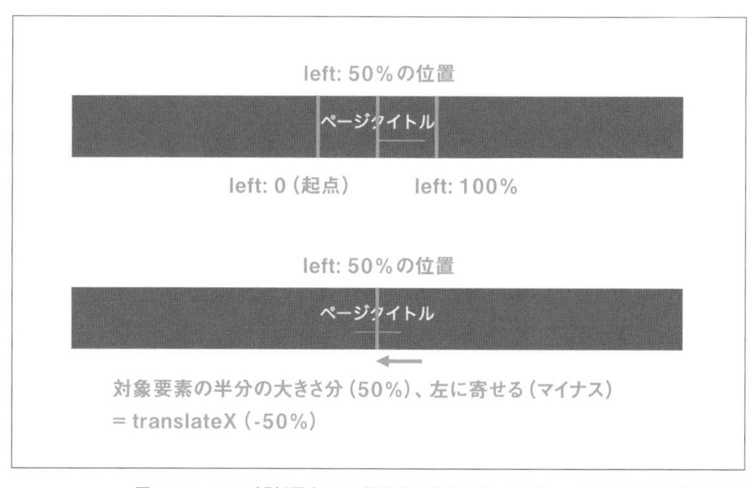

図5-23　after疑似要素とその親要素の位置関係、及びtranslateX（-50%）の挙動

COLUMN position: absolute;が適用された要素の左右天地中央揃え

左右天地中央揃えの場合は次のようなコードになります。

```
CSS
(任意のセレクター) {
  position: absolute;
  top: 50%;
  left: 50%;
  transform: translate (-50%, -50%) ;
}
```

バリエーション

今までのバリエーションのパターンと違い、見出しにおいては各見出しレベルをバリエーションとして解説します。スタイリングが共通しているわけではないものの、モジュール名に一連の規則があるためです。

見出しレベル 2

完成図

見出し2

大きめのフォントサイズ、太字のテキストの下に、テーマカラーの下線を付けます。主に、コンテンツエリアのセクションタイトルとして使われるようなイメージです。

BEM

HTML
```
<h2 class="level2-heading">見出し
2</h2>
```

CSS
```
.level2-heading {
  padding-bottom: 10px;
  border-bottom: 4px solid
#e25c00;
  font-size: 1.75rem;
  font-weight: bold;
}
```

PRECSS

HTML
```
<h2 class="el_lv2Heading">見出し
2</h2>
```

CSS
```
.el_lv2Heading {
  padding-bottom: 10px;
  border-bottom: 4px solid
#e25c00;
  font-size: 1.75rem;
  font-weight: bold;
}
```

COLUMN 見出しと余白の関係

再利用性と汎用性を保つために、marginを含む「レイアウトに関するスタイリング」は原則としてモジュール自体に行うべきではありません。しかし、「見出しが使われる状況」というのは「新たにセクションを形成したい」という状況であり、「セクションとセクションの間は、必ず決まった値の余白を設ける」というデザイン上の規則が作成されることが多いです。

例えば「セクション間は必ず100px空ける」ということがデザイン規則として徹底されていれば、見出しモジュールにmargin-top: 100px;を適用してしまうのはひとつの手段です。これにより、セクション間の余白の規則が守られます。

また筆者の経験上、セクション間だけでなく、見出しに続く要素に関しても余白が統一されていることが多く見受けられます。そういった際はmargin-bottomも同時に適用すると、より余白の規則の遵守が確実、かつ楽になるでしょう（図5-24）。

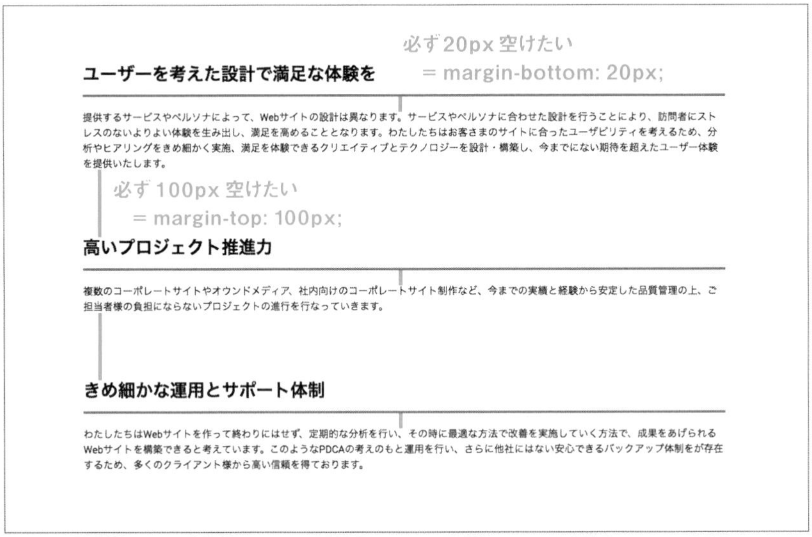

必ず20px空けたい
= margin-bottom: 20px;

ユーザーを考えた設計で満足な体験を

提供するサービスやペルソナによって、Webサイトの設計は異なります。サービスやペルソナに合わせた設計を行うことにより、訪問者にストレスのないよりよい体験を生み出し、満足を高めることとなります。わたしたちはお客さまのサイトに合ったユーザビリティを考えるため、分析やヒアリングをきめ細かく実施、満足を体験できるクリエイティブとテクノロジーを設計・構築し、今までにない期待を超えたユーザー体験を提供いたします。

必ず100px空けたい
= margin-top: 100px;

高いプロジェクト推進力

複数のコーポレートサイトやオウンドメディア、社内向けのコーポレートサイト制作など、今までの実績と経験から安定した品質管理の上、ご担当者様の負担にならないプロジェクトの進行を行なっていきます。

きめ細かな運用とサポート体制

わたしたちはWebサイトを作って終わりにはせず、定期的な分析を行い、その時に最適な方法で改善を実施していく方法で、成果をあげられるWebサイトを構築できると考えています。このようなPDCAの考えのもと運用を行い、さらに他社にはない安心できるバックアップ体制をが存在するため、多くのクライアント様から高い信頼を得ております。

図5-24　デザイン上の余白ルールと、見出しモジュールとの関係

CSS

```
.el_lv2Heading {
  padding-bottom: 10px;
  margin-top: 100px; /* 追加 */
  margin-bottom: 20px; /* 追加 */
  border-bottom: 4px solid #e25c00;
  font-size: 1.75rem;
  font-weight: bold;
}
```

COLUMN テキストと余白の関係

先ほどのコラムで「セクション間は必ず100px空ける」という要件を満たすためにmargin-top: 100px;というスタイリングを行いましたが、実はこの指定だと、実際には100px以上空いてしまいます。

なぜこのようなことが起こるかというと、これはline-heightにまつわる仕様に起因します※。例えば今回の例ではfont-size: 1.75rem;（通常は28pxとして表示される）というスタイリングを行っており、line-heightは1.5という値が、body要素に対して設定したベーススタイルから継承されています。これがどのように描画されているかを示したものが図5-25です。

※ https://html5experts.jp/takazudo/13339/

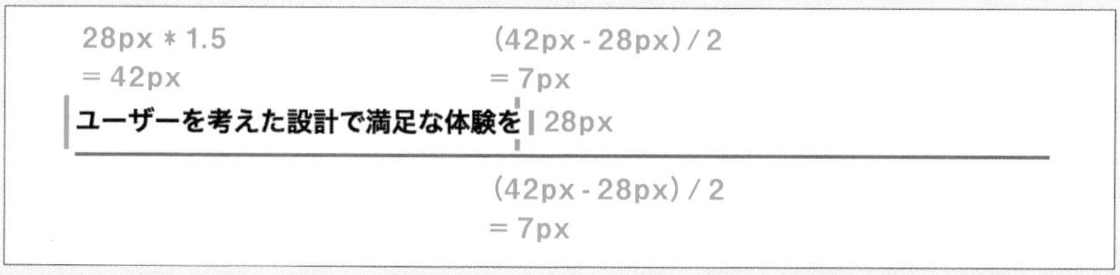

28px * 1.5
= 42px

(42px - 28px) / 2
= 7px

ユーザーを考えた設計で満足な体験を 28px

(42px - 28px) / 2
= 7px

図5-25 font-sizeとline-heightから導き出される値

なんとなく、おわかりいただけましたでしょうか?

今回はline-heightに1.5という実数を指定しているため、line-heightは28px(font-size) * 1.5 = 42pxとなります。そして行の上下にはline-height - font-sizeから算出された値(ここでは14px)が、それぞれ割り当てられます。今回の例では7pxですが、この7pxの部分を「ハーフリーディング」と呼びます。

つまりmargin-top: 100px;としても、これにハーフリーディングの7pxが加わり、実際には107pxが上部に空いているように描画されてしまうのです。7px程度であればまだ違和感は小さいかもしれません。しかし、line-heightまたはfont-sizeの値が大きくなればなるほどハーフリーディングの値も大きくなるので、状況によっては想定した以上に余白が空いて見えてしまうことにつながります。

そのため、テキストの上下の余白の値を厳密にしたい場合は、ハーフリーディングを値を考慮してmarginなどを設定する必要があります。今回の場合は、margin-top: 93px;で実際には100pxの余白が空く描画となります。

ちなみに図5-26からもわかる通り、今回は下線があるためmargin-bottomには影響しません。代わりにpadding-bottomに影響しており、CSSではpadding-bottom: 10px;と指定していますが、実際には17pxがテキストと下線の間に空いています。

しかし、見出しモジュール自体に上下の余白を確保するためのmargin-top / margin-bottomを設定しないこともあるでしょう。それでもなるべく余白を厳密に再現したい場合、筆者は「margin-top: -7px;」とハーフリーディングの値をネガティブマージンとして見出しモジュールに設定しておくことがあります。

こうしておくと、他のモジュールのmargin-bottomで余白を空ける際も、いちいち後続の見出しモジュールのハーフリーディングを気にしなくてよくなります（そもそも「次に必ず見出しモジュールが来る」とも限りませんからね……）。

次のコードと、図5-26のようなイメージです。

CSS
```
.el_txt {
  margin-bottom: 100px;
}
.el_lv2Heading {
  margin-top: -7px;
}
```

ユーザーを考えた設計で満足な体験を

提供するサービスやペルソナによって、Webサイトの設計は異なります。サービスやペルソナに合わせた設計を行うことにより、訪問者にストレスのないよりよい体験を生み出し、満足を高めることとなります。わたしたちはお客さまのサイトに合ったユーザビリティを考えるため、分析やヒアリングをきめ細かく実施、満足を体験できるクリエイティブとテクノロジーを設計・構築し、今までにない期待を超えたユーザー体験を提供いたします。

margin-bottom: 100px;

margin-top : -7px;

高いプロジェクト推進力

複数のコーポレートサイトやオウンドメディア、社内向けのコーポレートサイト制作など、今までの実績と経験から安定した品質管理の上、ご担当者様の負担にならないプロジェクトの進行を行なっていきます。

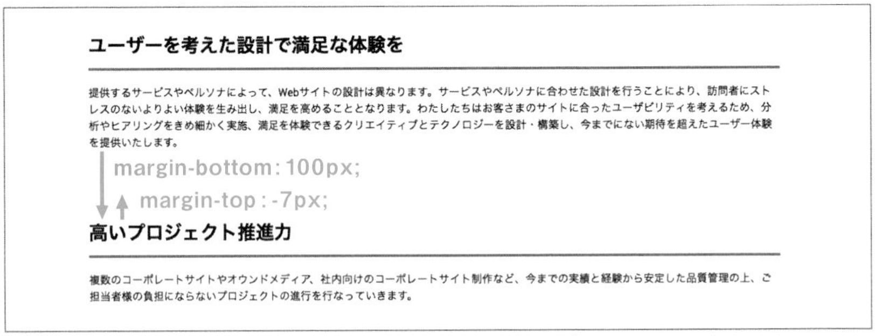

図5-26　ネガティブマージンをあらかじめ見出しモジュールに適用した場合の描画例

このような形で、図5-26では綺麗に「ほぼ100px」の余白が空きます。「ほぼ」というのは、結局.el_txtの方でも下のハーフリーディングの分の余白が100pxに追加されてしまっているためです。これをすべて厳密にしようとするのは現実的ではありませんので、「本文程度のfont-sizeとline-heightであれば誤差とする（ので、対応しない）」とどこかで一線を引くとよいでしょう。

余談ですが、いずれの場合でもハーフリーディングをいちいち計算するのが面倒なため、筆者はハーフリーディング算出用の関数をSassで作成し、計算を自動化しています。ただ本書の枠から外れてしまうため、今回はSassについては解説しません。

見出しレベル 3

完成図

見出し3

見出し 2 に比べて少しフォントサイズが小さく、また下線も少し細くしています。見出し 2 に続く小見出しとして使用されるイメージです。

BEM

HTML

```
<h3 class="level3-heading"> 見出し
3</h3>
```

CSS

```
.level3-heading {
  padding-bottom: 6px;
  border-bottom: 2px solid
#e25c00;
  font-size: 1.5rem;
  font-weight: bold;
}
```

PRECSS

HTML

```
<h3 class="el_lv3Heading"> 見出し
3</h3>
```

CSS

```
.el_lv3Heading {
  padding-bottom: 6px;
  border-bottom: 2px solid
#e25c00;
  font-size: 1.5rem;
  font-weight: bold;
}
```

見出しレベル 4

完成図

見出し4

これまでの見出しとは打って変わり、下線ではなく左側に傍線を付けることで見た目を少し控えめにした見出しです。

BEM

HTML

```
<h4 class="level4-heading">見出し4</h4>
```

CSS

```
.level4-heading {
  padding-left: 6px;
  border-left: 2px solid #e25c00;
  font-size: 1.25rem;
  font-weight: bold;
}
```

PRECSS

HTML

```
<h4 class="el_lv4Heading">見出し4</h4>
```

CSS

```
.el_lv4Heading {
  padding-left: 6px;
  border-left: 2px solid #e25c00;
  font-size: 1.25rem;
  font-weight: bold;
}
```

見出しレベル5

完成図

見出し5

今までの見出しから傍線をとり、さらに控えめにします。ただし本文との差別化はしたいため、文字色をテーマカラーにし、合わせて太字にします。

BEM

HTML

```
<h5 class="level5-heading">見出し5</h5>
```

CSS

```
.level5-heading {
  color: #e25c00;
  font-size: 1.125rem;
  font-weight: bold;
}
```

PRECSS

HTML

```
<h5 class="el_lv5Heading">見出し5</h5>
```

CSS

```
.el_lv5Heading {
  color: #e25c00;
  font-size: 1.125rem;
  font-weight: bold;
}
```

見出しレベル6

完成図

見出し6

かなり落ち着いた見た目の見出しです。見出しレベル6となると見出しというよりはむしろ本文に近いため、本文のフォントサイズから少し大きくした程度のみのスタイリングとし、派手さを抑えます。

BEM

HTML

```
<h6 class="level6-heading">見出し6</h6>
```

CSS

```
.level6-heading {
  font-size: 1.125rem;
}
```

PRECSS

HTML

```
<h6 class="el_lv6Heading">見出し6</h6>
```

CSS

```
.el_lv6Heading {
  font-size: 1.125rem;
}
```

Chapter 1
Chapter 2
Chapter 3
Chapter 4
Chapter 5
Chapter 6
Chapter 7
Chapter 8
Chapter 9

5-8 注釈

基本形

完成図

※注釈が入ります

文字色が赤になるモジュールです。文章中などで注意喚起を促したい場合に使用します。文字色以外に変更はありません。

BEM

HTML
```
<strong class="caution-text"> ※注釈が入ります </strong>
```

CSS
```
.caution-text {
  color: #d40152;
}
```

PRECSS

HTML
```
<strong class="el_caution"> ※注釈が入ります </strong>
```

CSS
```
.el_caution {
  color: #d40152;
}
```

COLUMN ヘルパークラスではダメなのか?

文字色を赤に変更しているだけのモジュールなので、「わざわざ『caution』という名前の付いたクラス名でなくても、例えば『.red-text / .hp_red』のようなヘルパークラスではダメなのか?」と思われる方もいるかもしれません。

確かに現状ではそのような命名のヘルパークラスでも問題ないかもしれませんが、このクラスが使われる状況は「注意喚起を促したいとき」なので、であればクラス名もなるべくセマンティックな（意味のある）ものにしておくことがベストプラクティスです。

例えば途中から「赤字だけじゃなく、太字にもしたい」という変更があった場合、「.red-text / .hp_red」という命名のヘルパークラスに、太字指定のfont-weight: bold;を追加する訳にはいきません（名前と一致しないヘルパークラス名は混乱の元となります）。

例えCSSプロパティがひとつだけであっても、

1. 使われる状況に明確な意図があり（この場合は注意喚起をしたい）
2. 途中から変更になった場合、そのクラスが付与されている他の要素にも変更が適用されてほしい

という場合は、ひとつの独立したモジュールとして捉えましょう。

バリエーション

補足・付記

完成図

※注釈が入ります

補足や付記など、テキストを少し控えめに表示したい場合に使用されるモジュールです。文字色は本文から変更なく、フォントサイズを若干小さく設定します。

BEM

HTML
```
<p class="note-text"> ※注釈が入ります </p>
```

CSS
```
.note-text {
  font-size: .75rem;
}
```

PRECSS

HTML
```
<p class="el_note"> ※注釈が入ります </p>
```

CSS
```
.el_note {
  font-size: .75rem;
}
```

CSS設計モジュール集 ②

複合モジュール

Chapter 6では「いくつかの子要素を持つ、
ひとかたまりのモジュール」である、複合モジュールを解説します。
今までのモジュールと比べると少し複雑ですが、
コードをひとつひとつ紐解いていくと、
基本は今までと変わりません。

CHAPTER

6

6-1 複合モジュールの定義

本書において、複合モジュールは「いくつかの子要素をもつ、ひとかたまりのモジュール」のことを指します。前Chapterの最小モジュールが概ね単一の要素であったのに対し、複合モジュールはモジュールのルート要素の中に、いくつかの子要素が存在します。Bootstrapにおけるカードや、ジャンボトロンをイメージするとわかりやすいでしょう(図6-1)。PRECSSでは「bl_」の接頭辞がつくブロックモジュールが該当します。

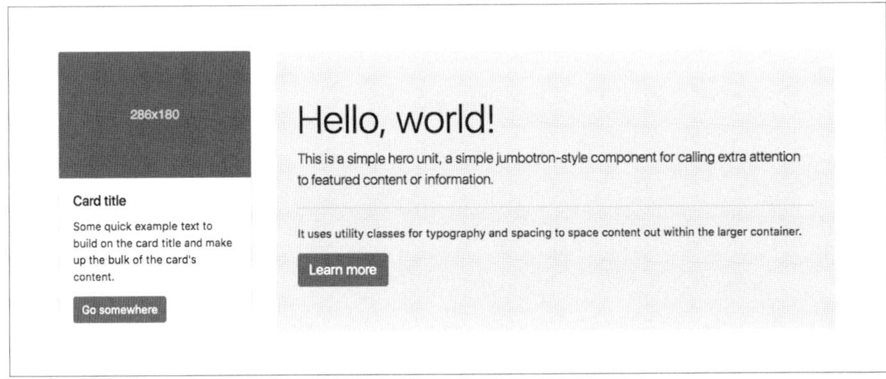

図6-1 Bootstrapのカード(左)、ジャンボトロン(右)

6-2 メディア

基本形

完成図

ユーザーを考えた設計で満足な体験を

提供するサービスやペルソナによって、webサイトの設計は異なります。サービスやペルソナに合わせた設計を行うことにより、訪問者にストレスのないよりよい体験を生み出し、満足を高めることとなります。
わたしたちはお客さまのサイトに合ったユーザビリティを考えるため、分析やヒアリングをきめ細かく実施、満足を体験できるクリエイティブとテクノロジーを設計・構築し、今までにない期待を超えたユーザー体験を提供いたします。

メディアクエリ適用時

ユーザーを考えた設計で満足な体験を

提供するサービスやペルソナによって、webサイトの設計は異なります。サービスやペルソナに合わせた設計を行うことにより、訪問者にストレスのないよりよい体験を生み出し、満足を高めることとなります。
わたしたちはお客さまのサイトに合ったユーザビリティを考えるため、分析やヒアリングをきめ細かく実施、満足を体験できるクリエイティブとテクノロジーを設計・構築し、今までにない期待を超えたユーザー体験を提供いたします。

左側にイメージ画像、右側にテキストを配置するモジュールを一般的に「メディア」と呼びます。テキストはタイトルと説明文で構成され、メディアクエリ適用時は、画像とテキストを縦並びにします。

BEM

HTML

```
<div class="media">
  <figure class="media__img-
wrapper">
    <img class="media__img" src=
"/assets/img/elements/persona.jpg
" alt=" 写真：手に持たれたスマホ ">
  </figure>
  <div class="media__body">
    <h3 class="media__title">
      ユーザーを考えた設計で満足な
体験を
    </h3>
    <p class="media__text">
      提供するサービスやペルソナに
よって、web サイトの設計は異なります。
サービスやペルソナに合わせた設計を行
うことにより、訪問者にストレスのない
よりよい体験を生み出し、満足を高める
こととなります。<br>
      わたしたちはお客さまのサイト
に合ったユーザビリティを考えるため、
分析やヒアリングをきめ細かく実施、満
足を体験できるクリエイティブとテクノ
ロジーを設計・構築し、今までにない期
待を超えたユーザー体験を提供いたしま
す。
    </p>
  </div>
  <!-- /.media__body -->
</div>
<!-- /.media -->
```

PRECSS

HTML

```
<div class="bl_media">
  <figure class="bl_media_
imgWrapper">
    <img src="/assets/img/
elements/persona.jpg" alt=" 写真：
手に持たれたスマホ ">
  </figure>
  <div class="bl_media_body">
    <h3 class="bl_media_ttl">
      ユーザーを考えた設計で満足な
体験を
    </h3>
    <p class="bl_media_txt">
      提供するサービスやペルソナに
よって、web サイトの設計は異なります。
サービスやペルソナに合わせた設計を行
うことにより、訪問者にストレスのない
よりよい体験を生み出し、満足を高める
こととなります。<br>
      わたしたちはお客さまのサイト
に合ったユーザビリティを考えるため、
分析やヒアリングをきめ細かく実施、満
足を体験できるクリエイティブとテクノ
ロジーを設計・構築し、今までにない期
待を超えたユーザー体験を提供いたしま
す。
    </p>
  </div>
  <!-- /.bl_media_body -->
</div>
<!-- /.bl_media -->
```

BEMつづき

CSS

```
.media {
  display: flex; —①
  align-items: center; —①
}
.media__img-wrapper {
  flex: 0 1 27.58333%; —②
  margin-right: 3.33333%; —③
}
.media__img {
  width: 100%;
}
.media__body {
  flex: 1; —②
}
/* 最後の要素の余白をリセット */
.media__body > *:last-child {
  margin-bottom: 0; —④
}
.media__title {
  margin-bottom: 10px;
  font-size: 1.125rem;
  font-weight: bold;
}
/* メディアクエリ適用時 */
@media screen and (max-width:
768px) {
  .media {
    display: block; —⑤
  }
  .media__img-wrapper {
    margin-right: 0;
    margin-bottom: 20px;
  }
}
```

PRECSSつづき

CSS

```
.bl_media {
  display: flex; —①
  align-items: center; —①
}
.bl_media_imgWrapper {
  flex: 0 1 27.58333%; —②
  margin-right: 3.33333%; —③
}
.bl_media_imgWrapper > img {
  width: 100%;
}
.bl_media_body {
  flex: 1; —②
}
/* 最後の要素の余白をリセット */
.bl_media_body > *:last-child {
  margin-bottom: 0; —④
}
.bl_media_ttl {
  margin-bottom: 10px;
  font-size: 1.125rem;
  font-weight: bold;
}
/* メディアクエリ適用時 */
@media screen and (max-width:
768px) {
  .bl_media {
    display: block; —⑤
  }
  .bl_media_imgWrapper {
    margin-right: 0;
    margin-bottom: 20px;
  }
}
```

① display: flex;, align-items: center;

画像とテキストを横並び、かつ天地中央揃えにするにはFlexboxを用います。画像とテキストを上付きにしたい場合はalign-itemsプロパティをflex-startに、下付きにしたい場合はflex-endを指定します。

② flex: 0 1 27.58333%; / flex: 1;

スクリーンサイズを縮小した際に画像、テキストの両方を自然に縮小させるための指定です。flexというのはFlexbox関連プロパティのショートハンドであり、「flex: 0 1 27.58333%;」は順番に

- flex-grow: 0;
- flex-shrink: 1;
- flex-basis: 27.58333%;

を一行で指定しています。なおflex-growの初期値は0、flex-shrinkの初期値は1のため、このコードは実質flex-basisの値を指定するためのコードです。flex-basisプロパティを単独で使用することもできますが、flex（ショートハンドプロパティ）の使用が推奨されています※。

値をひとつだけとした場合は、単位の有無によって適用されるプロパティが異なります。

- flex: 1;（単位なし）→ flex-grow: 1;
- flex: 10%;（単位あり）→ flex-basis: 10%;

ただし値がひとつの場合、ブラウザによっては上手く解釈されない場合があります。その際は面倒ですが、今回のように他の値の初期値も指定するのが確実です。

※ https://drafts.csswg.org/css-flexbox-1/#flex-grow-property

③ margin-right: 3.33333%;

この値は完成図の画像とテキストの余白である40pxを、メイン幅の1200pxで割ったものです（40/1200）。左右の余白を%で指定することにより、スクリーンサイズを縮小した際に余白も小さくなるため、違和感のないレスポンシブウェブデザインを実現できます。

④ margin-bottom: 0;

このコードは、とても重要なコードです。何をしているかというと、.media__body / .bl_media_body 内の最後の子要素の下部の余白を取っています。

```css
.media__body > *:last-child {
  margin-bottom: 0;
}
.bl_media_body > *:last-child {
  margin-bottom: 0;
}
```

今回の例では、上記のセレクターに該当する要素は説明文です（図6-2）。

ユーザーを考えた設計で満足な体験を
提供するサービスやペルソナによって、webサイトの設計は異なります。サービスやペルソナに合わせた設計を行うことにより、訪問者にストレスのないよりよい体験を生み出し、満足を高めることとなります。
わたしたちはお客さまのサイトに合ったユーザビリティを考えるため、分析やヒアリングをきめ細かく実施、満足を体験できるクリエイティブとテクノロジーを設計・構築し、今までにない期待を超えたユーザー体験を提供いたします。

図6-2　body内の最後の子要素は、説明文になる

しかし、この説明文には元々margin-bottomが設定されていないため、上記のコードがあってもなくても特に結果は変わりません。では、なぜこのコードが重要なのでしょうか？

ズバリこのコードが威力を発揮するのは、「要素が増減したとき」です。例えば説明文がないパターンでメディアモジュールを使用したとき、当然画像とタイトルだけの表示になります。しかしタイトルにはmargin-bottom: 10px;が設定されているため、何も考えずに説明文を削除すると、タイトルが天地中央揃えから10p x分上にずれてしまうのです（図6-3）。

ユーザーを考えた設計で満足な体験を
中央から10px分、
上にずれてしまっている

図6-3　margin-bottom: 0;が適用されていないコード

そこで上記のコードをあらかじめ仕込んでおくと、図6-4のようにきちんと天地中央揃えが実現できます。

ユーザーを考えた設計で満足な体験を
margin-bottom: 0;が
適用されるため、
天地中央揃えとなる

図6-4　margin-bottom: 0;が適用されているコード

このように上下の余白を管理している箇所は、あらかじめ最後の子要素の余白を詰める設定をしておくと、要素が増減した場合も自動的に余白の制御を行えます。この書き方はメディアモジュールだけでなく、他の複合モジュールでも同様ですのでぜひ覚えておいてください。

⑤ display: block;

メディアクエリ適用時は画像が上、テキストが下の縦並びレイアウトにしたいため、displayの値をblockに設定し、Flexboxを解除します。

COLUMN 小数点以下の有効桁数

今回、

- flex: 0 1 27.58333%;
- margin-right: 3.33333%;

というとても細かい数値を指定していますが、果たしてこの小数点以下の桁数はどこまで有効なのでしょうか？　これは結論を先に言ってしまうと、「ブラウザ次第」ということになります。margin-rightをサンプルに筆者が執筆時点で調べたところ、

- Google Chrome（macOS、Windows）
- Firefox（macOS、Windows）
- Safari

はCSSの指定通り、3.33333%が適用されています。しかし、

- Internet Exproler 11
- Edge

においては、「3.33%」と、小数点第三位以降は切り捨てられていました。

また、CSSの指定として「3.33333%」を受け入れているにしても、実際に算出しているpxの値は

- Google Chrome：39.984px
- Firefox：39.9833px
- Safari：39.98px

とブラウザによってバラつきがあることを確認しています。これは何も今回のように「3.33333%」と小数点第五桁まで指定※した場合だけでなく、あらゆる中途半端な相対値に起こり得ることです。

これらの誤差でブラウザによってはたまに段落ちなどを起こすことがあるので、すべてのブラウザにおいて統一された値が算出されているわけではないことを覚えておいてください。

※ ちなみに筆者はこの桁数を自分で決めているわけではなく、基本的にSassの出力に任せています。

拡張パターン

逆位置

完成図

ユーザーを考えた設計で満足な体験を

提供するサービスやペルソナによって、webサイトの設計は異なります。サービスやペルソナに合わせた設計を行うことにより、訪問者にストレスのないよりよい体験を生み出し、満足を高めることとなります。
わたしたちはお客さまのサイトに合ったユーザビリティを考えるため、分析やヒアリングをきめ細かく実施、満足を体験できるクリエイティブとテクノロジーを設計・構築し、今までにない期待を超えたユーザー体験を提供いたします。

メディアクエリ適用時

ユーザーを考えた設計で満足な体験を

提供するサービスやペルソナによって、webサイトの設計は異なります。サービスやペルソナに合わせた設計を行うことにより、訪問者にストレスのないよりよい体験を生み出し、満足を高めることとなります。
わたしたちはお客さまのサイトに合ったユーザビリティを考えるため、分析やヒアリングをきめ細かく実施、満足を体験できるクリエイティブとテクノロジーを設計・構築し、今までにない期待を超えたユーザー体験を提供いたします。

通常のメディアとはレイアウトが逆になり、画像を右側に、テキストを左側に配置します。またそれに伴い、テキストを左揃えから右揃えに変更します。メディアクエリ適用時の画像とテキストのレイアウトは変わりませんが、テキストの右揃えはそのまま引き継がせます。

BEM

HTML

```
<div class="media media--
reverse">
  <!-- 以降基本形と同様 -->
</div>
<!-- /.media -->
```

CSS

```
/* .media のスタイリングに下記を追加
*/
.media--reverse {
  flex-direction: row-reverse;
                                    —①
}
.media--reverse .media__img-
wrapper {
  margin-right: 0; —②
}
.media--reverse .media__body {
  margin-right: 3.33333%; —②
  text-align: right;
}
/* メディアクエリ適用時 */
@media screen and (max-width:
768px) {
  .media--reverse .media__body {
    margin-right: 0; —③
  }
}
```

PRECSS

HTML

```
<div class="bl_media bl_media__
rev">
  <!-- 以降基本形と同様 -->
</div>
<!-- /.bl_media -->
```

CSS

```
/* .bl_media のスタイリングに下記を
追加 */
.bl_media.bl_media__rev {
  flex-direction: row-reverse;
                                    —①
}
.bl_media__rev .bl_media_
imgWrapper {
  margin-right: 0; —②
}
.bl_media__rev .bl_media_body {
  margin-right: 3.33333%; —②
  text-align: right;
}
/* メディアクエリ適用時 */
@media screen and (max-width:
768px) {
  .bl_media__rev .bl_media_body {
    margin-right: 0; —③
  }
}
```

① flex-direction: row-reverse;

左右を入れ替えるには、flex-directionプロパティにrow-reverse(「横並びレイアウトで、右から左に」の意味)を指定します。

② margin-right: 0; / margin-right: 3.33333%;

左右の余白の取り方はなるべくmargin-rightで統一したいため、画像のmargin-rightを0にし、テキストにmargin-rightを付与しています。左右の余白の確保については、もちろんmargin-leftでも可能です。「プロジェクト内で混在させるのではなく、なるべくどちらかに統一する」ことが大事です。

③ margin-right: 0;

逆位置のモディファイアを付与した場合でもメディアクエリ適用時は要素が縦並びになりますので、不要なmargin-rightを打ち消します。

バリエーション

画像半分サイズ

完成図

ユーザーを考えた設計で満足な体験を

提供するサービスやペルソナによって、webサイトの設計は異なります。サービスやペルソナに合わせた設計を行うことにより、訪問者にストレスのないよりよい体験を生み出し、満足を高めることとなります。
わたしたちはお客さまのサイトに合ったユーザビリティを考えるため、分析やヒアリングをきめ細かく実施、満足を体験できるクリエイティブとテクノロジーを設計・構築し、今までにない期待を超えたユーザー体験を提供いたします。

画像サイズが約半分くらいまで大きくなったパターンで、他のスタイリングは基本形と変わりません。しかし筆者の経験上、Webサイトの運用が進むにつれて、画像半分サイズのメディアは基本形には影響しない独自の拡張をしていくことが多々あります。

最初から基本形とは別物として考えた方が管理が楽になるため、本書でも別モジュールとして解説します。

メディアクエリ適用時

ユーザーを考えた設計で満足な体験を

提供するサービスやペルソナによって、webサイトの設計は異なります。サービスやペルソナに合わせた設計を行うことにより、訪問者にストレスのないよりよい体験を生み出し、満足を高めることとなります。
わたしたちはお客さまのサイトに合ったユーザビリティを考えるため、分析やヒアリングをきめ細かく実施、満足を体験できるクリエイティブとテクノロジーを設計・構築し、今までにない期待を超えたユーザー体験を提供いたします。

メディアクエリ適用時も、基本形のメディアと変わりません。

BEM

HTML

```
<div class="half-media">
  <figure class="half-media__img-
wrapper">
    <img class="half-media__
img" src="/assets/img/elements/
persona.jpg" alt=" 写真：手に持たれ
たスマホ ">
  </figure>
  <div class="half-media__body">
    <h3 class="half-media__
title">
        ユーザーを考えた設計で満足な
体験を
    </h3>
    <p class="half-media__text">
        提供するサービスやペルソナに
よって、web サイトの設計は異なります。
サービスやペルソナに合わせた設計を行
うことにより、訪問者にストレスのない
よりよい体験を生み出し、満足を高める
こととなります。<br>
        わたしたちはお客さまのサイト
に合ったユーザビリティを考えるため、
分析やヒアリングをきめ細かく実施、満
足を体験できるクリエイティブとテクノ
ロジーを設計・構築し、今までにない期
待を超えたユーザー体験を提供いたしま
す。
    </p>
  </div>
  <!-- /.half-media__body -->
</div>
<!-- /.half-media -->
```

PRECSS

HTML

```
<div class="bl_halfMedia">
  <figure class="bl_halfMedia_
imgWrapper">
    <img src="/assets/img/
elements/persona.jpg" alt=" 写真：
手に持たれたスマホ ">
  </figure>
  <div class="bl_halfMedia_body">
    <h3 class="bl_halfMedia_ttl">
        ユーザーを考えた設計で満足な
体験を
    </h3>
    <p class="bl_halfMedia_txt">
        提供するサービスやペルソナに
よって、web サイトの設計は異なります。
サービスやペルソナに合わせた設計を行
うことにより、訪問者にストレスのない
よりよい体験を生み出し、満足を高める
こととなります。<br>
        わたしたちはお客さまのサイト
に合ったユーザビリティを考えるため、
分析やヒアリングをきめ細かく実施、満
足を体験できるクリエイティブとテクノ
ロジーを設計・構築し、今までにない期
待を超えたユーザー体験を提供いたしま
す。
    </p>
  </div>
  <!-- /.bl_halfMedia_body -->
</div>
<!-- /.bl_halfMedia -->
```

BEM つづき

CSS

```
.half-media {
  display: flex;
  align-items: center;
}
.half-media__img-wrapper {
  flex: 0 1 48.33333%; —①
  margin-right: 3.33333%;
}
.half-media__img {
  width: 100%;
}
.half-media__body {
  flex: 1;
}
.half-media__body > *:last-child
{
  margin-bottom: 0;
}
.half-media__title {
  margin-bottom: 10px;
  font-size: 1.125rem;
  font-weight: bold;
}
/* メディアクエリ適用時 */
@media screen and (max-width:
768px) {
  .half-media {
    display: block;
  }
  .half-media__img-wrapper {
    margin-right: 0;
    margin-bottom: 20px;
  }
}
```

PRECSS つづき

CSS

```
.bl_halfMedia {
  display: flex;
  align-items: center;
}
.bl_halfMedia_imgWrapper {
  flex: 0 1 48.33333%; —①
  margin-right: 3.33333%;
}
.bl_halfMedia_imgWrapper > img {
  width: 100%;
}
.bl_halfMedia_body {
  flex: 1;
}
.bl_halfMedia_body > *:last-child
{
  margin-bottom: 0;
}
.bl_halfMedia_ttl {
  margin-bottom: 10px;
  font-size: 1.125rem;
  font-weight: bold;
}
/* メディアクエリ適用時 */
@media screen and (max-width:
768px) {
  .bl_halfMedia {
    display: block;
  }
  .bl_halfMedia_imgWrapper {
    margin-right: 0;
    margin-bottom: 20px;
  }
}
```

① flex: 0 1 48.3333%;

単純に50%としていないのは、画像とテキスト間の余白(約40px)を画像とテキストで按分しているためです。今回はコンテンツ幅が1200pxですので、その半分で600px、そこから余白の40pxを2で按分した20pxを600pxから引いています。即ち、

580 / 1200 * 100 = 48.333333...

という計算式です。

他のコードは、基本形のメディアと特に変わりありません。

6-3 カード

基本形

完成図

webサイト制作
ユーザーにベストな体験を提供するクリエイティブとテクノロジーを作り上げます。

上部に画像があり、下部にテキストが続く形のモジュールを一般的に「カード」と呼びます。テキストはタイトルだけの場合、または説明文だけの場合もありますが、本書では両方備えたパターンを解説します。スクリーンサイズが狭い場合でも特に問題なく表示されるため、メディアクエリは特に設定しません。

ちなみにこの状態では親要素の横幅いっぱいに広がってしまいますが、問題ありません。サイズの制御については、拡張パターンの「3カラム」にて後ほど解説します。

BEM

HTML

```
<div class="card">
  <figure class="card__img-wrapper
">
    <img class="card__img" src="/
assets/img/elements/code.jpg"
alt=" 写真：HTML コードが写っている画
面 ">
  </figure>
  <div class="card__body">
    <h3 class="card__title">
      web サイト制作
    </h3>
    <p class="card__text">
      ユーザーにベストな体験を提供
するクリエイティブとテクノロジーを作
り上げます。
    </p>
  </div>
  <!-- /.card_body -->
</div>
<!-- /.card -->
```

CSS

```
.card {
  box-shadow: 0 3px 6px rgba (0,
0, 0, .16) ;
}
.card__img-wrapper {  ―①
  position: relative;
  padding-top: 56.25%;
  overflow: hidden;
}
.card__img {  ―②
  position: absolute;
  top: 50%;
```

PRECSS

HTML

```
<div class="bl_card">
  <figure class="bl_card_
imgWrapper">
    <img src="/assets/img/
elements/code.jpg" alt="web サイト
制作 ">
  </figure>
  <div class="bl_card_body">
    <h3 class="bl_card_ttl">
      web サイト制作
    </h3>
    <p class="bl_card_txt">
      ユーザーにベストな体験を提供
するクリエイティブとテクノロジーを作
り上げます。
    </p>
  </div>
  <!-- /.bl_card_body -->
</div>
<!-- /.bl_card -->
```

CSS

```
.bl_card {
  box-shadow: 0 3px 6px rgba (0,
0, 0, .16) ;
}
.bl_card_imgWrapper {  ―①
  position: relative;
  padding-top: 56.25%;
  overflow: hidden;
}
.bl_card_imgWrapper > img {  ―②
  position: absolute;
  top: 50%;
```

BEM つづき

```
  width: 100%;
  transform: translateY (-50%) ;
}
.card__body {
  padding: 15px;
}
.card__body > *:last-child {
  margin-bottom: 0;
}
.card__title {
  margin-bottom: 5px;
  font-size: 1.125rem;
  font-weight: bold;
}
.card__txt {
  color: #777;
}
```

PRECSS つづき

```
  width: 100%;
  transform: translateY (-50%) ;
}
.bl_card_body {
  padding: 15px;
}
.bl_card_body > *:last-child {
  margin-bottom: 0;
}
.bl_card_ttl {
  margin-bottom: 5px;
  font-size: 1.125rem;
  font-weight: bold;
}
.bl_card_txt {
  color: #777;
}
```


① .card__img-wrapper / .bl_card_imgWrapperに対する指定

画像の扱いに関しては、ちょっとしたテクニックを使用しています。まずposition: relative;ですが、これは②で解説する画像の方でposition: absolute;を使用するため、画像の起点がこの要素となるよう指定しています。

次にpadding-top: 56.25%;ですが、これは画像の表示領域としての高さを確保するために記述しています。②で解説する画像にposition: absolute;を使用しているため、heightでは高さを上手く確保できません。そのため、padding-topを使用しています。56.25%の指定で、画像の縦横比はおおよそ16:9になります。

最後にoverflow: hidden;ですが、こちらも後述する画像のトリミングのために使用しています。

② .card__img / .bl_card_imgWrapper > imgに対する指定

①も含め、これら一連の記述は画像を天地中央でトリミングするためのテクニックです。

- position: absolute;
- top: 50%;
- transform: translateY (-50%) ;

の3つの指定で画像の上下位置を調整し、width: 100%;で横幅いっぱいに表示されるよう指定しています。これらの指定により、今後想定しないサイズの画像がサムネイルとして使用されても、ある程度までは自動で天地中央揃えでトリミングできます。

図6-5 の左側の画像は今までのコードが適用された状態で、右側の画像は .card__img-wrapper / .bl_card_imgWrapper の overflow: hidden; を外した状態、つまり本来の画像サイズです。天地中央揃えとして、CSSでトリミングされているのが確認できますね。

図6-5　CSSでトリミングされている状態（左）、本来の画像サイズ（右）

COLUMN 画像サイズがより制御しやすいふたつの手法

「どのような画像が入っても、なるべく違和感のない見た目になるようにしておく」というのは実はなかなか面倒なことで、カードモジュールで紹介した手法にも限度があります（極端に横長の画像には対応できません。図6-6）。

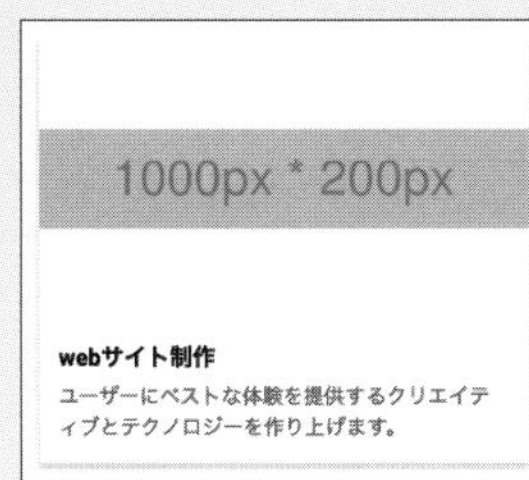
1000px * 200px
webサイト制作
ユーザーにベストな体験を提供するクリエイティブとテクノロジーを作り上げます。

図6-6　極端に横長の画像が入った場合、今までのコードでは対応できない

そういった際に使用できる手法として、object-fit プロパティ※1とbackground-size※2プロパティがあります。

※1 https://developer.mozilla.org/ja/docs/Web/CSS/object-fit
※2 https://developer.mozilla.org/ja/docs/Web/CSS/background-size

object-fit プロパティ

object-fit プロパティは img 要素や video 要素に適用が可能で、5 つの値があります。それぞれ下記のような挙動になります。

- `contain`……アスペクト比を維持したまま、表示領域に収まるように拡大縮小される
- `cover`……アスペクト比を維持したまま、表示領域全体を埋めるように拡大縮小される
- `fill`……アスペクト比を無視して、表示領域全体を埋めるように引き伸ばされる
- `none`……拡大・縮小を行わない
- `scale-down`……`contain`または`none`から、実際のサイズが小さくなる方を採用する

それぞれの適用結果は図6-7の通りで、左上からcontain、cover、fill、none、scale-downです（挙動をわかりやすくするため、引き続き極端に横長の画像を使用します）。

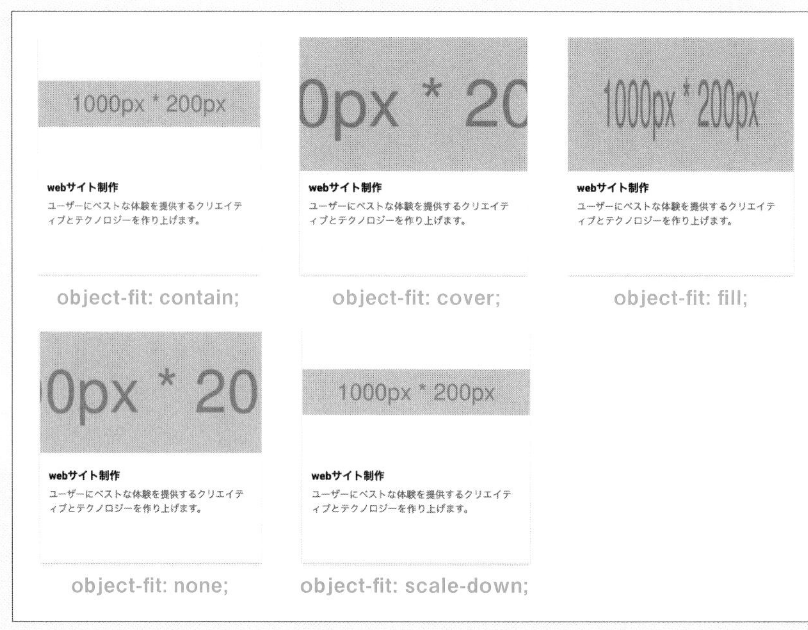

図 6-7　object-fit プロパティの各値の適用結果

object-fit プロパティ以外のコードは次の通りです。

CSS

```
.bl_card_imgWrapper {
  position: relative;
  padding-top: 56.25%;
}
.bl_card_imgWrapper > img {
  position: absolute;
  top: 50%;
  width: 100%;
  height: 100%;
  object-fit: contain / cover / fill / none / scall-down;
  transform: translateY(-50%);
}
```

とても便利なプロパティなのですが、比較的新しいプロパティであることもあり、Internet Exprolerを始めとする古いブラウザでは動作しません。

background-size プロパティ

background-size プロパティは背景画像のサイズを調整するためのプロパティです。表示したい画像を背景画像として設定する必要があるため、HTML の構造に変更が必要になります。

また背景画像として設定する、即ちｉｍｇ要素を使わないため、マシンリーダブル※ではありません。SEO やアクセシビリティの担保においては若干マイナスとなるため、background-size プロパティの手法を採用する際は「コンテンツとして認識されなくても問題ないか」をよく確認しましょう。値は次の通りです。

・contain……アスペクト比を維持したまま、表示領域に収まるように拡大縮小される
・cover……アスペクト比を維持したまま、表示領域全体を埋めるように拡大縮小される
・auto……アスペクト比が維持されるように、適切な方向に拡大縮小される
・<length>……指定された長さになるように拡大縮小される。値がひとつだけの場合は横幅に対する指定となり、高さはａｕｔｏとなる。値がふたつの場合は、横幅・高さの順に値が適用される。複数の値は半角スペースで区切る
・<percentage>……指定された割合になるように拡大縮小される。適用ルールは <length> と同様

今回は object-fit プロパティと比較するため、contain、cover、auto を適用した際の挙動を図 6-8 に示します。

※ 検索エンジンのクローラーや、ブラウザが「コンテンツ」として認識できる状態のことです。

1000px*200px
webサイト制作
ユーザーにベストな体験を提供するクリエイティブとテクノロジーを作り上げます。
background-size: contain;
00px*200
webサイト制作
ユーザーにベストな体験を提供するクリエイティブとテクノロジーを作り上げます。
background-size: cover;
00px*200
webサイト制作
ユーザーにベストな体験を提供するクリエイティブとテクノロジーを作り上げます。
background-size: auto;

図 6-8　background-size プロパティの各値の適用結果

background-size プロパティ以外のコードは次の通りです。CMS などのシステムと連携する際に画像のパスが CSS 側にあると不便であるため、筆者はよく background-image プロパティのみは HTML 側に記述します。

HTML

```
<div class="bl_card">
  <div class="bl_card_imgWrapper" style="background-image: url
(http://placehold.jp/1000x200.png?text=1000px*200px) ">
  </div>
  <div class="bl_card_body">
    <h3 class="bl_card_ttl">
      web サイト制作
    </h3>
    <p class="bl_card_txt">
      ユーザーにベストな体験を提供するクリエイティブとテクノロジーを作り
上げます。
    </p>
  </div>
  <!-- /.bl_card_body -->
</div>
<!-- /.bl_card -->
```

CSS

```
.bl_card_imgWrapper {
  position: relative;
  padding-top: 56.25%;
  background-repeat: no-repeat;
  background-position: center center;
  background-size: contain / cover /auto;
}
```

background-size は object-fit に比べ、Internet Explorer を始めとする古いブラウザにも対応しているので、ブラウザのサポート状況が理由で使用できないということはほぼないでしょう。しかし、やはり img 要素ではなく背景画像とするため、マシンリーダブルでないことが悩ましいところです。

COLUMN 新しい仕様の導入可否を検討できる Can I use

先ほど「object-fitはInternet Exprolerを始めとする古いブラウザでは動作しません」と言いましたが、プロパティの対応状況を判断するにはCan I use※というWebサービスが役立ちます。試しにobject-fitをCan I useで検索してみると、図6-9のような画面が表示され、プロパティの対応状況がブラウザごとに一覧されます。

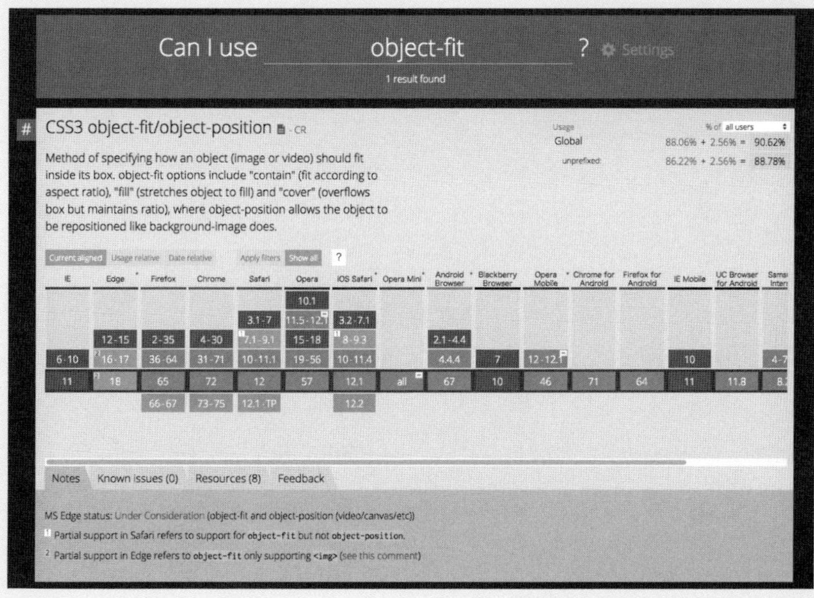

図6-9 Can I useでobject-fitを検索した結果

Can I useはHTML、CSSはもちろん、JavaScriptの仕様についても調べることができます。

とても便利なサービスですので、ぜひ活用してみてください。

※ https://caniuse.com/

拡張パターン

バッジ付き

完成図

New
webサイト制作
ユーザーにベストな体験を提供するクリエイティブとテクノロジーを作り上げます。

左上に「New」というバッジが付いたパターンです。最新要素など、目立たせたいカードに対して使うと効果的です。

BEM

HTML

```
<div class="card">
  <b class="card__badge"> ——①
    <span class="card__badge-
text">New</span>
  </b>  <!-- 以降基本形と同様 -->
</div>
<!-- /.card -->
```

CSS

```
/* .card のスタイリングに下記を追加
*/
.card__badge {
  position: relative;
}
.card__badge::after { ——②
```

PRECSS

HTML

```
<div class="bl_card">
  <b class="bl_card_badge"> ——①
    <span class="bl_card_badge_
txt">New</span>
  </b>
  <!-- 以降基本形と同様 -->
</div>
<!-- /.bl_card -->
```

CSS

```
/* .card のスタイリングに下記を追加
*/
.bl_card_badge {
  position: relative;
}
.bl_card_badge::after { ——②
```

BEM つづき

```
  content: '';
  position: absolute;
  z-index: 1;
  top: 0;
  left: 0;
  width: 0;
  height: 0;
  border-width: 3.75rem 3.75rem
0 0;
  border-style: solid;
  border-color: #e25c00
transparent transparent
transparent;
}
.card__badge-text {
  position: absolute;
  z-index: 2;
  top: .5rem;
  left: .3125rem;
  color: #fff;
  font-size: .875rem;
  font-weight: bold;
  transform: rotate (-45deg) ;
                          —③
}
```

PRECSS つづき

```
  content: '';
  position: absolute;
  z-index: 1;
  top: 0;
  left: 0;
  width: 0;
  height: 0;
  border-width: 3.75rem 3.75rem
0 0;
  border-style: solid;
  border-color: #e25c00
transparent transparent
transparent;
}
.bl_card_badge_txt {
  position: absolute;
  z-index: 2;
  top: .5rem;
  left: .3125rem;
  color: #fff;
  font-size: .875rem;
  font-weight: bold;
  transform: rotate (-45deg) ;
                          —③
}
```

① <b class="card__badge"> / <b class="bl_card_badge">

バッジの実装に際し追加した要素です。after疑似要素で三角形を描画し、子のspan要素で「New」という文字列を出力します。実は、before疑似要素も駆使すれば子のspan要素を追加せず、この要素だけでバッジを実装することも可能です。

しかし、情報がCSSにあるのはマシンリーダブルではなく好ましくありません。コンテンツはきちんとHTMLに記述するのがベストプラクティスです。HTMLとして記述していると、状況に応じたテキストの変更も簡単です。

② .card__badge::after / .bl_card_badge::afterに対する指定

これはバッジの背景の三角形を生成しています。とはいってもcontentプロパティ～heightプロパティまでは実際に画面に何かを描画する指定ではなく、要素を生成し、位置を決めているだけなので、これだけでは何も表示されません。正確な表現ではありませんが、イメージとしては「透明でサイズが0の、点のような要素を生成している」と思ってみてください。

```css
content: '';
position: absolute;
z-index: 1;
top: 0;
left: 0;
width: 0;
height: 0;
```

実際に三角形を生成しているのは、次のborder関連のプロパティです。

```css
border-width: 3.75rem 3.75rem 0 0;
border-style: solid;
border-color: #e25c00 transparent transparent transparent;
```

なぜこのコードで三角形ができあがるのか不思議に感じると思います。しかし原理をきちんと解説するとそれだけでかなり長くなってしまうため、本書では割愛します。

またこういった、「CSSで少し複雑なことをする」ものは多くの場合ジェネレーターが存在します。三角形も例外でなく、CSS triangle generator※を始めいろいろなジェネレーターが公開されていますので、自分で1から書けるほど原理を細かく理解していなくとも、ひとまず支障ありません。

※ http://apps.eky.hk/css-triangle-generator/

■ ③ transform: rotate（-45deg）；

バッジ背景の三角形の向きに合わせ、テキストを回転させています。

リンク

完成図

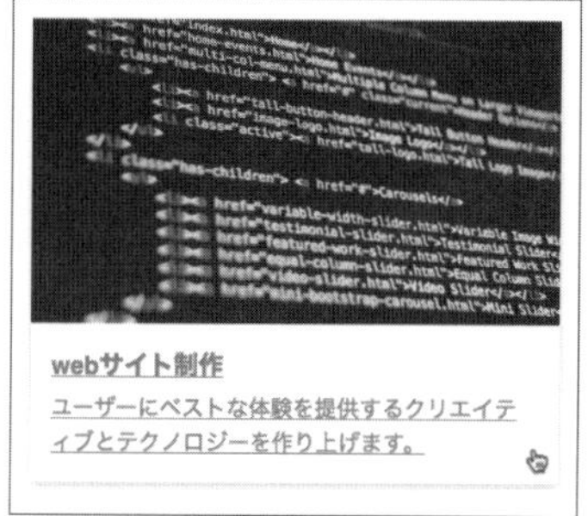
webサイト制作
ユーザーにベストな体験を提供するクリエイティブとテクノロジーを作り上げます。

カードがリンクとして機能するパターンです。ホバー時はカード全体が少し半透明になるだけでなく、文字色が変わり、またテキストに下線も付くようにします。

BEM

HTML

```
<a class="card card--link" href=
"#">  ―①
  <!-- 以降基本形と同様 -->
</a>
```

CSS

```
/* .card のスタイリングに下記を追加
*/
.card--link {
  display: block;
  color: currentColor;
  text-decoration: none;
  transition: .25s;
}
.card--link .card__title,
.card--link .card__text {
  transition: .25s;
}
.card--link:focus,
.card--link:hover {
  opacity: .75;
}
.card--link:focus .card__title,
.card--link:focus .card__text,
.card--link:hover .card__title,
.card--link:hover .card__text {
  color: #e25c00;
  text-decoration: underline;
}
```

PRECSS

HTML

```
<a class="bl_card" href="#">  ―①
  <!-- 以降基本形と同様 -->
</a>
```

CSS

```
/* .bl_card のスタイリングに下記を追
加 */
a.bl_card {
  display: block;
  color: currentColor;
  text-decoration: none;
  transition: .25s;
}
a.bl_card .bl_card_ttl,
a.bl_card .bl_card_txt {
  transition: .25s;
}
a.bl_card:focus,
a.bl_card:hover {
  opacity: .75;
}
a.bl_card:focus .bl_card_ttl,
a.bl_card:focus .bl_card_txt,
a.bl_card:hover .bl_card_ttl,
a.bl_card:hover .bl_card_txt {
  color: #e25c00;
  text-decoration: underline;
}
```

① <a class="card card--link" href="#"> / <a class="bl_card" href="#">

HTML4系まではa要素内にブロックレベル要素（div要素やp要素など）を設置することはできませんでした。しかしHTML5からは設置可能になった※ため、モジュールのルート要素を、div要素からa要素に書き換えています。

※「ブロックレベル要素」「インライン要素」という区分もHTML4系までのもので、HTML5からは「コンテンツカテゴリ」という考え方でより詳細に要素の区分がされています。ただし、「ブロックレベル要素は親要素いっぱいに広がる」など、CSSにおける表示のされ方はHTML5でも変わりません。

BEMにおけるグループセレクターをどこまで許容するか？

BEMの基本原則としては、グループセレクターを使用する代わりにMixのテクニックを使用することを推奨しています。

例えば.card__title、.card__textにまつわるコードをMixを利用して書き直すとなると、次のようにすることもできます。

```css
/* 元のコード */
.card--link .card__title,
.card--link .card__text {
  transition: .25s;
}

/* Mixを使用して書き直したコード */
.card__animation-element {
  transition: .25s;
}
```

つまり.card__title、.card__textにはtransitionを設定せず、それ専用のクラスを新たに作成する方針です。しかしこの「.card__animation-element」は、カードがリンクになっていないときは当然付いているべきではありませんので、「リンクのときだけ.card__animation-elementを追加で付ける」という手間が増えてしまいます。

また、次のような疑似クラスなどにもグループセレクターが利用されていますが、こういった例はむしろグループセレクターであるべき事例です。

CSS
```
.card--link:focus,
.card--link:hover {
  opacity: .75;
}
```

「グループセレクターの代わりにMixを」というのがBEMの推奨するところではありますが、それを遵守しようと躍起になっては、ときに非効率な場合もあります。Mixの推奨を鵜呑みにしてグループセレクターを使わないようにするのではなく、状況に応じてグループセレクターが適切か、Mixが適切かを都度判断するようにしたいところです。

3 カラム

完成図

メディアクエリ適用時

今までのカードモジュールが横並びになり、3カラムを形成するパターンです。実際の使われ方としては、今までの単一での使用よりもこちらのように横並びにして使用することがほとんどでしょう。メディアクエリ適用時は、横並びから縦並びにします。

BEM

HTML

```
<div class="cards cards--col3">  ①
  <div class="cards__item card">  ②
    <!-- 以降基本形と同様 -->
  </div>
  <!-- /.card -->
  <!-- 以降 <div class="cards__item card"> を 2 回繰り返し -->
</div>
<!-- /.cards -->
```

CSS

```
/* ラッパーモジュールに対する指定 */
.cards {
  display: flex;
  flex-wrap: wrap;
}
.cards--col3 {
  margin-bottom: -30px;  ③
}
/* 各カードに対する指定 */
.cards--col3 > .cards__item {
  width: 31.707%;
  margin-right: 2.43902%;
  margin-bottom: 30px;  ③
}
.cards--col3 > .cards__item:nth-of-type (3n) {
  margin-right: 0;  ④
}
```

PRECSS

HTML

```
<div class="bl_cardUnit bl_cardUnit__col3">  ①
  <div class="bl_card">  ②
    <!-- 以降基本形と同様 -->
  </div>
  <!-- /.bl_card -->
  <!-- 以降 <div class="bl_card"> を 2 回繰り返し -->
</div>
<!-- /.bl_cardUnit -->
```

CSS

```
/* ラッパーモジュールに対する指定 */
.bl_cardUnit {
  display: flex;
  flex-wrap: wrap;
}
.bl_cardUnit.bl_cardUnit__col3 {
  margin-bottom: -30px;  ③
}
/* 各カードに対する指定 */
.bl_cardUnit__col3 > .bl_card {
  width: 31.707%;
  margin-right: 2.43902%;
  margin-bottom: 30px;  ③
}
.bl_cardUnit__col3 > .bl_card:nth-of-type (3n) {
  margin-right: 0;  ④
}
```

BEM つづき

```
/* メディアクエリ適用時 */
@media screen and (max-width:
768px) {
  .cards--col3 {
    margin-bottom: -20px;
  }
  .cards > .cards__item { ―⑤
    width: 100%;
    margin-right: 0;
    margin-bottom: 20px;
  }
}
```

PRECSS つづき

```
/* メディアクエリ適用時 */
@media screen and (max-width:
768px) {
  .bl_cardUnit.bl_cardUnit__col3
{
    margin-bottom: -20px;
  }
  .bl_cardUnit > .bl_card { ―⑤
    width: 100%;
    margin-bottom: 20px;
    margin-right: 0;
  }
}
```

① <div class="cards cards--col3"> / <div class="bl_cardUnit bl_cardUnit__col3">

今まで見てきたカードモジュールを横並びにする際、主に横幅と上下左右間の余白（ガターといいます）の制御が必要です。それらを次のコードのようにカードモジュールに直接指定してしまうと、カードモジュールの再利用性を著しく低下させてしまいます。

```
CSS
/* × 推奨しないコード */
.bl_card {
  width: 31.707%;
  margin-bottom: 30px;
  margin-right: 2.43902%;
}
```

というよりも、今回の例ではdisplay:flex;を使用していますが、仮にこれがdisplay: inline-block; や float: left; を用いた方法であっても、親要素なしに実現するのは困難でしょう。この①の親要素を筆者はよく「ラッパー※ モジュール」と呼びます。

Chapter 3 でも解説した通り、そもそも複合モジュールそれ自体にレイアウトに関わるスタイリングを行うことは好ましくありません。今回のようにカラムを形成するなどのレイアウトの変更が必要な場合は、ラッパーモジュールを用意するなどして、必ずひとつ上の親要素から制御を行うようにしましょう。

なおBEM、PRECSSいずれにおいてもモディファイアで「col3」としているのは、他のカラム数のパターンを拡張しやすくするためです。この後、4カラムの場合のパターンについても解説します。

※ 包む、包括するなどの意味です。

② <div class="cards__item card"> / <div class="bl_card">

カードモジュールのレイアウトを制御するために、BEMはラッパーモジュールのcardsの子要素であるcards__itemをMixしています。対してPRECSSはBEMほど厳格ではないため、.bl_cardをそのまま子セレクターとして使用しています。

③ margin-bottom: -30px; / margin-bottom: 30px;

これは上下のガター確保のためのスタイリングです。margin-bottom: -30px;はラッパーモジュールへの指定で、margin-bottom: 30px;は各カードに対する指定です。しかし「なぜカードで空けた30px分、ラッパーモジュールの方では-30pxで指定しているのか？」と思われる方が少なくないと思いますので、順を追って解説します※。

まずカードに対してmargin-bottom: 30px;を使用した段階の描画は図6-10のようになります。

※ わかりやすさのため、要素をひとつ増やします。また、上下のガターに関係しないコードはここでは省略します。

CSS
```
.bl_cardUnit__col3 > .bl_card {
  margin-bottom: 30px;
}
```

図 6-10　margin-bottomで上下のガターを確保した例

ここまでは何も問題がないように思えます。しかし実はmargin-bottom: 30px;は2行目の4つ目のカードにも当然適用されているため、実は下方向に無駄に30px空いてしまっているのです（図6-11）。

図 6-11　4つ目のカードにもmargin-bottomが適用されており、無駄に30px下方に空いてしまう

この無駄に空いてしまった下部の30pxを相殺するために、「最終行のカードモジュールの下部の余白を0 にする」という方法ではどうでしょうか。今回の例ではmargin-bottom: 0; を適用したいカードは4 つ目ですので、次のようにnth-of-type疑似クラスを単純に使用する方法は誰もが思いつくと思います。

```
CSS
.bl_cardUnit__col3 > .bl_card:nth-of-type (4) {
  margin-bottom: 0;
}
```

しかしカードは当然増減することが考えらるため、例えば図6-12のように要素がひとつ増えた場合、この対処法は簡単に無意味になってしまいます。

図6-12　要素は増減する可能性があるので、:nth-child (4) の指定では意味を成さない

この問題をnth-childやnth-of-type疑似クラスを使用して「何行になろうと（1行だけであろうと）、最終行のカードのmargin-bottomは0 にする」という指定を行おうとするのはとても難しく、現実的ではありません。

そこで少し発想を変えて、ラッパーモジュールに対して同じ30px分だけ、margin-bottom: -30px; と指定します。そうすると描画はぱっと見変わらないのですが、実は

図6-13のようにきちんと30pxが相殺されており、余白の管理がきちんとできるようになります。

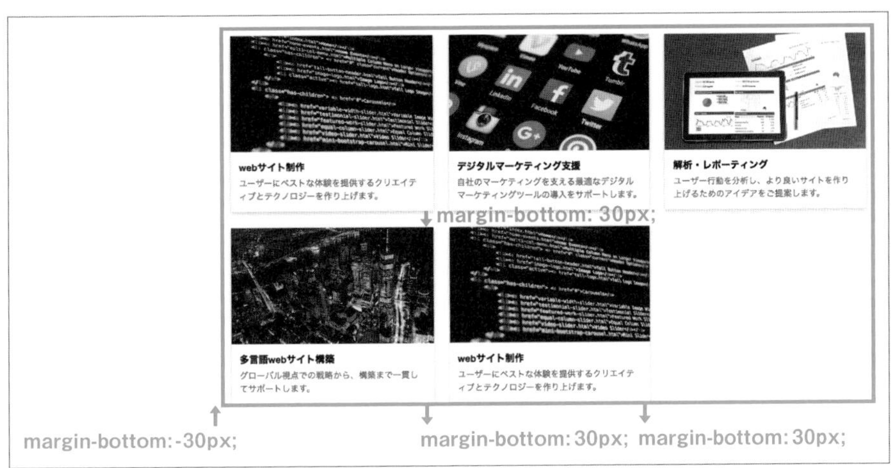

図6-13　ラッパーモジュールにmargin-bottom: -30pxを設定することで、何行であろうと確実に余白を相殺できる

④ margin-right: 0;

この指定は、カラムの右端にくるカードのmargin-rightを0にすることで、カラム落ちを防ぐ役割があります。今回の例では3カラムであるため、セレクターに付加しているnth-of-type疑似クラスを3nとして指定を行っています。この3nというのは3の倍数のカードが該当するため、3つ目、6つ目、9つ目……と行がいくら増えても、それぞれの行の右端のカードに対して適用されます。

図6-14　右端のカードにmargin-right: 0;が適用され、カラム落ちを防いでいる

⑤ .cards > .cards__item / .bl_cardUnit > .bl_cardというセレクター（メディアクエリ適用時）

メディアクエリ適用時に各カードに対して

- width: 100%;
- margin-bottom: 20px;
- margin-right: 0;

というスタイリングをしていますが、通常時はセレクターを .cards--col3 > .cards__item / .bl_cardUnit__col3 > .bl_card としているのに対し、メディアクエリ適用時は .cards > .cards__item / .bl_cardUnit > .bl_card と「col3」のモディファイアを含まない形にしています。

これにはもちろん理由があり、通常時は3カラムであろうと後述する4カラムであろうと、メディアクエリ適用時は必ず1カラムにするためです。仮にこの時点で「col3」というモディファイア名をセレクターに含んでしまうと、他のカラムの実装をした際、メディアクエリ適用時はいちいちグループセレクター使用しなければならなくなります。

CSS

```
/* × 推奨しないコード（PRECSS の場合）*/
@media screen and (max-width: 768px) {
  .bl_cardUnit__col2 > .bl_card,
  .bl_cardUnit__col3 > .bl_card,
  .bl_cardUnit__col4 > .bl_card,
  .bl_cardUnit__col5 > .bl_card,
  .bl_cardUnit__col6 > .bl_card{
    width: 100%;
    margin-right: 0;
    margin-bottom: 20px;
  }
}
```

```
/* ○ 今回の実装例のコード */
/* カラム数のモディファイア名を含まないため、何カラムであろうと関係がない */
@media screen and (max-width: 768px) {
  .bl_cardUnit > .bl_card {
    width: 100%;
    margin-right: 0;
    margin-bottom: 20px;
  }
}
```

これは「カラム数のモディファイア名に紐づくべきプロパティは何か？　紐付くべきでないプロパティは何か？」をきちんと考えた先で辿り着くコードです。なかなか難しい考え方ではありますが、こういった設計をきちんと行っておくと、拡張性とメンテナンス性がとても高いCSSになります。続く4カラムのパターンの解説も読み進めながら、イメージを掴んでみてください。

4カラム

完成図

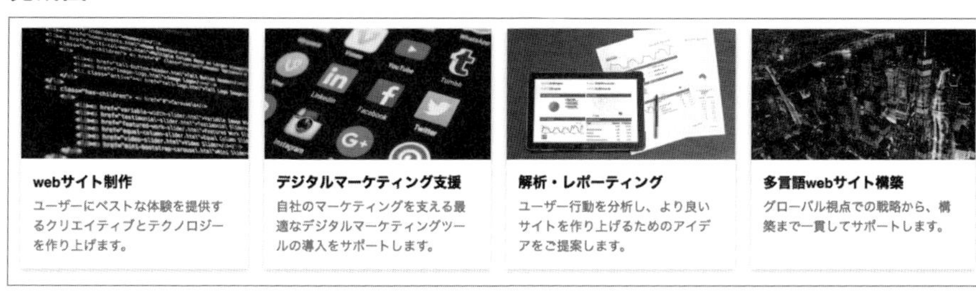

先ほどの3カラムから4カラムになったパターンです。カラム数が変わっただけで、カードモジュール自体に変更はありません。

メディアクエリ適用時

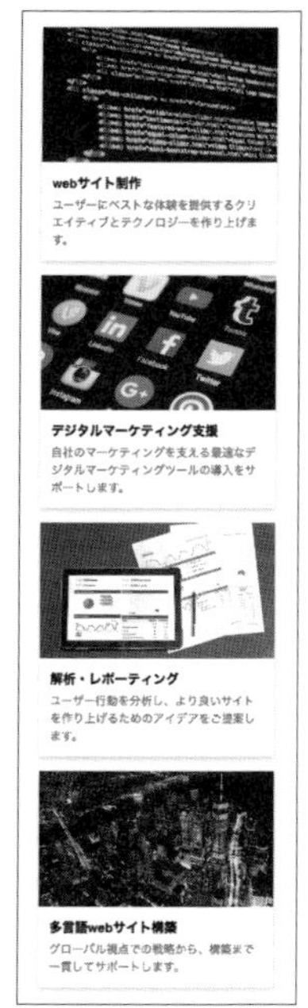

BEM

HTML

```
<div class="cards cards--col4">
                                    ―①
  <div class="cards__item card">
    <!-- 以降基本形と同様 -->
  </div>
  <!-- /.card -->
  <!-- 以降 <div class="cards__
item card"> を 3 回繰り返し -->
</div>
<!-- /.cards -->
```

CSS

```
/* .cards のスタイリングに下記を追加
*/

/* ラッパーモジュールに対する指定 */
.cards--col4 {
  margin-bottom: -20px;  ―②
}
/* 各カードに対する指定 */
.cards--col4 > .cards__item {
  width: 23.78%;  ―②
  margin-right: 1.62602%;  ―②
  margin-bottom: 20px;  ―②
}
.cards--col4 > .cards__item:nth-
of-type (4n) {
  margin-right: 0;  ―③
}
```

PRECSS

HTML

```
<div class="bl_cardUnit bl_
cardUnit__col4">  ―①
  <div class="bl_card">
    <!-- 以降基本形と同様 -->
  </div>
  <!-- /.bl_card -->
  <!-- 以降 <div class="bl_card">
を 3 回繰り返し -->
</div>
<!-- /.bl_cardUnit -->
```

CSS

```
/* .bl_cardUnit のスタイリングに下
記を追加 */

/* ラッパーモジュールに対する指定 */
.bl_cardUnit.bl_cardUnit__col4 {
  margin-bottom: -20px;  ―②
}
/* 各カードに対する指定 */
.bl_cardUnit__col4 > .bl_card {
  width: 23.78%;  ―②
  margin-right: 1.62602%;  ―②
  margin-bottom: 20px;  ―②
}
.bl_cardUnit__col4 > .bl_
card:nth-of-type (4n) {
  margin-right: 0;  ―③
}
```

① <div class="cards cards--col4"> / <div class="bl_cardUnit bl_cardUnit__col4">

3カラムのパターンと比べ、「col3」というモディファイア名を「col4」と4カラムを表す数字に変更しました。後は「多言語Webサイト構築」というカードモジュールが増えただけで、基本的にHTMLに変更はありません。

- カードモジュールはそれ自体を独立したひとつのモジュールとして扱う
- カラムを形成する際は、専用のラッパーモジュールを作成し、そのラッパーモジュールからカードモジュールのレイアウトの指定を行う
- 例えば3カラムのときは、3カラム用のモディファイアを作成し、そのモディファイアからカードモジュールの横幅やガターの値を指定する
- メディアクエリ適用時のスタイルがカラム数に関わらず同じ場合は、セレクターにカラム数のモディファイアを含めない

ということを徹底して行った結果、今回のように4カラムにしたい際も、既存のコードを編集することなく、最小限の労力で4カラムを作成することができます。

② 各横幅や余白などの指定

これは4カラムにするのに合わせ、横幅を狭め、またそれに合わせてガターも少し狭くしています。

③ margin-right: 0;

こちらも3カラムのときと同じく、右端のカードのmargin-rightを打ち消してカラム落ちを防ぐための指定です。4カラムなのでnth-of-typeに4nと指定し、4つごとにmargin-right: 0;が適用されるようにします。

COLUMN 他のグリッドシステムとの連携

今回は専用のラッパーモジュールを作成してカラムを形成するパターンを解説しましたが、もちろん他のグリッドシステムと連携して使用することも可能です。カードモジュール自体にはレイアウトに関わるスタイリングを行っていないため、例えばBootstrapなどであれば、次のようにしてグリッドシステムと自分で構築したモジュールを組み合わせることができます。他のフレームワークなどとも柔軟に連携できるのも、再利用性の高いモジュールの恩恵です。

CSS

```
<article class="container">
  <section class="row">
    <div class="col">
      <div class="bl_card"> ... </div>
    </div>
    <div class="col">
      <div class="bl_card"> ... </div>
    </div>
    <div class="col">
      <div class="bl_card"> ... </div>
    </div>
  </section>
</article>
```

6-4 テーブル（水平）

基本形

完成図

名前	半田 惇志
所属	株式会社24-7／株式会社パンセ
職種	テクニカルディレクター／シニアエンジニア
得意分野	CSS設計、HubSpot CMS

見出しとそれに対応するセルが水平方向に並ぶシンプルなテーブルです。見出しには背景色を付け、かつ太字にすることで通常のセルとの差別化を図ります。

BEM

HTML

```
<div class="horizontal-table">
                                        ―①
  <table class="horizontal-
table__inner">
    <tbody class="horizontal-
table__body">
      <tr class="horizontal-
table__row">
        <th class="horizontal-
table__header">名前</th>
        <td class="horizontal-
table__text">半田 惇志</td>
      </tr>
      <!-- 以降<tr class="
horizontal-table__row">を3回繰り
返し -->
```

PRECSS

HTML

```
<div class="bl_horizTable"> ―①
  <table>
    <tbody>
      <tr>
        <th>名前</th>
        <td>半田 惇志</td>
      </tr>
      <!-- 以降<tr>を3回繰り返し
-->
    </tbody>
  </table>
</div>
<!-- /.bl_horizTable -->
```

```
    </tbody>
  </table>
</div>
<!-- /.horizontal-table -->
```

CSS

```
.horizontal-table {
  border: 1px solid #ddd;
}
.horizontal-table__inner {
  width: 100%;
}
.horizontal-table__header {
  width: 20%;
  padding: 15px;
  background-color: #efefef;
  border-bottom: 1px solid #ddd;
  font-weight: bold;
  vertical-align: middle;
}
.horizontal-table__text {
  padding: 15px;
  border-bottom: 1px solid #ddd;
}
.horizontal-table__row:last-child
.horizontal-table__header,
.horizontal-table__row:last-child
.horizontal-table__text {
  border-bottom-width: 0; ——②
}
```

CSS

```
.bl_horizTable {
  border: 1px solid #ddd;
}
.bl_horizTable table {
  width: 100%;
}
.bl_horizTable th {
  width: 20%;
  padding: 15px;
  background-color: #efefef;
  border-bottom: 1px solid #ddd;
  font-weight: bold;
  vertical-align: middle;
}
.bl_horizTable td {
  padding: 15px;
  border-bottom: 1px solid #ddd;
}
.bl_horizTable tr:last-child th,
.bl_horizTable tr:last-child td {
  border-bottom-width: 0; ——②
}
```

① <div class="horizontal-table"> / <div class="bl_horizTable">

このクラスに適用されているCSSは現段階でborder: 1px solid #ddd;だけであるため、「borderをこの直下のtable要素に適用してdiv要素をなくすことができるのでは」と思われるかもしれません。実はその通りなのですが、このdiv要素は後述する拡張パターン「メディアクエリ時のスクロール」で必要になってきます。詳しくはそちらで解説します。

② border-bottom-width: 0;

外枠の四辺のボーダーはモジュールのルート要素であるdivに適用しており、各行の下線はそれぞれth,td要素に適用しています。しかし最終行は外枠のボーダーと被ってしまうため、それを回避するためにborder-bottom-width: 0;を指定しています。図解すると図6-15の形です。

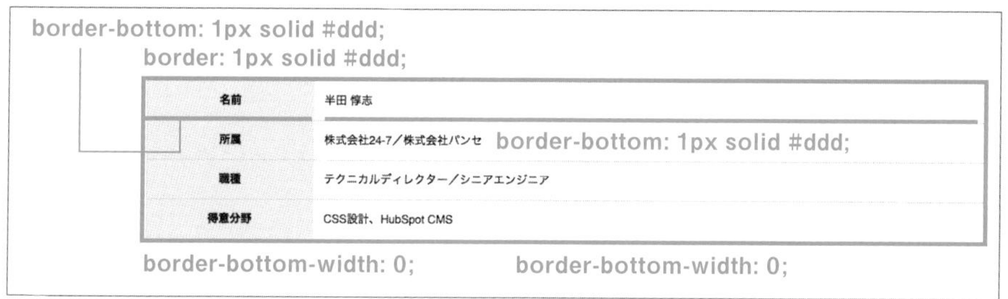

図6-15 それぞれの要素に対するborderプロパティの設定

拡張パターン

メディアクエリ時のスクロール

完成図（メディアクエリ適用時）

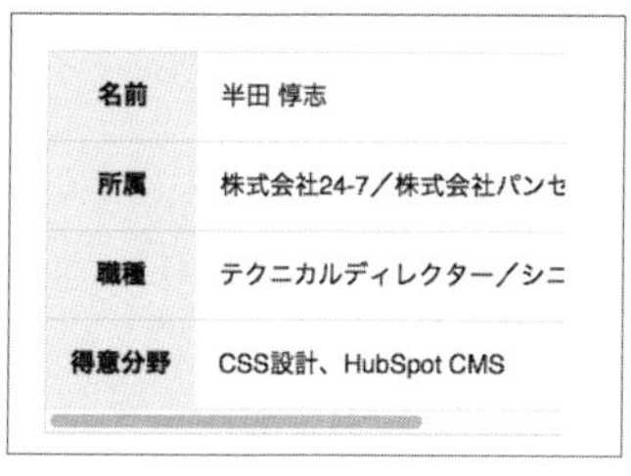

メディアクエリ適用時のみに対して変更を適用するパターンです。スクリーンサイズが狭まると、文字を折り返さずにテーブル内を水平スクロールすることで可読性を確保します。

BEM

HTML

```
<div class="horizontal-table
horizontal-table--md-scroll">
  <!-- 以降基本形と同様 -->
</div>
<!-- /.horizontal-table -->
```

CSS

```
/* .horizontal-table のスタイリング
に下記を追加 */
@media screen and (max-width:
768px) {
  .horizontal-table--md-scroll {
                                ―①
    border-right-width: 0;
    overflow-x: auto;
  }
  .horizontal-table--md-scroll
.horizontal-table__header,
  .horizontal-table--md-scroll
.horizontal-table__text {
    white-space: nowrap; ―②
  }
  .horizontal-table--md-scroll
.horizontal-table__text {
    border-right: 1px solid
#ddd; ―③
  }
}
```

PRECSS

HTML

```
<div class="bl_horizTable bl_
horizTable__mdScroll">
  <!-- 以降基本形と同様 -->
</div>
<!-- /.bl_horizTable -->
```

CSS

```
/* .bl_horizTable のスタイリングに
下記を追加 */
@media screen and (max-width:
768px) {
  .bl_horizTable.bl_horizTable__
mdScroll { ―①
    border-right-width: 0;
    overflow-x: auto;
  }
  .bl_horizTable.bl_horizTable__
mdScroll th,
  .bl_horizTable.bl_horizTable__
mdScroll td {
    white-space: nowrap; ―②
  }
  .bl_horizTable.bl_horizTable__
mdScroll td {
    border-right: 1px solid
#ddd; ―③
  }
}
```

①モディファイアに対する指定

ラッパーモジュールのモディファイアに overflow-x: auto; を指定することで、横スクロールを実現します。また border-right-width: 0; を使用し右側のボーダーを消すことで、水平方向にスクロールできることを示します（図6-16）。

名前	半田 惇志
所属	株式会社24-7／株式会社パンセ
職種	テクニカルディレクター／シニ
得意分野	CSS設計、HubSpot CMS

border-right-width: 0;

図6-16　右側のボーダーを消すことで、スクロールできることを伝える

② white-space: nowrap;

見出しとセル、それぞれのテキストを折り返さないようにするための指定です。この指定と①のラッパーモジュールに対する overflow-x:auto; により、自然な水平スクロールが実現できます。試しに white-space: nowrap; を無効にすると、図6-17のようにラッパーモジュールの横幅に収まるように文字が折り返されるので、スクロールが実現されません。

名前	半田 惇志
所属	株式会社24-7／株式会社パンセ
職種	テクニカルディレクター／シニアエンジニア
得意分野	CSS設計、HubSpot CMS

名前	半田 惇志
所属	株式会社24-7／株式会社パンセ
職種	テクニカルディレクター／シニ
得意分野	CSS設計、HubSpot CMS

図6-17　white-space: nowrap;が適用されていない例（上）、適用されている例（下）

③ border-right: 1px solid #ddd;

各行の右端のセルに対する指定です。スクロールできることを示すため①でラッパーモジュールに対する右側のボーダーを消しました。しかし右側のボーダーがないままだと、スクロールが右端に到達してもまだスクロールできるように見えてしまいます。そのため、スクロールが終わったことをきちんと示すためにこの指定を行います（図6-18）。

図6-18　各行の右端のセルの右側にボーダーを設定することで、スクロールが終了したことが伝わる

div要素の必要性

ここで改めて、基本形のdiv要素とその直下のHTML・CSSを見てみましょう。

HTML

```
<div class="bl_horizTable">
  <table>
  ...
  </table>
</div>
```

CSS

```
.bl_horizTable {
  border: 1px solid #ddd;
}
.bl_horizTable table {
  width: 100%;
}
```

これだけ見ると、「bl_horizTable」というクラス名をtable要素に付けて、borderプロパティもtable要素に適用するようにすればdiv要素は必要がないように思います。それはもちろんその通りで、div要素をなくした場合のコードは次のようになります。

HTML
```
<table class="bl_horizTable">
  ...
</table>
```

CSS
```
.bl_horizTable {
  border: 1px solid #ddd;
  width: 100%;
}
```

次にメディアクエリ時にスクロールを行う拡張パターンのHTML・CSSをおさらいしてみましょう。

メディアクエリ時にスクロールを行う拡張パターン

HTML
```
<div class="bl_horizTable bl_horizTable__mdScroll">
  <table>
  ...
  </table>
</div>
```

CSS
```
@media screen and (max-width: 768px) {
  .bl_horizTable.bl_horizTable__mdScroll {
    overflow-x: auto;
    border-right-width: 0;
  }
}
```

overflow-x: auto;の指定はtable要素の親要素に必ず指定しなければスクロールの挙動は実現できないため、このパターンではラッパーモジュールであるdiv要素は必須です。つまり必要がないからといって基本形はdiv要素をなくした形とすると、次のようにモディファイアを付加しても当然希望する挙動にはなりません。

このコードは動作しません

HTML

```
<table class="bl_horizTable bl_horizTable__mdScroll">
  ...
</table>
```

CSS

```
.bl_horizTable {
  border: 1px solid #ddd;
  width: 100%;
}
@media screen and (max-width: 768px) {
  .bl_horizTable.bl_horizTable__mdScroll {
    overflow-x: auto;
    border-right-width: 0;
  }
}
```

モディファイアの基本原則は「モディファイアを付け外すだけで、モジュールに変更を加えることができる」です。モディファイアを使用する際に、HTMLの構造も変える必要があるのはモディファイアとしてはナンセンスです。他の作業者も、HTMLの構造に修正が必要とは気付かないでしょう。

つまり基本形だけ見ると少し無駄なコードに見えてしまっても、ときにモディファイアに合わせたＨＴＭＬの構造を基本形にも採用することが有用であることをご留意ください。

実際には最初からモディファイアの構造を完全に意識して基本形のコードを書くことは難しいため、モディファイアが必要になった時点で基本形のコードにも修正を加えるようなフローになります。

COLUMN スクロールに慣性を与える -webkit-overflow-scrolling: touch;

水平方向のスクロールについて、特にスマートフォンを使用している際、ブラウザによっては慣性スクロール※が効かない場合があります。その場合、-webkit-overflow-scrollingプロパティの値をtouchにすることで、慣性スクロールを有効にすることができます。今回のコードでは、次のように記述します。

※ スワイプの強さに応じてスクロールの速度や量が変わる機能。例えばはじくようにスワイプすると、スクロールの速度は速くなり、量は多くなります。

CSS

```
.bl_horizTable.bl_horizTable__mdScroll {
  border-right-width: 0;
  overflow-x: auto;
  -webkit-overflow-scrolling: touch;
}
```

しかしこのプロパティは標準仕様ではなく、正式にサポートしているブラウザも執筆時でiOSのSafariのみです。他のブラウザで予期しない挙動を引き起こす可能性もありますので、使用する際はターゲットブラウザで十分に検証したうえで、自己責任で使用してください。

6-5 テーブル（垂直）

基本形

完成図

名前	所属	職種	得意分野
半田 惇志	株式会社24-7／株式会社パンセ	テクニカルディレクター／シニアエンジニア	CSS設計、HubSpot CMS
長澤 賢	株式会社パンセ	エンジニア	Vue.js/Nuxt.js
海老江 優太	株式会社パンセ	エンジニア	Adobe XD

メディアクエリ適用時

名前	所属
半田 惇志	株式会社24-7／株式会社パ
長澤 賢	株式会社パンセ
海老江 優太	株式会社パンセ

見出しとそれに対応するセルが垂直方向に並ぶシンプルなテーブルです。見出しや通常のセルのスタイルは、水平方向のテーブルと変わりません。横に長くなりがちなため、メディアクエリ適用時は水平方向のテーブルで拡張パターンとして紹介したテーブル内スクロールを基本形で適用します。

BEM

HTML

```
<div class="vertical-table">
  <table class="vertical-table__
inner">
    <thead class="vertical-table
__headers">
      <tr class="vertical-table__
header-row">
        <th class="vertical-
table__header">名前</th>
        <th class="vertical-
table__header">所属</th>
        <th class="vertical-
table__header">職種</th>
        <th class="vertical-
table__header">得意分野</th>
      </tr>
    </thead>
    <tbody class="vertical-table
__body">
      <tr class="vertical-table__
body-row">
        <td class="vertical-
table__text">半田 惇志</td>
        <td class="vertical-
table__text">株式会社24-7／株式
会社パンセ</td>
        <td class="vertical-
table__text">テクニカルディレクタ
ー／シニアエンジニア</td>
        <td class="vertical-
table__text">CSS設計、HubSpot CMS
</td>
      </tr>
      <!-- 以降<tr class="
vertical-table__body-row">を2回
```

PRECSS

HTML

```
<div class="bl_vertTable">
  <table>
    <thead>
      <tr>
        <th>名前</th>
        <th>所属</th>
        <th>職種</th>
        <th>得意分野</th>
      </tr>
    </thead>
    <tbody>
      <tr>
        <td>半田 惇志</td>
        <td>株式会社24-7／株式会
社パンセ</td>
        <td>テクニカルディレクター
／シニアエンジニア</td>
        <td>CSS設計、HubSpot
CMS</td>
      </tr>
      <!-- 以降<tr>を2回繰り返し
-->
    </tbody>
  </table>
</div>
<!-- /.bl_vertTable -->
```

BEM つづき

```
繰り返し -->
    </tbody>
  </table>
</div>
<!-- /.vertical-table -->
```

CSS

```
.vertical-table {
  border: 1px solid #ddd;
}
.vertical-table__inner {
  width: 100%;
  text-align: center;
  table-layout: fixed;
}
.vertical-table__header-row {
  background-color: #efefef;
}
.vertical-table__header {
  padding: 15px;
  border-right: 1px solid #ddd;
  border-bottom: 1px solid #ddd;
  font-weight: bold;
  vertical-align: middle;
}
.vertical-table__text {
  padding: 15px;
  border-right: 1px solid #ddd;
  border-bottom: 1px solid #ddd;
  vertical-align: middle;
}
.vertical-table__header:last-
child,
.vertical-table__text:last-child
{
  border-right-width: 0;  ―①
```

PRECSS つづき

CSS

```
.bl_vertTable {
  border: 1px solid #ddd;
}
.bl_vertTable table {
  width: 100%;
  text-align: center;
  table-layout: fixed;
}
.bl_vertTable thead tr {
  background-color: #efefef;
}
.bl_vertTable th {
  padding: 15px;
  border-right: 1px solid #ddd;
  border-bottom: 1px solid #ddd;
  font-weight: bold;
  vertical-align: middle;
}
.bl_vertTable td {
  padding: 15px;
  border-right: 1px solid #ddd;
  border-bottom: 1px solid #ddd;
  vertical-align: middle;
}
.bl_vertTable th:last-child,
.bl_vertTable td:last-child {
  border-right-width: 0;  ―①
}
.bl_vertTable tbody tr:last-child
```

BEM つづき

```
}
.vertical-table__body-row:last-child .vertical-table__text {
  border-bottom-width: 0;  ―②
}
/* メディアクエリ適用時 */
@media screen and (max-width: 768px) {
  .vertical-table {
    border-right-width: 0;
    overflow-x: auto;
  }
  .vertical-table__inner {
    width: auto;
    min-width: 100%;
  }
  .vertical-table__header,
  .vertical-table__text {
    white-space: nowrap;
  }
  .vertical-table__header:last-child,
  .vertical-table__text:last-child {
    border-right-width: 1px;
  }
}
```

PRECSS つづき

```
td {
  border-bottom-width: 0;  ―②
}
/* メディアクエリ適用時 */
@media screen and (max-width: 768px) {
  .bl_vertTable {
    border-right-width: 0;
    overflow-x: auto;
  }
  .bl_vertTable table {
    width: auto;
    min-width: 100%;
  }
  .bl_vertTable th,
  .bl_vertTable td {
    white-space: nowrap;
  }
  .bl_vertTable th:last-child,
  .bl_vertTable td:last-child {
    border-right-width: 1px;
  }
}
```

① border-right-width: 0;

四辺はモジュールのルート要素にてborderを設定しているため、各行の最後のセルの右側のボーダーを非表示にすることで、ボーダーが被らないようにします（図6-19）。

border: 1px solid #ddd;（モジュールのルート要素に対する指定）

名前	所属	職種	得意分野	
				border-right-width: 0;
半田 惇志	株式会社24-7／株式会社パンセ	テクニカルディレクター／シニアエンジニア	CSS設計、HubSpot CMS	border-right-width: 0;
長澤 賢	株式会社パンセ	エンジニア	Vue.js/Nuxt.js	border-right-width: 0;
海老江 優太	株式会社パンセ	エンジニア	Adobe XD	border-right-width: 0;

図6-19　table要素に対するborderの指定と、各行最後のセルに対するborder-rightの指定

② border-bottom-width: 0;

①と同じく、最終行の各セルの下側のボーダーを非表示にすることで、table要素に設定しているborderと被らないようにしています。

border: 1px solid #ddd;（table要素に対する指定）

名前	所属	職種	得意分野
半田 惇志	株式会社24-7／株式会社パンセ	テクニカルディレクター／シニアエンジニア	CSS設計、HubSpot CMS
長澤 賢	株式会社パンセ	エンジニア	Vue.js/Nuxt.js
海老江 優太	株式会社パンセ	エンジニア	Adobe XD
border-bottom-width: 0;	border-bottom-width: 0;	border-bottom-width: 0;	border-bottom-width: 0;

図6-20　table要素に対するborderの指定と、最終行のセルに対するborder-bottomの指定

テーブル（交差）

基本形

完成図

名前	所属	職種	得意分野
半田 惇志	株式会社24-7／株式会社パンセ	テクニカルディレクター／シニアエンジニア	CSS設計、HubSpot CMS
長澤 賢	株式会社パンセ	エンジニア	Vue.js/Nuxt.js
海老江 優太	株式会社パンセ	エンジニア	Adobe XD

メディアクエリ適用時

名前	所属
半田 惇志	株式会社24-7／株式会社パ
長澤 賢	株式会社パンセ
海老江 優太	株式会社パンセ

1行目は見出しが水平方向に展開し、2行目以降は最初のセルが見出しになるテーブルです。メディアクエリ適用時は1列目を固定して表示します。

BEM

HTML

```
<div class="cross-table">
  <table class="cross-table__
inner">
    <thead class="cross-table__
headers">
      <tr class="cross-table__
header-row">
        <th class="cross-table__
header cross-table__header--md-
sticky">名前</th>  ―①
        <th class="cross-table__
header">所属</th>
        <th class="cross-table__
header">職種</th>
        <th class="cross-table__
header">得意分野</th>
      </tr>
    </thead>
    <tbody class="cross-table__
body">
      <tr class="cross-table__
body-row">
        <th class="cross-table__
header cross-table__header--md-
sticky">半田 惇志</th>  ―①
        <td class="cross-table__
text">株式会社24-7／株式会社パン
セ</td>
        <td class="cross-table__
text">テクニカルディレクター／シニ
アエンジニア</td>
        <td class="cross-table__
text">CSS設計、HubSpot CMS</td>
      </tr>
      <!-- 以降<tr class="cross-
```

PRECSS

HTML

```
<div class="bl_crossTable">
  <table>
    <thead>
      <tr>
        <th class="bl_crossTable_
mdSticky">名前</th>  ―①
        <th>所属</th>
        <th>職種</th>
        <th>得意分野</th>
      </tr>
    </thead>
    <tbody>
      <tr>
        <th class="bl_crossTable_
mdSticky">半田 惇志</th>  ―①
        <td>株式会社24-7／株式会
社パンセ</td>
        <td>テクニカルディレクター
／シニアエンジニア</td>
        <td>CSS設計、HubSpot CMS
</td>
      </tr>
      <!-- 以降<tr>を2回繰り返し
-->
    </tbody>
  </table>
</div>
<!-- /.bl_crossTable -->
```

BEM つづき

```
table__body-row"> を 2 回繰り返し
-->
    </tbody>
  </table>
</div>
<!-- /.cross-table -->
```

CSS

```
.cross-table {
  border: 1px solid #ddd;
}
.cross-table__inner {
  width: 100%;
  text-align: center;
  table-layout: fixed;
}
.cross-table__header {
  padding: 15px;
  background-color: #efefef;
  border-right: 1px solid #ddd;
  border-bottom: 1px solid #ddd;
  font-weight: bold;
  vertical-align: middle;
}
.cross-table__text {
  padding: 15px;
  border-right: 1px solid #ddd;
  border-bottom: 1px solid #ddd;
  vertical-align: middle;
}
.cross-table__header:last-child,
.cross-table__text:last-child {
  border-right-width: 0;
}
.cross-table__body-row:last-child
.cross-table__header,
```

PRECSS つづき

CSS

```
.bl_crossTable {
  border: 1px solid #ddd;
}
.bl_crossTable table {
  width: 100%;
  text-align: center;
  table-layout: fixed;
}
.bl_crossTable th {
  padding: 15px;
  background-color: #efefef;
  border-right: 1px solid #ddd;
  border-bottom: 1px solid #ddd;
  font-weight: bold;
  vertical-align: middle;
}
.bl_crossTable td {
  padding: 15px;
  border-right: 1px solid #ddd;
  border-bottom: 1px solid #ddd;
  vertical-align: middle;
}
.bl_crossTable th:last-child,
.bl_crossTable td:last-child {
  border-right-width: 0;
}
.bl_crossTable tbody tr:last-
child th,
```

BEM つづき

```
.cross-table__body-row:last-child
.cross-table__text {
  border-bottom-width: 0;
}
/* メディアクエリ適用時 */
@media screen and (max-width:
768px) {
  .cross-table {
    border-right-width: 0;
    overflow-x: auto;
  }
  .cross-table__inner {
    width: auto;
    min-width: 100%;
  }
  .cross-table__header,
  .cross-table__text {
    white-space: nowrap;
  }
  .cross-table__header:last-
child,
  .cross-table__text:last-child {
    border-right-width: 1px;
  }
  .cross-table__header--md-sticky
{
    position: -webkit-sticky;
                                ―②
    position: sticky;  ―②
    left: 0;  ―②
  }
}
```

PRECSS つづき

```
.bl_crossTable tbody tr:last-
child td {
  border-bottom-width: 0;
}
/* メディアクエリ適用時 */
@media screen and (max-width:
768px) {
  .bl_crossTable {
    border-right-width: 0;
    overflow-x: auto;
  }
  .bl_crossTable table {
    width: auto;
    min-width: 100%;
  }
  .bl_crossTable th,
  .bl_crossTable td {
    white-space: nowrap;
  }
  .bl_crossTable th:last-child,
  .bl_crossTable td:last-child {
    border-right-width: 1px;
  }
  .bl_crossTable_mdSticky {
    position: -webkit-sticky;
                                ―②
    position: sticky;  ―②
    left: 0;  ―②
  }
}
```

① <th class="cross-table__header cross-table__header--md-sticky"> / <th class="bl_crossTable_mdSticky">

メディアクエリ適用時に固定したい見出しに対するクラス指定です。クラスを使用せず nth-of-type 疑似クラスなどで指定することもできますが、

- CSSが複雑になってしまう
- HTMLから挙動を読み取れない

などあまりいいことがありませんので、クラスで明示的に実装します。

② position: sticky; / left: 0;

位置を固定するための指定です。position: sticky; は比較的新しい値であるため、執筆時点ではサポートしているブラウザにバラつきがあり、また -webkit- のベンダープレフィックスが必要になります。主な閲覧環境として想定している iOS Safari、Android の Google Chrome はよほど古いバージョンでない限りサポートしているため、古いバージョンのブラウザをサポートしないのであれば問題ないでしょう。

まずは position: sticky; で「特定の位置に固定して表示する」ということを指定し、次に left: 0; で「左側の 0 の位置に配置」ということを指定しています。これにより、スクロールを行うと図 6-21 のような挙動となります。

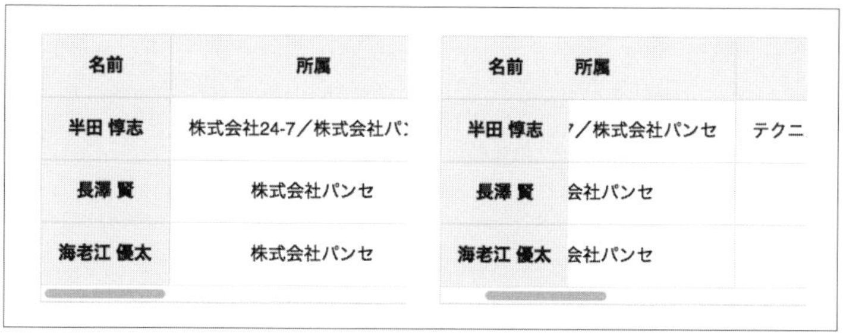

名前	所属
半田 惇志	株式会社24-7／株式会社パ:
長澤 賢	株式会社パンセ
海老江 優太	株式会社パンセ

名前	所属	
半田 惇志	7／株式会社パンセ	テクニ
長澤 賢	会社パンセ	
海老江 優太	会社パンセ	

図 6-21　スクロールする前の表示 (左)、スクロール中の表示 (右)

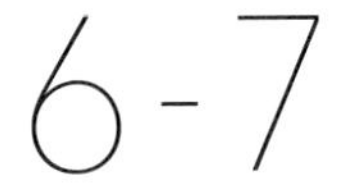

6-7 ページャー

基本形

完成図

ホバー時

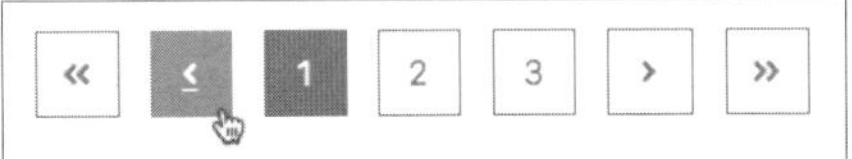

ページャーの横幅がコンテンツ幅を超える場合

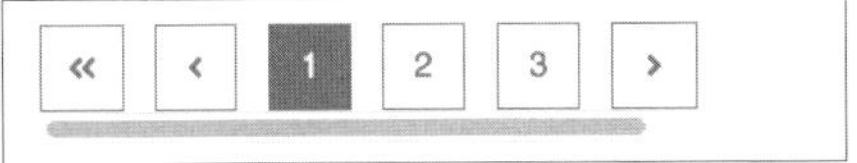

ページ送りをするためのモジュールです。矢印がふたつ重なっているものはそれぞれ一番最初と一番最後、矢印がひとつのものはそれぞれひとつ前とひとつ後のページに遷移する想定です。ページャーの横幅がコンテンツ幅を超えた場合は水平スクロールをするようにします。スクリーンサイズが狭くなった際もこの挙動は生かされるため、メディアクエリは設定しません。

アイコンは左からFont Awesomeの、

- angle-double-left ※1
- angle-left ※2
- angle-right ※3
- angle-double-right ※4

を使用しています。

※1 https://fontawesome.com/icons/angle-double-left?style=solid
※2 https://fontawesome.com/icons/angle-left?style=solid
※3 https://fontawesome.com/icons/angle-right?style=solid
※4 https://fontawesome.com/icons/angle-double-right?style=solid

BEM

HTML

```
<nav class="pager">
  <ul class="pager__inner">
    <li class="pager__item">
      <a class="pager__link"
href="#">
        <i class="fas fa-angle-
double-left"></i>
      </a>
    </li>
    <li class="pager__item">
      <a class="pager__link"
href="#">
        <i class="fas fa-angle-
left"></i>
      </a>
    </li>
    <li class="pager__item">
      <span class="pager__link
pager__link--active">1</span>
    </li>
    <li class="pager__item">
      <a class="pager__link"
href="#">2</a>
    </li>
    <li class="pager__item">
      <a class="pager__link"
href="#">3</a>
    </li>
    <li class="pager__item">
      <a class="pager__link"
href="#">
        <i class="fas fa-angle-
right"></i>
      </a>
    </li>
```

PRECSS

HTML

```
<nav class="bl_pager">
  <ul class="bl_pager_inner">
    <li>
      <a class="bl_pager_link"
href="#">
        <i class="fas fa-angle-
double-left"></i>
      </a>
    </li>
    <li>
      <a class="bl_pager_link"
href="#">
        <i class="fas fa-angle-
left"></i>
      </a>
    </li>
    <li>
      <span class="bl_pager_link
is_active">1</span>
    </li>
    <li>
      <a class="bl_pager_link"
href="#">2</a>
    </li>
    <li>
      <a class="bl_pager_link"
href="#">3</a>
    </li>
    <li>
      <a class="bl_pager_link"
href="#">
        <i class="fas fa-angle-
right"></i>
      </a>
    </li>
```

BEM つづき

```
    <li class="pager__item">
      <a class="pager__link"
href="#">
        <i class="fas fa-angle-
double-right"></i>
      </a>
    </li>
  </ul>
</nav>
```

CSS

```
.pager { ―①
  display: flex;
  overflow-x: auto;
}
.pager__inner { ―①
  display: flex;
  margin-right: auto;
  margin-left: auto;
}
.pager__inner > *:last-child {
  margin-right: 0;
}
.pager__item {
  margin-right: 15px; ―②
}
.pager__link {
  display: flex; ―③
  align-items: center; ―③
  justify-content: center; ―③
  width: 40px;
  height: 40px;
  border: 1px solid currentColor;
  color: #e25c00;
  text-decoration: none;
  transition: .25s;
```

PRECSS つづき

```
    <li>
      <a class="bl_pager_link"
href="#">
        <i class="fas fa-angle-
double-right"></i>
      </a>
    </li>
  </ul>
</nav>
```

CSS

```
.bl_pager { ―①
  display: flex;
  overflow-x: auto;
}
.bl_pager_inner { ―①
  display: flex;
  margin-right: auto;
  margin-left: auto;
}
.bl_pager_inner > *:last-child {
  margin-right: 0;
}
.bl_pager_inner > li {
  margin-right: 15px; ―②
}
.bl_pager_link {
  display: flex; ―③
  align-items: center; ―③
  justify-content: center; ―③
  width: 40px;
  height: 40px;
  border: 1px solid currentColor;
  color: #e25c00;
  text-decoration: none;
  transition: .25s;
```

BEM つづき

```
}
.pager__link:focus,
.pager__link:hover {
  background-color: #e25c00;
  color: #fff;
  opacity: .75;
}
.pager__link--active {
  background-color: #e25c00;
  color: #fff;
  pointer-events: none;  ――④
}
```

PRECSS つづき

```
}
.bl_pager_link:focus,
.bl_pager_link:hover {
  background-color: #e25c00;
  color: #fff;
  opacity: .75;
}
.bl_pager_link.is_active {
  background-color: #e25c00;
  color: #fff;
  pointer-events: none;  ――④
}
```

Chapter 1 Chapter 2 Chapter 3 Chapter 4 Chapter 5 Chapter 6 Chapter 7 Chapter 8 Chapter 9

①ルート要素とその直下の子要素に対する指定

少し不思議な書き方ですが、これらのコードは「左右中央揃えにしつつ、横幅がコンテンツエリアをはみ出す場合は水平スクロールを行う」ということを実現しています。なぜこのような書き方をするかというと、仮に次のコードのようにシンプルに実装した場合、水平スクロール時にすべてのコンテンツにアクセスできない不具合が発生してしまうのです（図6-22）。

CSS

```
/* 不具合が発生してしまうコードの例 */
.bl_pager {
  overflow-x: auto;
}
.bl_pager_inner {
  display: flex;
  justify-content: center;
}
```

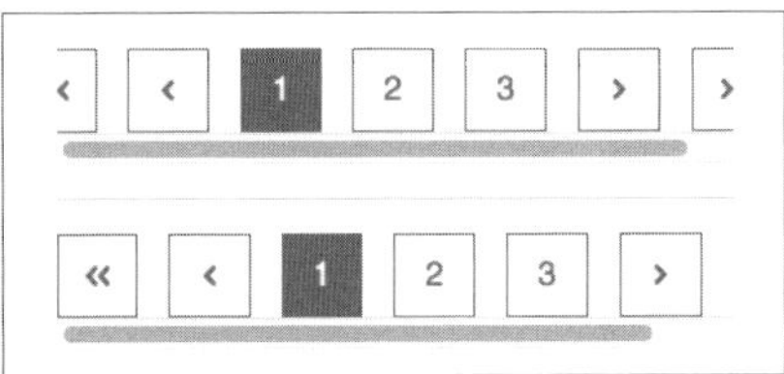

図6-22　不具合が発生し、左端のコンテンツが見切れている（上）、本来期待する表示（下）

ではこの不具合を解消するためのコードをA、B、Cに分けて、詳しく見ていきましょう。

```
CSS
.bl_pager {
  display: flex;   /* A */
  overflow-x: auto; /* C */
}
.bl_pager_inner {
  display: flex; /* B */
  margin-right: auto; /* A */
  margin-left: auto; /* A */
}
```

まずAです。ルート要素に対するdisplay: flex;とその直下の要素に対するmargin-right: auto;とmargin-left: auto;で左右中央揃えを行っています。この段階では図6-23の上のような表示になります。

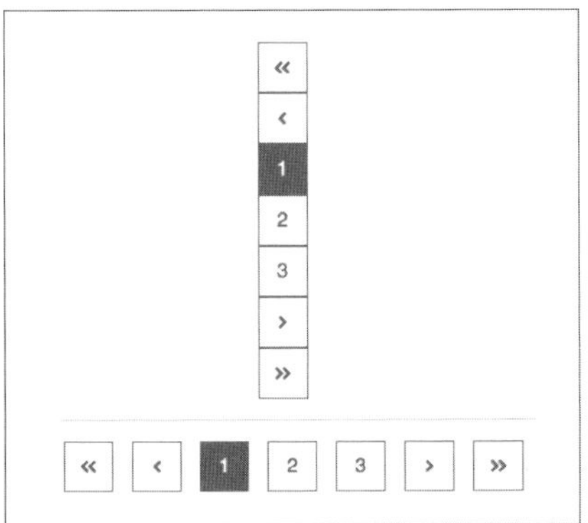

図6-23　Aのコードのみを適用した状態（上）、最終的に表示したい形（下）

次にBのdisplay: flex;を適用することで、図6-24の下の形のように、ページャーの項目がそれぞれ横並びになります。

最後にページャーの横幅がコンテンツ幅を超えた場合水平スクロールとするために、Cのoverflow-x: auto;を適用します。

なお冒頭でも説明しましたが、水平スクロールの挙動はスマートフォンなどのスクリーンサイズが狭い場面だけでなく、デスクトップ環境などのスクリーンサイズが広い場面でも有効です。例えば次のようにページャーの項目がとても多い場合は、スクリーンサイズが広い場合でも水平スクロールが有効になります（図6-24）。

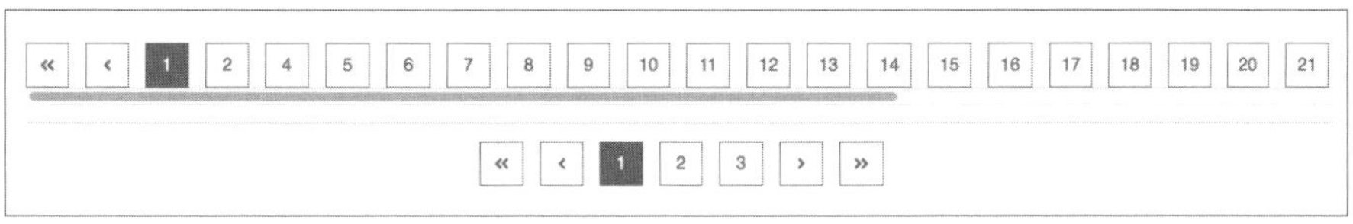

図6-24　ページャーの項目数が多い場合（上）、今までと同様の項目数の場合（下）

② margin-right: 15px;

今までの他のモジュールはフレキシブルレイアウト※に則り左右の余白を%で指定していましたが、今回はあえてpxを用いてで固定値を指定しています。

というのも今回のページャーのクリッカブルな範囲は少し狭いため、どのようなスクリーンサイズでも必ず15p xは余白が空くようにすることにより、誤ったクリックやタップを防ぐ狙いがあります。同じ理由で、幅と高さも40pxの固定値としています。

※ スクリーンサイズに応じて要素の横幅が可変するが、最大幅を設定しておくレイアウト手法です。

③リンクに対するdisplay: flex;関連の設定

③の指定がなされているセレクターは、図6-25の要素を指しています。

図6-25　.pager__link / .bl_pager_linkに該当する要素

この要素に対する、

- display: flex;
- align-items: center;
- justify-content: center;

の指定は、「数字を左右・天地中央揃えで配置する」ということを表しています。display: flex; というとモジュールやその子要素といった単位でのレイアウトのイメージがあるかもしれませんが、こういった子要素内でのコンテンツの配置にも使用できることを覚えておくと、何かと役立つ場面があるでしょう。

④ pointer-events: none;

アクティブな要素に対する指定です。この pointer-events プロパティを none に設定すると、ホバーやフォーカス、クリックなどのポインター関連のイベントの対象外とすることができます※。これにより、アクティブ要素（今回は span 要素）に対するホバー時の CSS が適用されることを自然に回避することができます。

逆にこのプロパティを使用しなければ、例え span 要素であってもホバースタイルがクラスセレクターに対して設定されているため、次のコードのように「アクティブ要素はホバースタイルを打ち消す」という CSS を追加しなければなりません。

※ 子要素に別の値を指定した場合は、子要素がイベントの対象となります。詳しくはこちらをご参照ください。
https://developer.mozilla.org/ja/docs/Web/CSS/pointer-events

CSS
```
/* 通常のホバースタイル */
.bl_pager_link:focus,
.bl_pager_link:hover {
  background-color: #e25c00;
  color: #fff;
  opacity: .75;
}

/* ホバースタイルを打ち消す */
.bl_pager_link.is_active:focus,
.bl_pager_link.is_active:hover {
  opacity: 1;
}
```

プロパティ自体はたった1行ですが、いちいちセレクターも書いて用意するのはちょっと面倒ですよね。そんなときに便利なのがこの pointer-events プロパティなので、こちらも覚えておくと便利かと思います。

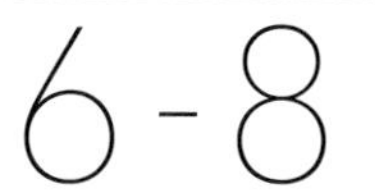

タブナビゲーション

基本形

完成図

契約・手続きについて　製品について　キャンペーンについて　会員機能について　各種お手続きについて

ホバー時

契約・手続きについて　製品について　キャンペーンについて　会員機能について　各種お手続きについて

メディアクエリ適用時

メディアクエリ適用前で複数行になる場合

契約・手続きについて　製品について　キャンペーンについて
会員機能について　各種お手続きについて

カテゴリなどを列挙し、クリックすると該当のページに遷移したり、対応するコンテンツに切り替わることを想定したタブ型のナビゲーションです。メディアクエリ適用時は水平スクロールを行いますが、ページャーと違いこのモジュールは複数行になっても不自然ではないので、水平スクロールはあくまでメディアクエリ適用時のみとします。

BEM

HTML

```
<nav class="tab-navigation">
  <ul class="tab-navigation__
inner">
    <li class="tab-navigation__
item">
      <span class="tab-navigation
__link tab-navigation__link--
active"> 契約・手続きについて </
span>
    </li>
    <li class="tab-navigation__
item">
      <a class="tab-navigation__
link" href="#"> 製品について </a>
    </li>
    <li class="tab-navigation__
item">
      <a class="tab-navigation__
link" href="#"> キャンペーンについ
て </a>
    </li>
    <li class="tab-navigation__
item">
      <a class="tab-navigation__
link" href="#">会員機能について</a>
    </li>
    <li class="tab-navigation__
item">
      <a class="tab-navigation__
link" href="#"> 各種お手続きについ
て </a>
    </li>
  </ul>
</nav>
```

PRECSS

HTML

```
<nav class="bl_tabNav">
  <ul class="bl_tabNav_inner">
    <li>
      <span class="bl_tabNav_link
is_active"> 契約・手続きについて </
span>
    </li>
    <li>
      <a class="bl_tabNav_link"
href="#"> 製品について </a>
    </li>
    <li>
      <a class="bl_tabNav_link"
href="#"> キャンペーンについて </a>
    </li>
    <li>
      <a class="bl_tabNav_link"
href="#"> 会員機能について </a>
    </li>
    <li>
      <a class="bl_tabNav_link"
href="#"> 各種お手続きについて </a>
    </li>
  </ul>
</nav>
```

BEM つづき

CSS

```
.tab-navigation__inner {
  display: flex;
  align-items: center;
  flex-wrap: wrap; ―①
  justify-content: center;
  margin-bottom: -10px;
}
.tab-navigation__link {
  display: inline-block;
  padding-right: 30px;
  padding-bottom: 10px;
  padding-left: 30px;
  margin-bottom: 10px;
  border-bottom: 4px solid
#efefef;
  color: #777;
  text-decoration: none;
  transition: .25s;
}
.tab-navigation__link:focus,
.tab-navigation__link:hover {
  border-bottom-color:
currentColor;
  color: #e25c00;
  opacity: .75;
}
.tab-navigation__link--active {
  border-bottom-color:
currentColor;
  color: #e25c00;
  pointer-events: none;
}
/* メディアクエリ適用時 */
@media screen and (max-width:
768px) {
```

PRECSS つづき

CSS

```
.bl_tabNav_inner {
  display: flex;
  align-items: center;
  flex-wrap: wrap; ―①
  justify-content: center;
  margin-bottom: -10px;
}
.bl_tabNav_link {
  display: inline-block;
  padding-right: 30px;
  padding-bottom: 10px;
  padding-left: 30px;
  margin-bottom: 10px;
  border-bottom: 4px solid
#efefef;
  color: #777;
  text-decoration: none;
  transition: .25s;
}
.bl_tabNav_link:focus,
.bl_tabNav_link:hover {
  border-bottom-color:
currentColor;
  color: #e25c00;
  opacity: .75;
}
.bl_tabNav_link.is_active {
  border-bottom-color:
currentColor;
  color: #e25c00;
  pointer-events: none;
}
/* メディアクエリ適用時 */
@media screen and (max-width:
768px) {
```

BEM つづき

```
  .tab-navigation {
    overflow-x: auto;
  }
  .tab-navigation__inner {
    flex-wrap: nowrap; ──②
    justify-content: flex-start;
    ──②
    margin-bottom: 0;
    white-space: nowrap;
  }
}
```

PRECSS つづき

```
  .bl_tabNav {
    overflow-x: auto;
  }
  .bl_tabNav_inner {
    flex-wrap: nowrap; ──②
    justify-content: flex-start;
    ──②
    margin-bottom: 0;
    white-space: nowrap;
  }
}
```

① flex-wrap: wrap;

スクリーンサイズが縮むなどしてモジュールの横幅がコンテンツ幅を上回った際に、折り返すようにする指定です。参考までにこのプロパティと値が設定されていない場合、表示は図6-26のようになります。

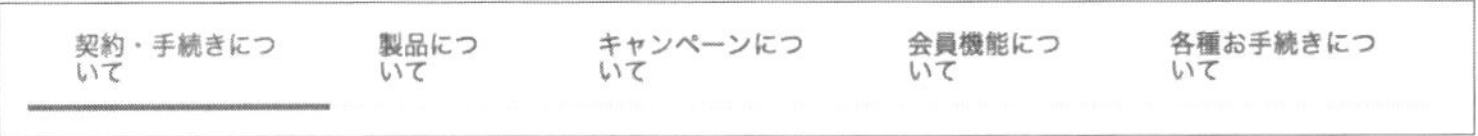

図6-26　flex-wrap: wrap;が設定されていない場合の表示

② flex-wrap: nowrap; / justify-content: flex-start;

メディアクエリ適用時に水平スクロールを行うための指定です。まずはflex-wrap: nowrap;で折り返しを解除し、タブナビゲーションの横幅がコンテンツ幅を上回っていても、構わず一行を保つようにします。

ただし、ページャーの項目でも触れたように、これだけでは水平スクロールになった際、アクセスできないコンテンツが出てきてしまいます。これを解消するために、justify-content: flex-start;を設定します（図6-27）。

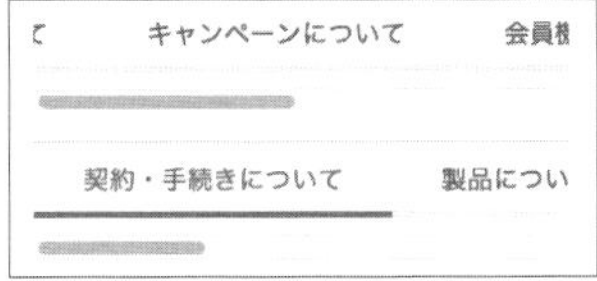

図6-27　justify-content: flex-start;を設定していない状態（上）、justify-content: flex-start;を設定した状態（下）

6-9 CTA

基本形

完成図

お気軽にお問い合わせください

弊社のサービスや製品のことで気になることがございましたら、お気軽にお問い合わせください
→問い合わせする

CTAとは「Call To Action」の略で、ユーザーの具体的な行動を喚起するためのインターフェースのことを指します。本モジュールはユーザーをお問い合わせに誘導するためのもので、背景色と枠線、タイトルで目立つようにしています。

BEM

HTML

```
<div class="cta-area">
  <h2 class="cta-area__title">
    お気軽にお問い合わせください
  </h2>
  <p class="cta-area__text">
    弊社のサービスや製品のことで気に
なることがございましたら、お気軽にお
問い合わせください <br>
    <a href="#"> →問い合わせする
</a>
  </p>
</div>
<!-- /.cta-area -->
```

PRECSS

HTML

```
<div class="bl_cta">
  <h2 class="bl_cta_ttl">
    お気軽にお問い合わせください
  </h2>
  <p class="bl_cta_txt">
    弊社のサービスや製品のことで気に
なることがございましたら、お気軽にお
問い合わせください <br>
    <a href="#"> →問い合わせする
</a>
  </p>
</div>
<!-- /.bl_cta -->
```

BEM つづき

CSS
```
.cta-area {
  padding: 30px;
  background-color: rgba (221,
116, 44, .05) ; ―①
  border: 1px solid #e25c00;
  text-align: center;
}
.cta-area > *:last-child {
  margin-bottom: 0;
}
.cta-area__title {
  padding-bottom: 10px;
  margin-top: -6px;
  margin-bottom: 40px;
  border-bottom: 1px solid
currentColor;
  color: #e25c00;
  font-size: 1.5rem;
  font-weight: bold;
}
```

PRECSS つづき

CSS
```
.bl_cta {
  padding: 30px;
  background-color: rgba (221,
116, 44, .05) ; ―①
  border: 1px solid #e25c00;
  text-align: center;
}
.bl_cta > *:last-child {
  margin-bottom: 0;
}
.bl_cta_ttl {
  padding-bottom: 10px;
  margin-top: -6px;
  margin-bottom: 40px;
  border-bottom: 1px solid
currentColor;
  color: #e25c00;
  font-size: 1.5rem;
  font-weight: bold;
}
```

① background-color: rgba（221, 116, 44, .05）;

オレンジで半透明の背景色を設定しています。rgbaというのは「Red Green Blue Alpha（透明度）」の頭文字で、最後の値が透明度にあたります。今回は最初の0を省略して.05としているため、つまり透明度5%のオレンジを背景色として設定しています。#ffffffなど普段使用している16進法からRGB形式へ色を変換するツールはエディタに搭載されていたり、Ｗｅｂ上にもたくさん公開されています※ので、それらを利用するといいでしょう。

ちなみにCSSでは、透明度を指定しない形のRGB形式で「background-color: rgb（221, 116, 44）;」と記述することもできます。

※ 例：https://www.rgbtohex.net/hextorgb/

BEMとPRECSSのクラス名の違い

BEMのクラス名は「.cta-area」としているのに対し、PRECSSでは「.bl_cta」としています。まず、なぜBEMこのような命名にしているかというと、「cta」という単語はボタンを指すことも多いため、「-area」を付けないと混同、または衝突する可能性があるためです。

一方でなぜPRECSSでは「area」という単語を含んでいないかというと、「bl_」という接頭辞が複数の子要素を含むことを表しているため、ボタンと混同することがないからです。仮にCTAボタンを追加するとしても、そのときはモジュールの粒度からel_の接頭辞がつき「el_cta」というクラス名となるため、「bl_cta」と混同、衝突することがありません。

もちろんPRECSSにおいて「bl_ctaArea」とすることも一向に構いませんが、接頭辞にはこのようなメリットもあることを押さえておいてもらえればと思います。

6-10 料金表

基本形

完成図

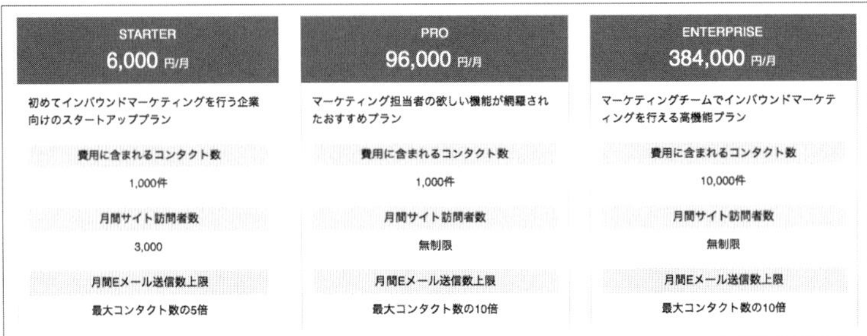

メディアクエリ適用時

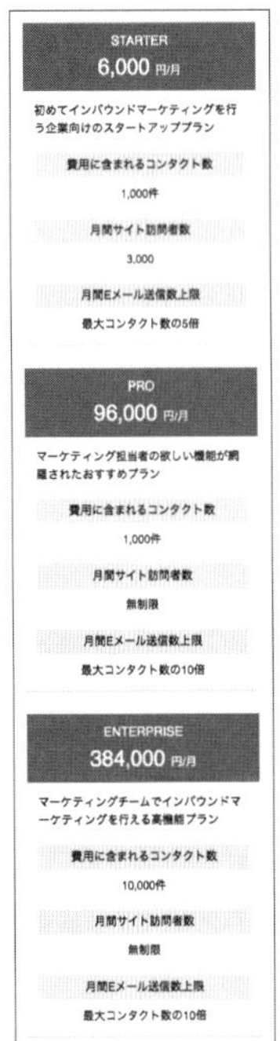

プランごとの料金や機能を紹介するモジュールです。ヘッダー部分は塗りつぶしでプランタイトルと料金を記載し、その下に続くボックスで補足の解説をテキストや定義リストを用いて行います。

BEM

HTML

```
<ul class="price-boxes"> ―①
  <li class="price-boxes__item
price-box"> ―①
    <div class="price-box__
header">
      <p class="price-box__title
">STARTER</p>
      <p class="price-box__price
">
        6,000 <span class="price
-box__price-unit">円/月</span>
      </p>
    </div>
    <!-- /.price-box__header-->
    <div class="price-box__body">
      <p class="price-box__lead">
        初めてインバウンドマーケテ
ィングを行う企業向けのスタートアップ
プラン
      </p>
      <dl class="price-box__
features">
        <dt class="price-box__
features-header">費用に含まれるコ
ンタクト数</dt>
        <dd class="price-box__
features-text">1,000件</dd>
        <dt class="price-box__
features-header">月間サイト訪問者
数</dt>
        <dd class="price-box__
```

PRECSS

HTML

```
<ul class="bl_priceUnit"> ―①
  <li class="bl_price"> ―①
    <div class="bl_price_header">
      <p class="bl_price_ttl">
STARTER</p>
      <p class="bl_price_price">
        6,000 <span>円/月</
span>
      </p>
    </div>
    <!-- /.bl_price_header-->
    <div class="bl_price_body">
      <p class="bl_price_lead">
        初めてインバウンドマーケテ
ィングを行う企業向けのスタートアップ
プラン
      </p>
      <dl class="bl_price_
features">
        <dt>費用に含まれるコンタク
ト数</dt>
        <dd>1,000件</dd>
        <dt>月間サイト訪問者数</
dt>
        <dd>3,000</dd>
        <dt>月間Eメール送信数上限
</dt>
        <dd>最大コンタクト数の5倍
</dd>
      </dl>
    </div>
```

BEMつづき

```
features-text">3,000</dd>
          <dt class="price-box__
features-header">月間Eメール送信
数上限</dt>
          <dd class="price-box__
features-text">最大コンタクト数の5
倍</dd>
        </dl>
      </div>
      <!-- /.price-box__body-->
    </li>
    <!-- 以降<li class="price-
boxes__item price-box">を2回繰り
返し -->
</ul>
```

CSS

```
/* ラッパーモジュールに対する指定 */
.price-boxes {
  display: flex;
  align-items: flex-start;
  justify-content: center;
}
.price-boxes__item {
  flex: 1; ―②
  margin-right: 2.43902%;
}
.price-boxes__item:last-child {
  margin-right: 0;
}
/* メディアクエリ適用時 */
@media screen and (max-width:
768px) {
  .price-boxes {
    display: block;
  }
```

PRECSSつづき

```
    <!-- /.bl_price_body-->
  </li>
  <!-- 以降<li class="bl_price">
を2回繰り返し -->
</ul>
```

CSS

```
/* ラッパーモジュールに対する指定 */
.bl_priceUnit {
  display: flex;
  align-items: flex-start;
  justify-content: center;
}
.bl_priceUnit .bl_price {
  flex: 1; ―②
  margin-right: 2.43902%;
}
.bl_priceUnit .bl_price:last-
child {
  margin-right: 0;
}
@media screen and (max-width:
768px) {
  .bl_priceUnit {
    display: block;
  }
```

BEM つづき

```
  .price-boxes__item {
    margin-right: 0;
    margin-bottom: 30px;
  }
  .price-boxes__item:last-child {
    margin-bottom: 0;
  }
}

/* それぞれのボックスに対する指定 */
.price-box {
  border: 1px solid #ddd;
}
.price-box__header {
  padding: 10px;
  background-color: #e25c00;
  color: #fff;
  text-align: center;
}
.price-box__title {
  font-size: 1.125rem;
}
.price-box__price {
  font-size: 1.875rem;
}
.price-box__price-unit {
  font-size: 1rem;
}
.price-box__body {
  padding: 15px;
}
.price-box__body > *:last-child {
  margin-bottom: 0;
}
.price-box__lead {
  margin-bottom: 20px;
```

PRECSS つづき

```
  .bl_priceUnit .bl_price {
    margin-right: 0;
    margin-bottom: 30px;
  }
  .bl_priceUnit .bl_price:last-
child {
    margin-bottom: 0;
  }
}

/* それぞれのボックスに対する指定 */
.bl_price {
  border: 1px solid #ddd;
}
.bl_price_header {
  padding: 10px;
  background-color: #e25c00;
  color: #fff;
  text-align: center;
}
.bl_price_ttl {
  font-size: 1.125rem;
}
.bl_price_price {
  font-size: 1.875rem;
}
.bl_price_price span {
  font-size: 1rem;
}
.bl_price_body {
  padding: 15px;
}
.bl_price_body > *:last-child {
  margin-bottom: 0;
}
.bl_price_lead {
```

BEM つづき

```
}
.price-box__features {
  text-align: center;
}
.price-box__features > *:last-
child {
  margin-bottom: 0;
}
.price-box__features-header {
  padding: 5px;
  margin-bottom: 10px;
  background-color: #efefef;
}
.price-box__features-text {
  margin-bottom: 20px;
}
```

PRECSS つづき

```
  margin-bottom: 20px;
}
.bl_price_features {
  text-align: center;
}
.bl_price_features > *:last-child
{
  margin-bottom: 0;
}
.bl_price_features dt {
  padding: 5px;
  margin-bottom: 10px;
  background-color: #efefef;
}
.bl_price_features dd {
  margin-bottom: 20px;
}
```

① <ul class="price-boxes">, <li class="price-boxes__item price-box"> / <ul class="bl_priceUnit">, <li class="bl_price">

.price-boxes__item と .bl_price は各プランのコンテンツを表している部分であり、.price-boxes と .bl_priceUnit はそれらをレイアウトするためのラッパーモジュールです。カードモジュールの場合と同じく、「モジュール本体」と「レイアウト」はきちんと分離しておきます。

図6-28 ラッパーモジュールとモジュール本体の関係

② flex: 1;

各プランを均等幅で表示するための指定です。flex: 1; はショートハンドで、値がひとつだけで単位がない場合は flex-grow に対する指定となるのでした。すなわち、この指定は flex-grow: 1; を意味しています。

バリエーション

料金表テーブル

完成図

	STARTER 6,000 円/月	PRO 96,000 円/月	ENTERPRISE 384,000 円/月
費用に含まれるコンタクト数	1,000件	1,000件	1,0000件
月間サイト訪問者数	3,000	無制限	無制限
月間Eメール送信数上限	最大コンタクト数の5倍	最大コンタクト数の10倍	最大コンタクト数の10倍

メディアクエリ適用時

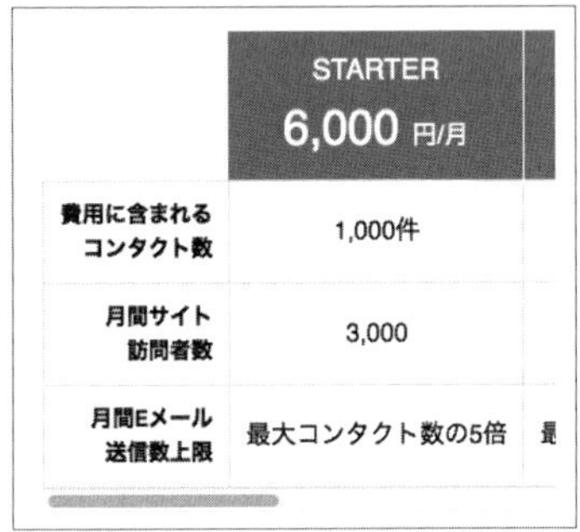

	STARTER 6,000 円/月
費用に含まれるコンタクト数	1,000件
月間サイト訪問者数	3,000
月間Eメール送信数上限	最大コンタクト数の5倍

料金表が垂直方向、水平方向それぞれに見出しを持つテーブルになったパターンです。プラン名と料金部分は基本形と同じスタイルですが※、逆に言えばそれ以外に共通点はないので、別モジュールとして作成します。

※「基本形とこのテーブルパターンのプラン名・料金の部分は必ず同じスタイルでならなければならない」というような状況の場合は、この部分を「.price-header / .bl_priceHeader」という名前でひとつの独立したモジュールとして切り出す方法も考えられます。

BEM

HTML

```
<div class="price-table">
  <table class="price-table__
inner">
    <thead class="price-table__
headers">
      <tr class="price-table__
header-row">
        <th> </th>
        <th class="price-table__
header">
          <p class="price-table
__header-title">STARTER</p>
          <p class="price-table
__price">
            6,000 <span class=
"price-table__price-unit">円/月
</span>
          </p>
        </th>
        <th class="price-table__
header">
          <p class="price-table
__header-title">PRO</p>
          <p class="price-table
__price">
            96,000 <span class=
"price-table__price-unit">円/月
</span>
          </p>
        </th>
        <th class="price-table__
header">
          <p class="price-table
__header-title">ENTERPRISE</p>
          <p class="price-table
```

PRECSS

HTML

```
<div class="bl_priceTable">
  <table>
    <thead>
      <tr>
        <th> </th>
        <th class="bl_priceTable_
header">
          <p class="bl_priceTable
_headerTtl">STARTER</p>
          <p class="bl_priceTable
_price">
            6,000 <span>円/月
</span>
          </p>
        </th>
        <th class="bl_priceTable_
header">
          <p class="bl_priceTable
_headerTtl">PRO</p>
          <p class="bl_priceTable
_price">
            96,000 <span>円/月
</span>
          </p>
        </th>
        <th class="bl_priceTable_
header">
          <p class="bl_priceTable
_headerTtl">ENTERPRISE</p>
          <p class="bl_priceTable
_price">
            384,000 <span>円/
月</span>
          </p>
        </th>
```

BEM つづき

```
__price">
                384,000 <span class
="price-table__price-unit"> 円 / 月
</span>
            </p>
          </th>
        </tr>
      </thead>
      <tbody class="price-table__
body">
        <tr class="price-table__
body-row">
          <th class="price-table__
body-title"> 費用に含まれる <br
class="only-md"> コンタクト数 </th>
                                    ①
          <td class="price-table__
body-text">1,000 件 </td>
          <td class="price-table__
body-text">1,000 件 </td>
          <td class="price-table__
body-text">1,0000 件 </td>
        </tr>
        <tr class="price-table__
body-row">
          <th class="price-table__
body-title"> 月間サイト <br class=
"only-md"> 訪問者数 </th>
          <td class="price-table__
body-text">3,000</td>
          <td class="price-table__
body-text"> 無制限 </td>
          <td class="price-table__
body-text"> 無制限 </td>
        </tr>
        <tr class="price-table__
```

PRECSS つづき

```
      </tr>
    </thead>
    <tbody>
      <tr>
        <th class="bl_priceTable_
bodyTtl"> 費用に含まれる <br class=
"md_only"> コンタクト数 </th>   ①
        <td>1,000 件 </td>
        <td>1,000 件 </td>
        <td>1,0000 件 </td>
      </tr>
      <tr>
        <th class="bl_priceTable_
bodyTtl"> 月間サイト <br class="md_
only"> 訪問者数 </th>
        <td>3,000</td>
        <td> 無制限 </td>
        <td> 無制限 </td>
      </tr>
      <tr>
        <th class="bl_priceTable
_bodyTtl"> 月間 E メール <br class=
"md_only"> 送信数上限 </th>
        <td> 最大コンタクト数の 5 倍
</td>
        <td> 最大コンタクト数の 10
倍 </td>
        <td> 最大コンタクト数の 10
倍 </td>
      </tr>
    </tbody>
  </table>
</div>
<!-- /.bl_priceTable -->
```

BEM つづき

```
body-row">
        <th class="price-table__
body-title">月間Eメール<br class
="only-md">送信数上限</th>
        <td class="price-table__
body-text">最大コンタクト数の5倍
</td>
        <td class="price-table__
body-text">最大コンタクト数の10倍
</td>
        <td class="price-table__
body-text">最大コンタクト数の10倍
</td>
      </tr>
    </tbody>
  </table>
</div>
<!-- /.price-table -->
```

CSS

```
/* ヘルパークラス */
.only-md { ―①
  display: none;
}
@media screen and (max-width:
768px) {
  .only-md {
    display: block;
  }
}

.price-table__inner {
  width: 100%;
  table-layout: fixed;
}
.price-table__header {
```

PRECSS つづき

CSS

```
/* ヘルパークラス */
.md_only { ―①
  display: none !important;
}
@media screen and (max-width:
768px) {
  .md_only {
    display: block !important;
  }
}

.bl_priceTable table {
  width: 100%;
  table-layout: fixed;
}
.bl_priceTable_header {
```

Chapter 1
Chapter 2
Chapter 3
Chapter 4
Chapter 5
Chapter 6
Chapter 7
Chapter 8
Chapter 9

BEM つづき

```
  padding: 10px;
  background-color: #e25c00;
  border-right: 1px solid
currentColor;
  color: #fff;
  text-align: center;
}
.price-table__header:last-child {
  border-right-width: 0;
}
.price-table__header-title {
  font-size: 1.125rem;
}
.price-table__price {
  font-size: 1.875rem;
}
.price-table__price-unit {
  font-size: 1rem;
}
.price-table__body-title {
  padding: 10px;
  border-top: 1px solid #ddd;
  border-left: 1px solid #ddd;
  font-weight: bold;
  text-align: right;
  vertical-align: middle;
}
.price-table__body-text {
  padding: 10px;
  border-top: 1px solid #ddd;
  border-left: 1px solid #ddd;
  text-align: center;
  vertical-align: middle;
}
.price-table__body-text:last-
child {
```

PRECSS つづき

```
  padding: 10px;
  background-color: #e25c00;
  border-right: 1px solid
currentColor;
  color: #fff;
  text-align: center;
}
.bl_priceTable_header:last-child
{
  border-right-width: 0;
}
.bl_priceTable_headerTtl {
  font-size: 1.125rem;
}
.bl_priceTable_price {
  font-size: 1.875rem;
}
.bl_priceTable_price span {
  font-size: 1rem;
}
.bl_priceTable_bodyTtl {
  padding: 10px;
  border-top: 1px solid #ddd;
  border-left: 1px solid #ddd;
  font-weight: bold;
  text-align: right;
  vertical-align: middle;
}
.bl_priceTable td {
  padding: 10px;
  border-top: 1px solid #ddd;
  border-left: 1px solid #ddd;
  text-align: center;
  vertical-align: middle;
}
.bl_priceTable td:last-child {
```

BEM つづき

```
  border-right: 1px solid #ddd;
                                    —②
}
.price-table__body-row:last-child
.price-table__body-title,
.price-table__body-row:last-child
.price-table__body-text {
  border-bottom: 1px solid #ddd;
                                    —③
}
/* メディアクエリ適用時 */
@media screen and (max-width:
768px) {
  .price-table {
    overflow-x: auto;
  }
  .price-table__inner {
    width: auto;
    white-space: nowrap;
  }
  .price-table__body-title {  —④
    position: -webkit-sticky;
    position: sticky;
    left: 0;
    background-color: #fff;
    box-shadow: 1px 0 #ddd;
    font-size: .875rem;
  }
}
```

PRECSS つづき

```
  border-right: 1px solid #ddd;
                                    —②
}
.bl_priceTable tr:last-child > *
{
  border-bottom: 1px solid #ddd;
                                    —③
}
@media screen and (max-width:
768px) {
  .bl_priceTable {
    overflow-x: auto;
  }
  .bl_priceTable table {
    width: auto;
    white-space: nowrap;
  }
  .bl_priceTable_bodyTtl {  —④
    position: -webkit-sticky;
    position: sticky;
    left: 0;
    background-color: #fff;
    box-shadow: 1px 0 #ddd;
    font-size: .875rem;
  }
}
```

①ヘルパークラス「.only-md / .md_only」

水平方向の見出しの文中に、「.only-md / .md_only」というヘルパークラスの付いた改行タグを入れています。まずこのヘルパークラスは次のような指定となっており、このヘルパークラスが付いた要素はメディアクエリ適用時のみ可視化されるようになっています。

PRECSSの場合

```css
.md_only {
  display: none !important;
}

@media screen and (max-width: 768px) {
  .md_only {
    display: block !important;
  }
}
```

そしてこのクラスを改行タグに付けると、「メディアクエリ適用時のみ改行する」という挙動になります(図6-29)。

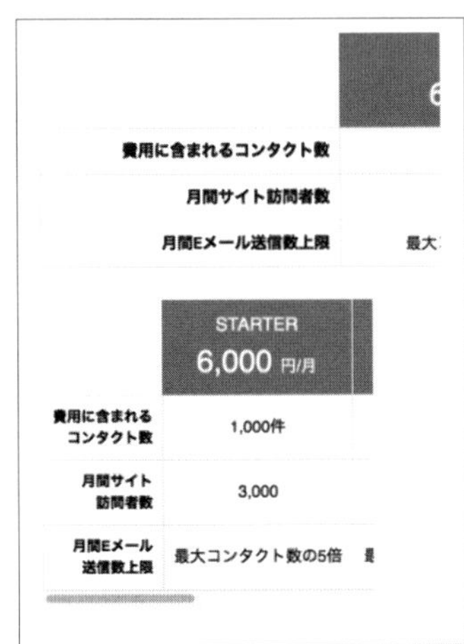

図6-29　基本の状態(上)、メディアクエリ適用時。改行が反映されていることがわかる(下)

BEMの方でクラス名を「only-md」としている理由は、なるべく英語本来の文法に合わせているためです。

対してなぜPRECSSでは「md_only」と語順が逆になっているかというと、この「md_」という単語を接頭辞として見なしており、「PRECSSにおける新たなグループを形成する」という意図があるためです。そうすることにより「md_mb20（margin-bottom: 20 px;のヘルパークラス）」など「ミディアムサイズにのみ適用したい」という他のヘルパークラスなどを作った際も、「md_」という接頭辞により「ミディアムサイズが対象である」ということが明確になります。

この改行の制御の仕方は、今回の料金表テーブルに限らずどんな場面でも有効ですので、覚えておくと何かの際に役立つかと思います。

② border-right: 1px solid #ddd;

プロパティと値自体は単純ですが、セレクターが複雑なため念のため取り上げます。図6-30のように各行の最後のセルに右側のボーダーを設定しています。

	STARTER 6,000 円/月	PRO 96,000 円/月	ENTERPRISE 384,000 円/月	
費用に含まれるコンタクト数	1,000件	1,000件	1,0000件	border-right: 1px solid #ddd;
月間サイト訪問者数	3,000	無制限	無制限	border-right: 1px solid #ddd;
月間Eメール送信数上限	最大コンタクト数の5倍	最大コンタクト数の10倍	最大コンタクト数の10倍	border-right: 1px solid #ddd;

図6-30　border-rightを付ける対象となっている各行最後のtd要素

③ border-bottom: 1px solid #ddd;

こちらも②と同じく、プロパティと値自体は単純なものです。最終行の見出しと通常セルそれぞれに下側のボーダーを設定しています。

	STARTER 6,000 円/月	PRO 96,000 円/月	ENTERPRISE 384,000 円/月
費用に含まれるコンタクト数	1,000件	1,000件	1,0000件
月間サイト訪問者数	3,000	無制限	無制限
月間Eメール送信数上限	最大コンタクト数の5倍	最大コンタクト数の10倍	最大コンタクト数の10倍
border-bottom: 1px solid #ddd;	border-bottom: 1px solid #ddd;	border-bottom: 1px solid #ddd;	border-bottom: 1px solid #ddd;

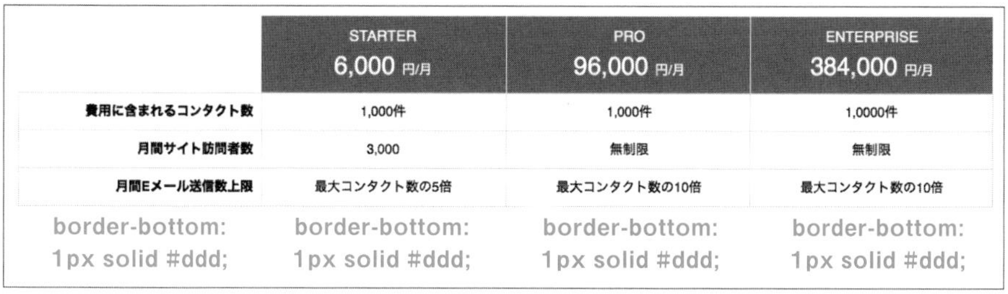

図6-31　borderbottomを付ける対象となっている最終行の要素

ただし、ＢＥＭではセレクターを厳格にクラスセレクターとしているのに対し、PRECSSはそこまで厳格ではないため楽をして全称セレクターを使用しています。

④ .price-table__body-title / .bl_priceTable_bodyTtlへの指定（メディアクエリ適用時）

最後に、水平方向の見出しに対するメディアクエリ適用時の指定についてです。まずテーブルモジュールの場合と同じように、

- position: -webkit-sticky;
- position: sticky;
- left: 0;

で左側に固定表示とします。またその際、背景色を設定していないと下側に重なったコンテンツが透けて見えてしまうため、background-color: #fff; を記述して背景色を白に設定します。

次に特筆すべきはbox-shadow: 1px 0 #ddd; ですが、これはborder-rightの代わりにbox-shadowを使用しています。というのも、執筆時点ではposition: sticky; とleft: 0;を指定した要素にborder-rightを設定しても、少しでもスクロールすると意図通りに表示されないためです（図6-32）。

図6-32　border-rightを設定してスクロールした状態（右側のボーダーが消えてしまっている）（上）、box-shadowでborder-rightと同じ見た目を再現した状態（下）

6-11 FAQ

基本形

完成図

Q どのようなCMS開発の実績がありますか？

A WordPress、Movable Type、HubSpot CMS、Sitecoreの開発実績がございます。

Q 普段使用しているCSSの設計手法を教えてください

A OOCSSをはじめ、SMACSS、BEM、FLOCSS、PRECSSなど一通り対応可能です。どの手法を使用するかは、案件の特性を考慮し都度選定しています。

よくあるご質問ページやFAQページなど、一問一答形式のコンテンツを格納するモジュールです。始めに質問としてQアイコンと質問タイトルを提示し、続いて回答としてAアイコンと通常サイズのテキストを続けます。それぞれのQ&Aの下部にはボーダーを入れて、区切りをわかりやすくします。

BEM

HTML

```
<dl class="faq">
  <dt class="faq__row faq__row--
question"> —①
    <span class="faq__icon faq__
icon--question">Q</span>
    <span class="faq__question-
text">どのようなCMS開発の実績があ
りますか？</span>
  </dt>
  <dd class="faq__row faq__row--
answer">
    <span class="faq__icon faq__
icon--answer">A</span>
```

PRECSS

HTML

```
<dl class="bl_faq">
  <dt class="bl_faq_q">
    <span class="bl_faq_icon">Q</
span>
    <span class="bl_faq_q_txt">
どのようなCMS開発の実績がありますか？</span>
  </dt>
  <dd class="bl_faq_a">
    <span class="bl_faq_icon">A</
span>
    <div class="bl_faq_a_body">
                                —②
```

BEMつづき

```
    <div class="faq__answer-body
"> ——②
      <p class="faq__answer-text
">
        WordPress、Movable Type、
HubSpot CMS、Sitecoreの開発実績が
ございます。
      </p>
    </div>
    <!-- /.faq__answer-body -->
  </dd>
  <!-- 以降<dt class="faq__row
faq__row--question">と<dd class=
"faq__row faq__row--answer">を繰
り返し -->
</dl>
```

CSS

```
.faq > *:last-child {
  margin-bottom: 0;
}
.faq__row { ——③
  position: relative;
  display: flex;
  align-items: flex-start;
  box-sizing: content-box;
  min-height: 45px;
  padding-left: 60px;
}
.faq__row--question {
  margin-bottom: 15px;
  font-size: 1.125rem;
  font-weight: bold;
}
.faq__question-text {
  padding-top: 12px;
```

PRECSSつづき

```
      <p class="bl_faq_a_txt">
        WordPress、Movable Type、
HubSpot CMS、Sitecoreの開発実績が
ございます。
      </p>
    </div>
    <!-- /.bl_faq_a_body -->
  </dd>
  <!-- 以降<dt class="bl_faq_q">
と<dd class="bl_faq_a">を繰り返し
-->
</dl>
```

CSS

```
.bl_faq > *:last-child {
  margin-bottom: 0;
}
.bl_faq_q,
.bl_faq_a { ——③
  position: relative;
  display: flex;
  align-items: flex-start;
  box-sizing: content-box;
  min-height: 45px;
  padding-left: 60px;
}
.bl_faq_q {
  margin-bottom: 15px;
  font-size: 1.125rem;
  font-weight: bold;
}
.bl_faq_q_txt {
```

BEM つづき

```
}
.faq__row--answer {
  padding-bottom: 20px;
  margin-bottom: 20px;
  border-bottom: 1px solid #ddd;
}
.faq__icon {  —④
  position: absolute;
  top: 0;
  left: 0;
  width: 45px;
  height: 45px;
  border-radius: 50%;
  font-weight: normal;
  line-height: 45px;
  text-align: center;
}
.faq__icon--question {
  background-color: #e25c00;
  color: #fff;
}
.faq__icon--answer {
  background: #efefef;
  color: #e25c00;
}
.faq__answer-body {
  padding-top: 12px;
}
.faq__answer-body > *:last-child
{
  margin-bottom: 0;
}
.faq__answer-text {
  margin-bottom: 20px;
}
```

PRECSS つづき

```
  padding-top: 12px;
}
.bl_faq_a {
  padding-bottom: 20px;
  margin-bottom: 20px;
  border-bottom: 1px solid #ddd;
}
.bl_faq_icon {  —④
  position: absolute;
  top: 0;
  left: 0;
  width: 45px;
  height: 45px;
  border-radius: 50%;
  font-weight: normal;
  line-height: 45px;
  text-align: center;
}
.bl_faq_q .bl_faq_icon {
  background-color: #e25c00;
  color: #fff;
}
.bl_faq_a .bl_faq_icon {
  background: #efefef;
  color: #e25c00;
}
.bl_faq_a_body {
  padding-top: 12px;
}
.bl_faq_a_body > *:last-child {
  margin-bottom: 0;
}
.bl_faq_a_txt {
  margin-bottom: 20px;
}
```

① faq__rowというクラス

このクラスはＢＥＭにのみ存在するクラスです。というのも同じ要素に対するスタイリングのセレクターを見たときに、PRECSSでは

```
CSS
.bl_faq_q,
.bl_faq_a { … }
```

とグループセレクターを使用していますが、BEMでは基本的にグループセレクターよりもMixの利用を推奨しています。そのため.faq__rowというモジュールの子要素クラスを新たに作成し、PRECSSでグループセレクターに対して行っていたスタイリングは.faq__rowに指定します。スタイリングの内容自体は、③の解説に続きます。

② .faq__answer-body / .bl_faq_a_body

dd要素内を見たとき、.faq__answer-bodyまたは.bl_faq_a_bodyのクラスが付けられているdiv要素は冗長に感じるかもしれません。実際に、このdiv要素を省略して次のように記述しても、現段階では表示は同じになります。

```
HTML
<!-- 元の構造 -->
<dd class="bl_faq_a">
  <span class="bl_faq_icon">A</
span>
  <div class="bl_faq_a_body">
    <p class="bl_faq_a_text">
      WordPress、Movable Type、
HubSpot CMS、Sitecoreの開発実績が
ございます。
    </p>
  </div>
  <!-- /.bl_faq_a_body -->
</dd>

<!-- div要素を省略した場合 -->
<dd class="bl_faq_a">
  <span class="bl_faq_icon">A</
span>
  <p class="bl_faq_a_text">
    WordPress、Movable Type、
HubSpot CMS、Sitecoreの開発実績が
ございます。
  </p>
</dd>
```

しかし次のように要素が増えた場合、テキストが下に続く予想に反して図6-33のように横並びになってしまいます。これはdd要素にdisplay: flex;を適用しているため、その直下にある要素がそれぞれフレックスアイテムとして扱われることが原因です。

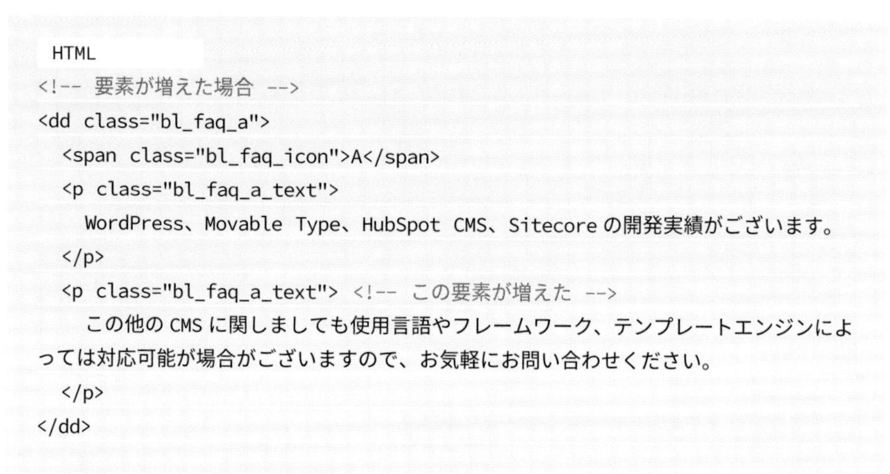

```html
<!-- 要素が増えた場合 -->
<dd class="bl_faq_a">
  <span class="bl_faq_icon">A</span>
  <p class="bl_faq_a_text">
    WordPress、Movable Type、HubSpot CMS、Sitecoreの開発実績がございます。
  </p>
  <p class="bl_faq_a_text"> <!-- この要素が増えた -->
    この他のCMSに関しましても使用言語やフレームワーク、テンプレートエンジンによっては対応可能が場合がございますので、お気軽にお問い合わせください。
  </p>
</dd>
```

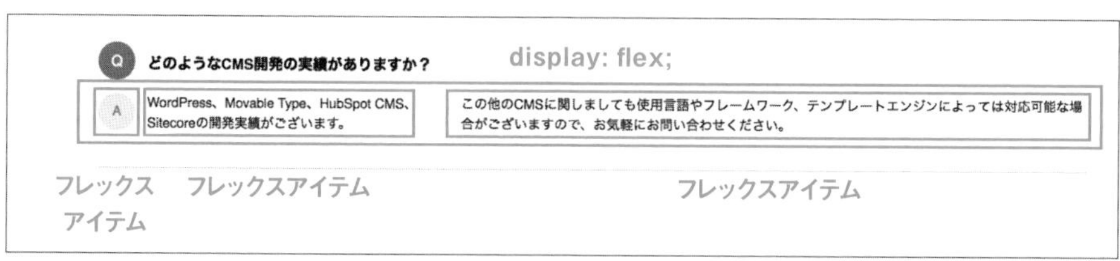

図6-33　テキストが横並びになってしまった表示と、その原因

そこでdd要素の直下にdiv要素を配置すると、その中に子要素として他の要素を複数配置してもコンテンツを縦並びにすることができます。

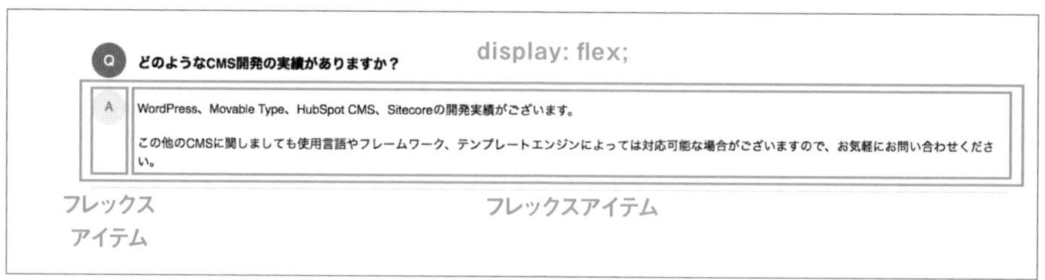

図6-34　div要素を配置した場合の構造

今回の例ではp要素を増やしてみましたが、Chapter 7ではul要素を追加した例を解説しています。このような「将来的に他の要素が入る可能性がある」ような部分については、少し冗長であっても複数の子要素を持てるようにしておくと、拡張性と柔軟性の高いモジュールとなります。

③ .faq__row / .bl_faq_q, .bl_faq_aに対する指定

まずposition: relative;はQとAのアイコンを配置するために④でposition: absolute;を使用するため、アイコンの起点とするための指定です。

次にdisplay: flex;でアイコンとテキストを横並びにし、かつalign-items: flex-start;で天地位置を頭揃えに設定します。単純に頭揃えにしただけだと図6-35の例のように上に寄ってしまうため、質問タイトル、及び回答テキストの上部にそれぞれpadding-top: 12px;を設定して位置を調整しています。

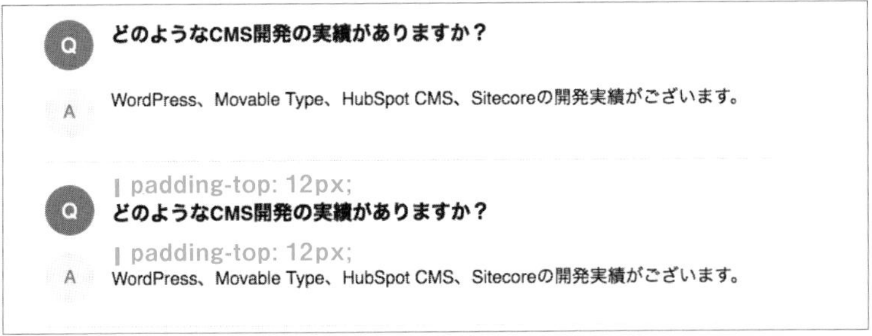

図6-35　padding-topを設定しなかった例（上）、padding-top: 12px;を設定した例（下）

フレックスアイテムを天地中央揃えにするには今回の例ではalign-items: center;も有効と思えますが、仮にコンテンツが増えた場合、図6-36のように少し上にズレてしまいます。

図6-36　align-items: center;のみ（上）、align-items: flex-start;と、質問タイトル・回答テキストにpadding-top: 12px;を指定した組合わせ（下）

実はalign-items: center;を設定した上で、質問タイトル・回答テキストにpadding-top: 12px;を設定しても希望通り天地中央揃えにすることができるのですが、「アイコンと質問タイトル・回答テキストを天地中央揃え（align-items: center;）にしてから、padding-topで位置を調整する」という表現の仕方よりも、「頭揃え（align-items: flex-start;）にした上で、padding-topで位置を調整する」の方が実際の表現に近い※ため、今回はalign-itemsの値はflex-startを採用しています。

最後の3行の

- box-sizing: content-box;
- min-height: 45px;
- padding-left: 60px;

はアイコンの表示場所を確保するための指定です。

※ アイコン部分はpostion: absolute;で位置を制御し頭揃えにしているためalign-itemsの値は実際は関係ありませんが、「頭揃え」という点でflex-startの方がイメージが近い、という意味です。

④ .faq__icon / .bl_faq_iconに対する指定

まずは

- position: absolute;
- top: 0;
- left: 0;

の3つの指定にて、アイコンの表示位置を左上に設定しています。

次に、

- width: 45px;
- height: 45px;

でアイコンを縦横45pxの大きさに設定し、border-radius: 50%; を指定することで正四角形から正円にします（図-7）。

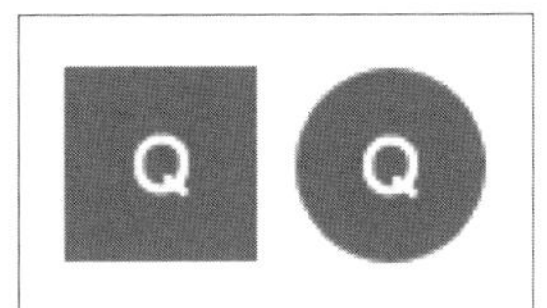

図6-37　border-radiusを設定する前（左）、border-radius: 50%;の状態（右）

最後に着目すべきは、line-height: 45px; です。line-heightの値をheightの値と同じにすることで、簡単に天地中央揃えを実現することができます。ただし、行が2行以上になると天地中央揃えが崩れてしまうのであまり汎用性はありませんが、今回のように文字数が決まっている場合には簡単かつ有効な手段です。

6-12 アコーディオン

基本形

完成図

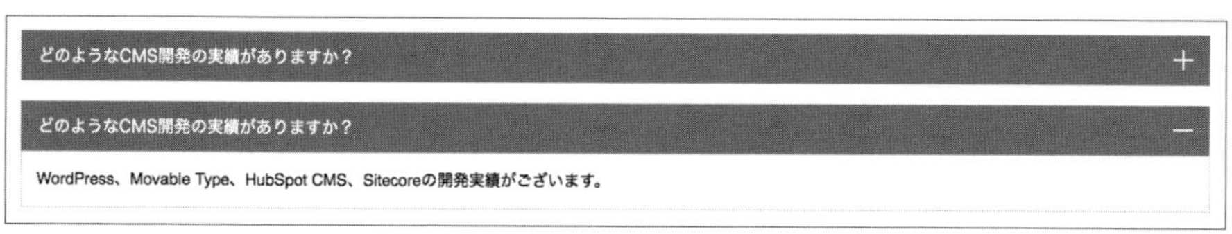

ホバー時

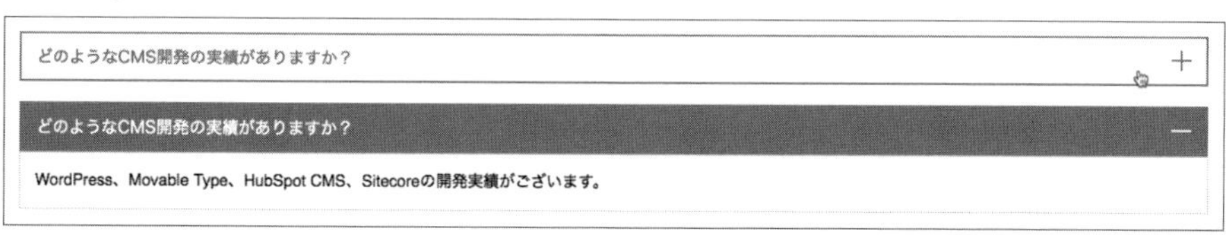

最初にタイトル部分が表示されており、タイトルをクリックするとそれに対応するコンテンツが表示されるモジュールです。コンテンツ部分の開閉はJavaScriptの使用を想定していますが、本書の範疇外であるためJavaScriptのロジックについては触れません。「タイトル部分をクリックすると、JavaScriptによってタイトルとコンテンツの要素両方にアクティブクラスが付けられる」という挙動を想定して、モジュールを解説します。なおPRECSSでは、JavaScriptで要素にタッチするための「.js_」という接頭辞を用意しています。

「.js_」接頭辞の実装例については、Chapter 3 のPRECSSのプログラムグループのセクションを参照してください。

Chapter 1 Chapter 2 Chapter 3 Chapter 4 Chapter 5 Chapter 6 Chapter 7 Chapter 8 Chapter 9

BEM

HTML

```
<dl class="accordion">
  <dt class="accordion__title">
    <button class="accordion__btn" type="button">どのような CMS 開発の実績がありますか？</button>  —①
  </dt>
  <dd class="accordion__body">
    <p class="accordion__text">
      WordPress、Movable Type、HubSpot CMS、Sitecore の開発実績がございます。
    </p>
  </dd>
  <!-- 以下はコンテンツが開いた状態 -->
  <dt class="accordion__title">
    <button class="accordion__btn accordion__btn--active" type="button">どのような CMS 開発の実績がありますか？</button>
  </dt>
  <dd class="accordion__body accordion__body--active">
    <p class="accordion__text">
      WordPress、Movable Type、HubSpot CMS、Sitecore の開発実績がございます。
    </p>
  </dd>
</dl>
```

CSS

```
.accordion__body + .accordion__title {
```

PRECSS

HTML

```
<dl class="bl_accordion">
  <dt>
    <button class="bl_accordion_btn" type="button">どのような CMS 開発の実績がありますか？</button>  —①
  </dt>
  <dd class="bl_accordion_body">
    <p class="bl_accordion_txt">
      WordPress、Movable Type、HubSpot CMS、Sitecore の開発実績がございます。
    </p>
  </dd>
  <!-- 以下はコンテンツが開いた状態 -->
  <dt>
    <button class="bl_accordion_btn is_active" type="button">どのような CMS 開発の実績がありますか？</button>
  </dt>
  <dd class="bl_accordion_body is_active">
    <p class="bl_accordion_txt">
      WordPress、Movable Type、HubSpot CMS、Sitecore の開発実績がございます。
    </p>
  </dd>
</dl>
```

CSS

```
.bl_accordion_body + dt {
  margin-top: 20px;  —②
```

BEM つづき

```
  margin-top: 20px; ―②
}
.accordion__btn {
  position: relative;
  display: block; ―③
  width: 100%; ―③
  padding: 10px 40px 10px 15px;
  background-color: #e25c00;
  border: 2px solid #e25c00;
  color: #fff;
  font-size: 1.125rem;
  text-align: left;
  cursor: pointer; ―④
  transition: .25s;
}
.accordion__btn::before { ―⑤
  content: '';
  position: absolute;
  top: 50%;
  right: 15px;
  display: block;
  width: 20px;
  height: 2px;
  background-color: currentColor;
  transform: translateY (-50%) ;
}
.accordion__btn::after { ―⑥
  content: '';
  position: absolute;
  top: 50%;
  right: 24px;
  display: block;
  width: 2px;
  height: 20px;
  background-color: currentColor;
  transform: translateY (-50%) ;
```

PRECSS つづき

```
}
.bl_accordion_btn {
  position: relative;
  display: block; ―③
  width: 100%; ―③
  padding: 10px 40px 10px 15px;
  background-color: #e25c00;
  border: 2px solid #e25c00;
  color: #fff;
  font-size: 1.125rem;
  text-align: left;
  cursor: pointer; ―④
  transition: .25s;
}
.bl_accordion_btn::before { ―⑤
  content: '';
  position: absolute;
  top: 50%;
  right: 15px;
  display: block;
  width: 20px;
  height: 2px;
  background-color: currentColor;
  transform: translateY (-50%) ;
}
.bl_accordion_btn::after { ―⑥
  content: '';
  position: absolute;
  top: 50%;
  right: 24px;
  display: block;
  width: 2px;
  height: 20px;
  background-color: currentColor;
  transform: translateY (-50%) ;
}
```

BEM つづき

```
}
.accordion__btn:focus,
.accordion__btn:hover {
  background-color: #fff;
  color: #e25c00;
}
.accordion__btn--active::after {
  content: none;  ──⑦
}
.accordion__body {
  display: none;  ──⑧
  padding: 15px;
  border: 1px solid #ddd;
}
.accordion__body > *:last-child {
  margin-bottom: 0;
}
.accordion__body--active {
  display: block;
}
.accordion__text {
  margin-bottom: 20px;
}
```

PRECSS つづき

```
.bl_accordion_btn:focus,
.bl_accordion_btn:hover {
  background-color: #fff;
  color: #e25c00;
}
.bl_accordion_btn.is_active::
after {
  content: none;  ──⑦
}
.bl_accordion_body {
  display: none;  ──⑧
  padding: 15px;
  border: 1px solid #ddd;
}
.bl_accordion_body > *:last-child
{
  margin-bottom: 0;
}
.bl_accordion_body.is_active {
  display: block;
}
.bl_accordion_txt {
  margin-bottom: 20px;
}
```

① button 要素

CSSによるスタイリングとJavaScriptによるイベント登録だけを考えれば、dt要素だけで実装することは十分可能です。しかしHTMLは「意味付け」の言語であり、dt要素には本来「クリックできる」という意味はないため、button要素を使用して「クリックできる」ということをきちんとマシンリーダブルにします。

button要素をフォームなどで使用するのではなく、今回のように独自にイベントを設定したい場合はtype属性に「button」を設定します。

② margin-top: 20px;

セレクターを見ると「.accordion__body + .accordion__title / .bl_accordion_body + dt」となっており、これは「ふたつ目以降のタイトルにmargin-top: 20px;を設定する」ということを意図しています。

では「なぜ今までmargin-bottomを基本としてきたのに、margin-topを使用するのか？」というと、margin-bottomの適用対象となるアコーディオンのコンテンツ部分は、アコーディオンが開かれない状態だとdisplay: none;がかかっているためです。display: none;がかかっている要素はmarginの値の算出がされませんので、図6-38のようにアコーディオンが開かれていない限り、上下の要素がくっついてしまうのです。

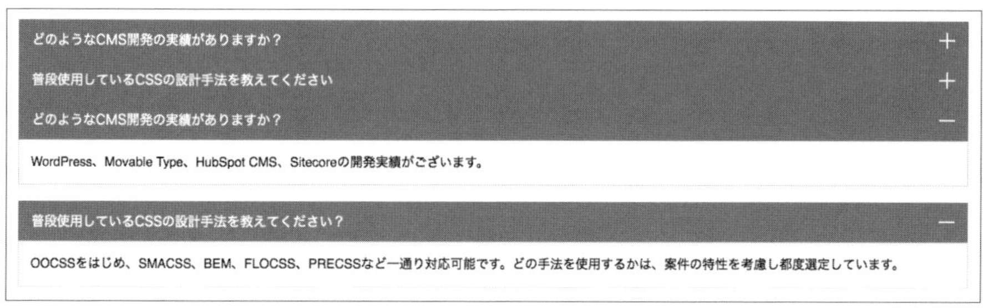

図6-38　アコーディオンのコンテンツ要素にmargin-bottomを設定した場合

これを「ふたつ目以降のタイトルにmargin-top: 20px;を設定する」とすることで、図6-39のようにアコーディオンが開かれていない状態でも確実に上下の余白を確保することができます。

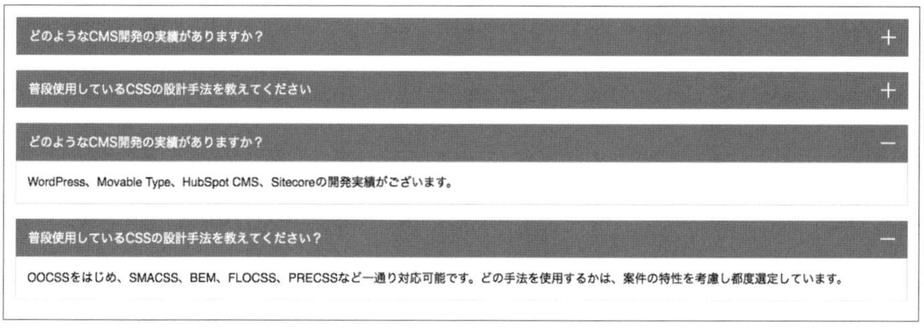

図6-39　ふたつ目以降のタイトルにmargin-topを設定した場合

③ display: block; / width: 100%;

これはbutton要素に対する調整スタイルです。button要素のdisplayプロパティの初期値はinline-blockであり、またwidthプロパティはautoに設定されているため、横幅100%とし、またブロックボックスとするために標題のふたつの指定を行います。

④ cursor: pointer;

クリッカブルな要素であることを明示するため、cursorをpointerに設定します。

値をpointerに設定しなかった場合（標準値の「default」が適用される）、pointerに設定した場合の違いは図6-40の通りです。

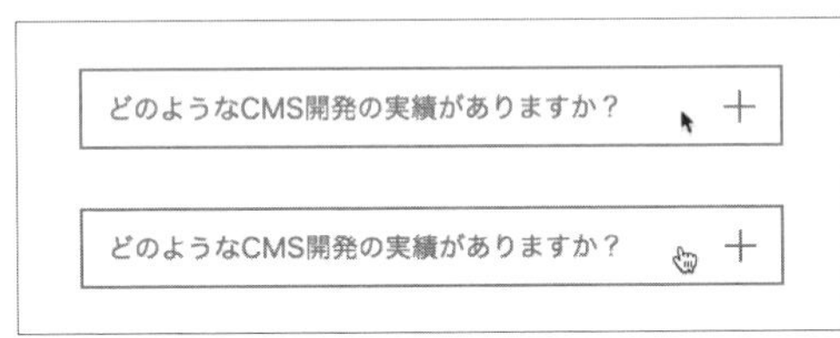

図6-40　cursorをpointerに設定しなかった場合（標準値の「default」が適用されている）（上）、cursor: pointer;を設定した場合（下）

⑤ .accordion__btn::before / .bl_accordion_btn::beforeに対する指定

こちらのbefore疑似要素を利用したセレクターでは、プラス・マイナスアイコン両方の横棒を生成しています。まずcontent: '';で疑似要素を空の状態で生成します。次に、

- position: absolute;
- top: 50%;
- right: 15px;

の3つの指定で右から15px、天地中央の位置に配置し、

- display: block;
- width: 20px;
- height: 2px;
- background-color: #fff;

の4つの指定で実際に横棒を描画しています。

最後に正確な天地中央に位置するよう、transform: translateY（-50%）;で要素の半分の大きさだけ上方向に位置を修正します。

⑥ .accordion__btn::after / .bl_accordion_btn::afterに対する指定

こちらのafter疑似要素を利用したセレクターでは、プラスアイコンの縦棒を生成しています。横棒と同じようにまずはcontent: '';で疑似要素を空の状態で生成します。次に、

- position: absolute;
- top: 50%;
- right: 24px;

の3つの指定で右上から24px、天地中央の位置に配置し、

- display: block;
- width: 2px;
- height: 20px;
- background-color: #fff;

の4つの指定で縦棒を描画します。

横棒と同じく、最後に天地中央の位置補正としてtransform: translateY（-50%）;を設定します。

⑦ content: none;

これはタイトルがアクティブ時、すなわちアコーディオンが開かれた場合の指定です。after疑似要素で生成していたのは、プラスアイコンの縦棒でした。これをcontent: none;にすることで疑似要素が生成されなくなるため、縦棒が消えて横棒だけが残ります。そうすると、結果的にマイナスアイコンになります。

⑧ display: none;

アコーディオンのコンテンツ部分は初期状態では閉じられているため、display: none;で非表示にします。

COLUMN アコーディオンの開閉ボタンにa要素は適切か?

今回は開閉ボタン部分にbutton要素を使用しましたが、こういったクリッカブルなインターフェースを実装するのにa要素を使用するやり方もしばしば見受けられます。

a要素は本来ハイパーリンクを設定するもので、基本的に対象としているのは

- 別のウェブページ
- ファイル
- 同一ページ内の場所
- 電子メールアドレス
- または他の URL

です[※1]。

この定義に従い今回のアコーディオンの例を考えると、開閉ボタンが指し示すコンテンツは「同一ページ内の場所」と捉えることができるため、a要素での実装も適切と言えるでしょう。ただしa要素を使用する場合は、対応するアコーディオンコンテンツにid属性を設定し、そのid属性値をa要素のhref属性にセットしてコンテンツの対応を明確にしたいところです。

「クリックイベントはどんなものでもa要素を使う」という風潮はしばしば見受けられますが、インターフェースによってはa要素が適切ではない場合もあります。CSS設計とはまた違った話になってしまいますが、HTMLとCSSは切っても切り離せない関係ですので、余裕があればそういったセマンティクスにも少し気を向けてみてください。

なおBootstrapのCollapse[※2]では、a要素とbutton要素どちらの実装例も紹介されています。

※1 https://developer.mozilla.org/ja/docs/Web/HTML/Element/a
※2 https://getbootstrap.com/docs/4.3/components/collapse/

6-13 ジャンボトロン

基本形

完成図

メディアクエリ適用時

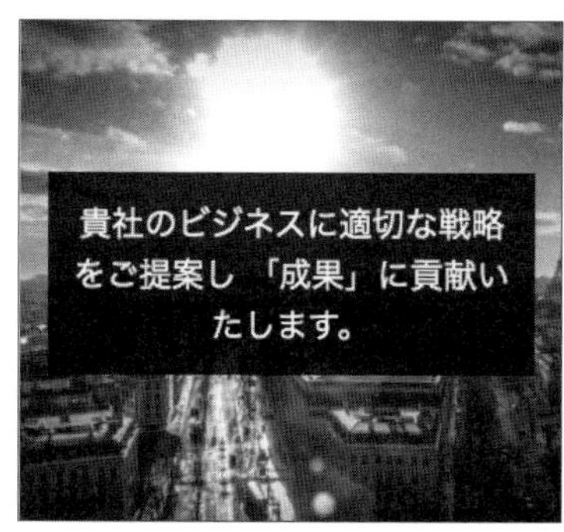

印象的なキャッチコピーと、背景画像を大きく見せるモジュールです。主にサイトのトップページや、特別に扱いたい下層ページのファーストビューとして用いられることを想定します。キャッチコピーは半透明の黒背景の上に白色で文字を載せ、左側・天地中央に位置させますが、メディアクエリ適用時は左右位置も中央にします。

BEM

HTML

```
<div class="jumbotron" style=
"background-image:url ('/assets/
img/elements/jumbotron-bg.jpg') ;
"> ―①
  <div class="jumbotron__inner">
    <p class="jumbotron__title">
      貴社のビジネスに適切な戦略を
ご提案し <br class="only-lg">
      「成果」に貢献いたします。
    </p>
  </div>
  <!-- /.bl_jumbotron_inner -->
</div>
<!-- /.bl_jumbotron -->
```

CSS

```
/* ヘルパークラス */
@media screen and (max-width:
768px) {
  .only-lg {
    display: none;
  }
}

.jumbotron {
  height: calc (69.44444vw +
-233.33333px) ; ―②
  background-position: center
center;
  background-size: cover;
}
.jumbotron__inner { ―③
  position: relative;
  max-width: 1230px;
```

PRECSS

HTML

```
<div class="bl_jumbotron" style=
"background-image:url ('/assets/
img/elements/jumbotron-bg.jpg') ;
"> ―①
  <div class="bl_jumbotron_inner
">
    <p class="bl_jumbotron_ttl">
      貴社のビジネスに適切な戦略を
ご提案し <br class="lg_only">
      「成果」に貢献いたします。
    </p>
  </div>
  <!-- /.bl_jumbotron_inner -->
</div>
<!-- /.bl_jumbotron -->
```

CSS

```
/* ヘルパークラス */
@media screen and (max-width:
768px) {
  .lg_only {
    display: none !important;
  }
}

.bl_jumbotron {
  height: calc (69.44444vw +
-233.33333px) ; ―②
  background-position: center
center;
  background-size: cover;
}
.bl_jumbotron_inner { ―③
  position: relative;
  max-width: 1230px;
```

BEM つづき

```
  height: 100%;
  margin-right: auto;
  margin-left: auto;
}
.jumbotron__title {
  position: absolute;
  top: 50%;
  left: 0;
  padding: 40px;
  background-color: rgba (0, 0, 
0, .75) ;
  color: #fff;
  font-size: calc (3.704vw - 
8.444px) ; ―④
  transform: translateY (-50%) ;
}
@media screen and (min-width: 
1200px) { ―⑤
  .jumbotron {
    height: 600px;
  }
  .jumbotron__title {
    font-size: 2.25rem;
  }
}
@media screen and (max-width: 
768px) {
  .jumbotron {
    height: 300px;
  }
  .jumbotron__title {
    left: 50%;
    width: 90%;
    padding: 15px;
    font-size: 1.25rem;
    text-align: center;
```

PRECSS つづき

```
  height: 100%;
  margin-right: auto;
  margin-left: auto;
}
.bl_jumbotron_ttl {
  position: absolute;
  top: 50%;
  left: 0;
  padding: 40px;
  background-color: rgba (0, 0, 
0, .75) ;
  color: #fff;
  font-size: calc (3.704vw - 
8.444px) ; ―④
  transform: translateY (-50%) ;
}
@media screen and (min-width: 
1200px) { ―⑤
  .bl_jumbotron {
    height: 600px;
  }
  .bl_jumbotron_ttl {
    font-size: 2.25rem;
  }
}
@media screen and (max-width: 
768px) {
  .bl_jumbotron {
    height: 300px;
  }
  .bl_jumbotron_ttl {
    left: 50%;
    width: 90%;
    padding: 15px;
    font-size: 1.25rem;
    text-align: center;
```

BEM つづき

```
    transform: translate (-50%,
-50%) ;
  }
}
```

PRECSS つづき

```
    transform: translate (-50%,
-50%) ;
  }
}
```

① style 属性による背景画像の指定

スタイリングはCSSファイルで行うのが基本原則です。しかし、例えば今回のジャンボトロンのように背景画像指定が必要で、かつページによって背景画像が変わる場合、CSSで対応しようとすると背景画像の種類ごとにそれぞれモディファイアクラスが必要になります。原則としては正しい対処法ですが、仮にパターンが増えた場合、

- モディファイアをHTMLに追加する
- モディファイアに対するスタイリングをCSSに追加する

と、2つの作業が必要となり、メンテナンス性が高いとは言えません。

今回のジャンボトロンのように背景画像を伴うモジュールを複数のページで使うことが予想され、かつ高いメンテナンス性を維持したい場合は、このようにbackground-imageプロパティのみstyle属性で指定する方法もあります。

② height: calc（69.44444vw + -233.33333px）;

max-width: 768pxのメディアクエリのサイズに向けてスクリーンサイズを縮小した際、高さがｐｘなどの固定値だと、横幅は縮むのに対し高さは変わらないため縦横比が維持できなくなってしまいます。そのためスクリーンサイズを縮小した際、自然と高さも縮み縦横比が維持されるようvw[※1]の相対値を使用します。

この例ではcalc () 関数とvw、pxを組合わせた複雑な値となっていますが、これはGitHubに公開されているViewportScale[※2]の計算式を利用して算出しています。

Sassを利用していない方、またそこまで厳密さが必要でない方は大まかに「height: 50vw;」などとアタリを付けることもできます。しかし、max-width: 768pxのメディアクエリに切り替わった瞬間、ガクッと高さが変わってしまいますので、可能であれば厳密に計算を行い、高さも違和感なく変化していくのが望ましいでしょう。

実際にmax-width: 768pxのメディアクエリが適用される直前のサイズで比較して

みると、height: 50vw;とした方は、メディアクエリ適用時のサイズとかなり異なってしまっていることがわかります（図6-41）。

※1 vwはビューポートと紐付いた単位で、1vwはビューポートの横幅の1%に一致します。
※2 https://github.com/ixkaito/viewportscale

図6-41 max-width: 768pxのメディアクエリ適用時のサイズ（左上・左下）、height: calc(69.44444vw + -233.33333px);を適用したモジュール（右上）、height: 50vw;を適用したモジュール（右下）

③ .jumbotron__inner / .bl_jumbotron_innerに対する指定

まず1行目のposition: relative;については、postion: absolute; を使用するキャッチコピーの起点とするための指定です。次に3行目のheight: 100%;を除く

- max-width: 1230px;
- margin-right: auto;
- margin-left: auto;

は、最大のコンテンツ幅を設定し、左右中央寄せとするための指定です。

なぜこのように設定するかというと、

- 仮にジャンボトロンの背景画像が全画面となるよう設置され
- コンテンツ幅に収まってコンテンツが続く

場合、最大幅を設定し左右中央寄せしていないと、キャッチコピーだけが左端に吸着してしまい、あべこべな印象になってしまうためです（図6-42の上の例）。

図6-42　最大幅を設定していない場合（上）、最大幅を設定した場合（下）

なお、

- max-width: 1230px;
- margin-right: auto;
- margin-left: auto;

は左右中央寄せのためのスタイリングであるため、この部分をレイアウトグループと捉えることもできます。その場合のコードは次のように、Mixを使用する形になります。

```
HTML
<div class="bl_jumbotron" style="background-image:url ('/assets/img/
elements/jumbotron-bg.jpg') ;">
  <div class="bl_jumbotron_inner ly_centered"> <!-- クラスを Mix -->
    ...
  </div>
  <!-- /.bl_jumbotron_inner -->
</div>
<!-- /.bl_jumbotron -->
```

```
CSS
.ly_centered {
  max-width: 1230px;
  /* レイアウトグループとしては、左右の padding があるべき */
  padding-right: 15px;
  padding-left: 15px;
  margin-right: auto;
  margin-left: auto;
}
.bl_jumbotron_inner {
  position: relative;
  height: 100%;
  /* 左右の padding の打ち消し */
  padding-right: 0;
  padding-left: 0;
}
```

ただしCSSのコードにあるようにきちんとレイアウトグループするにはChapter 4で解説したly_contクラスと同じく、左右のpaddingがしっかり確保されているべきです。でないと、他の箇所でこのly_centeredクラスを使用した際、スクリーンサイズによっては左右が詰まってしまいます。

すると今度は、.bl_jumbotron_innerの方に左右のpaddingの打ち消しのコードが必要になってきます。このように厳密にレイアウトグループを作成しようとすると新たな悩みが出てきますので、各モジュールの子要素であれば、多少は厳密でなくとも大きな問題にはならないでしょう。

④ font-size: calc（3.704vw - 8.444px）；

こちらも②と同じく、max-width: 768pxのメディアクエリに向けてスクリーンサイズを縮小した際、ガクッとならず自然とフォントサイズを切り替えるための指定です。

⑤ min-width: 1200pxのメディアクエリ

ルート要素のheightプロパティと、キャッチコピーのfont-sizeプロパティにそれぞれ相対値を指定していますが、このふたつはメディアクエリ内で指定しているわけではないため、スクリーンサイズが大きくなればなるほど高さ・フォントサイズも大きくなってしまいます（図6-43）。

図6-43　高さとフォントサイズが大きくなり続ける例（上）、min-width: 1200pxのメディアクエリを使用し、最大値を設けたもの（下）

そのため、「コンテンツ幅以上であれば」というメディアクエリを追加し、高さとフォントサイズが大きくなり続けることを防ぎます。

6-14 ポストリスト

基本形

完成図

2019/03/29
【多言語サイトを構築する】①対象言語・地域とURL方式の選定

2019/03/28
打ち合わせアポをスムーズに！ビジネスで使える日程調整ツール4選

2019/03/27
BtoB向けコンテンツマーケティング戦略におけるLinkedIn活用術

ＣＭＳのブログ機能の記事などを一覧として出力することを想定したモジュールです。日付を少し小さめに表示し、続くタイトル部分は記事詳細へのリンクとなります。各ポストの下部には、区切り線としてボーダーを設定します。

BEM

HTML

```
<ul class="vertical-posts"> ——①
  <li class="vertical-posts__
item">
    <div class="vertical-posts__
header"> ——②
      <time class="vertical-posts
__date" datetime="2019-03-29">
2019/03/29</time> ——③
    </div>
    <!-- /.vertical-posts__header
-->
    <a class="vertical-posts__
title" href="#">【多言語サイトを構
```

PRECSS

HTML

```
<ul class="bl_vertPosts"> ——①
  <li class="bl_vertPosts_item">
    <div class="bl_vertPosts_
header"> ——②
      <time class="bl_vertPosts
_date" datetime="2019-03-29">
2019/03/29</time> ——③
    </div>
    <!-- /.bl_vertPosts_header
-->
    <a class="bl_vertPosts_ttl"
href="#">【多言語サイトを構築する】
①対象言語・地域と URL 方式の選定 </
```

BEM つづき

```
築する】①対象言語・地域と URL 方式の
選定 </a>
  </li>
  <!-- 以降 <li class="vertical-
posts__item"> を 2 回繰り返し -->
</ul>
```

CSS

```
.vertical-posts__item {
  padding-top: 15px;
  padding-bottom: 15px;
  border-bottom: 1px solid #ddd;
}
.vertical-posts__item:first-child
{
  padding-top: 0;
}
.vertical-posts__header {
  margin-bottom: 10px;
}
.vertical-posts__date {
  font-size: .875rem;
}
.vertical-posts__title {
  text-decoration: none;
}
.vertical-posts__title:focus,
.vertical-posts__title:hover {
  text-decoration: underline;
}
```

PRECSS つづき

```
a>
  </li>
  <!-- 以降 <li class="bl_
vertPosts_item"> を 2 回繰り返し -->
</ul>
```

CSS

```
.bl_vertPosts_item {
  padding-top: 15px;
  padding-bottom: 15px;
  border-bottom: 1px solid #ddd;
}
.bl_vertPosts_item:first-child {
  padding-top: 0;
}
.bl_vertPosts_header {
  margin-bottom: 10px;
}
.bl_vertPosts_date {
  font-size: .875rem;
}
.bl_vertPosts_ttl {
  text-decoration: none;
}
.bl_vertPosts_ttl:focus,
.bl_vertPosts_ttl:hover {
  text-decoration: underline;
}
```

① .vertical-posts / .bl_vertPostsという命名

このモジュールは「ポストの一覧」であるため、であれば「.posts / .bl_posts」というシンプルな命名にすることも可能です。しかし、今後プロジェクトにおいて、まったく異なったスタイリングのポスト一覧モジュールの追加が必要になるかもしれません。

仮に、図6-44のようなスタイリングのモジュールが追加になったとしてみましょう。

【多言語サイトを構築する】①対象言語・地域とURL方式の選定 2019/03/29	打ち合わせアポをスムーズに！ビジネスで使える日程調整ツール4選 2019/03/28	BtoB向けコンテンツマーケティング戦略におけるLinkedIn活用術 2019/03/27

図6-44 今後追加されると想定する、新たなポスト一覧モジュール

そして、例えばこのモジュールを「.card-posts / .bl_cardPosts」と命名したとしましょう。そうして数ヶ月後の自分、または他の人が「.posts / .bl_posts」というクラス名**だけ**を見た際、どちらのモジュールを表しているか、判断できるでしょうか？

このように「ポストの一覧」など同じ機能を持ったモジュールが複数存在したときに、命名がシンプル過ぎるとどれがどれだかクラス名だけでは判別できなくなる事態が出てきます。もちろんコードを突き合わせてみれば解決する話ですが、そういった手間を省くためにも、クラス名はなるべく「シンプル過ぎず」あるべきです。

また、同じく「あまり詳細過ぎない」ことも重要です。今回出力しているブログがスタッフブログだからといって「.staff-blog-posts / .bl_staffBlogPosts」というような命名にしてしまうと、スタッフブログ以外に使えません※。

そのため、「.posts / .bl_posts」よりはシンプル過ぎず、かつ「.staff-blog-posts / .bl_staffBlogPosts」よりは詳細過ぎないために、垂直方向に並んでいることに着目し「.vertical-posts / .bl_vertPosts」という命名にしています。

※ もちろん使えないことはありませんが、「使用状況と名前が一致していない」という破綻した状況を招くことになります。

② div 要素の存在について

現在の状況だけで言えば、このdiv要素を省略し、次のようにマークアップしても同じ見た目は再現できます。

```
HTML
<li class="bl_vertPosts_item">
  <time class="bl_vertPosts_date" datetime="2019-03-29">2019/03/29</
time>
  <a class="bl_vertPosts_ttl" href="#">【多言語サイトを構築する】①対象言語・
地域と URL 方式の選定 </a>
</li>
```

しかしChapter 7 にて日付の後にカテゴリとしてラベルを追加しますので、そのための布石としてdiv要素を設置しています。

③ time 要素の datetime 属性

特定の時を表すにはtime要素※が最適ですが、加えてdatetime属性を使用することで、よりマシンリーダブルなマークアップにすることができます。datetime属性はさまざま日時の表記形式に対応していますが、今回の例では「YYYY-MM-DD」と年・月・日をハイフンでつなぐ形式を採用しています。

※ https://developer.mozilla.org/ja/docs/Web/HTML/Element/time

6-15 順序なしリスト

基本形

完成図

- webコンサルティング
- デジタルマーケティング支援
- CMS構築
- CSS設計

ul要素を使用する、順序に意味を持たないシンプルなリストです。行頭アイコンをブラウザ標準のスタイルから、オレンジ色の中黒風アイコンに変更しています。

BEM

HTML

```
<ul class="bullet-list">
  <li class="bullet-list__item">
    web コンサルティング
  </li>
  <li class="bullet-list__item">
    デジタルマーケティング支援
  </li>
  <li class="bullet-list__item">
    CMS 構築
  </li>
  <li class="bullet-list__item">
    CSS 設計
  </li>
</ul>
```

PRECSS

HTML

```
<ul class="bl_bulletList">
  <li>
    web コンサルティング
  </li>
  <li>
    デジタルマーケティング支援
  </li>
  <li>
    CMS 構築
  </li>
  <li>
    CSS 設計
  </li>
</ul>
```

BEM つづき

CSS
```
.bullet-list > *:last-child {
  margin-bottom: 0;
}
.bullet-list__item {
  position: relative;
  padding-left: 1em; ―①
  margin-bottom: 10px;
}
.bullet-list__item::before {
                              ―②
  content: '';
  position: absolute;
  top: .5em;
  left: 0;
  display: block;
  width: .4em;
  height: .4em;
  background-color: #e25c00;
  border-radius: 50%;
}
```

PRECSS つづき

CSS
```
.bl_bulletList > *:last-child {
  margin-bottom: 0;
}
.bl_bulletList > li {
  position: relative;
  padding-left: 1em; ―①
  margin-bottom: 10px;
}
.bl_bulletList > li::before {
                              ―②
  content: '';
  position: absolute;
  top: .5em;
  left: 0;
  display: block;
  width: .4em;
  height: .4em;
  background-color: #e25c00;
  border-radius: 50%;
}
```

① padding-left: 1em;

行頭アイコンを表示するためのスペースを確保するための指定です。相対値であるemを利用している理由は、フォントサイズの変化に応じて自動的にスペースも増減させるためです。

というのも、リストモジュールは単体で使用されることはもちろん、最小モジュールと同様に他のモジュールの中に埋め込んで使用されることも珍しくありません。そのときにリストモジュールに求める挙動としては、埋め込んだ先のフォントサイズをそのまま継承することでしょう。

試しにフォントサイズを大きくしてみると、行頭アイコンのためのスペースもしっかりと確保され、アイコンの表示に違和感がないことがわかります（図6-45）。

- webコンサルティング
- デジタルマーケティング支援
- CMS構築
- CSS設計

- webコンサルティング
- デジタルマーケティング支援
- CMS構築
- CSS設計

図6-45 フォントサイズを大きくした場合の表示（上）、元々の表示（下）

② .bullet-list__item::before / .bl_bulletList > li::beforeに対する指定

行頭アイコンは色変更のカスタマイズを加えているため、list-style-type プロパティを用いず、独自に生成します。まず content プロパティで要素の生成を行い、

- position: absolute;
- top: .5em;
- left: 0;

で位置を決定します。次に、

- display: block;
- width: .4em;
- height: .4em;
- background-color: #e25c00;
- border-radius: 50%;

で実際に描画を行います。top、width、height プロパティの値の単位に em を用いている理由は①と同じで、これによりフォントサイズの変化に従って、行頭アイコンの位置・大きさも自動的に変化します。

拡張パターン

横並び

完成図

- webコンサルティング
- デジタルマーケティング支援
- CMS構築
- CSS設計

リスト項目を横並びにしたパターンです。左上→右上→左下→右下……という順序になっています。

BEM

HTML

```
<ul class="bullet-list bullet-
list--horizontal">
  <li class="bullet-list__item">
    web コンサルティング
  </li>
  <li class="bullet-list__item">
    デジタルマーケティング支援
  </li>
  <li class="bullet-list__item">
    CMS 構築
  </li>
  <li class="bullet-list__item">
    CSS 設計
  </li>
</ul>
```

CSS

```
/* .bullet-list のスタイリングに下
記を追加 */
.bullet-list--horizontal {
  display: flex;
  flex-wrap: wrap;
```

PRECSS

HTML

```
<ul class="bl_bulletList bl_
bulletList__horiz">
  <li>
    web コンサルティング
  </li>
  <li>
    デジタルマーケティング支援
  </li>
  <li>
    CMS 構築
  </li>
  <li>
    CSS 設計
  </li>
</ul>
```

CSS

```
/* .bullet-list のスタイリングに下
記を追加 */
.bl_bulletList.bl_bulletList__
horiz {
  display: flex;
```

BEM つづき

```
  justify-content: space-between;
                                —①
  margin-bottom: -10px;
}
.bullet-list--horizontal .bullet-
list__item {
  flex: calc (50% - 5px) ; —②
  margin-right: 10px;
}
.bullet-list--horizontal .bullet-
list__item:nth-of-type (even) {
  margin-right: 0;
}
```

PRECSS つづき

```
  flex-wrap: wrap;
  justify-content: space-between;
                                —①
  margin-bottom: -10px;
}
.bl_bulletList.bl_bulletList__
horiz > li {
  flex: calc (50% - 5px) ; —②
  margin-right: 10px;
}
.bl_bulletList.bl_bulletList__
horiz > li:nth-of-type (even) {
  margin-right: 0;
}
```

■ ① justify-content: space-between;

justify-content プロパティをspace-betweenに設定し、直下のフレックスアイテムを左右に振り分けます。図6-46のようなイメージです。

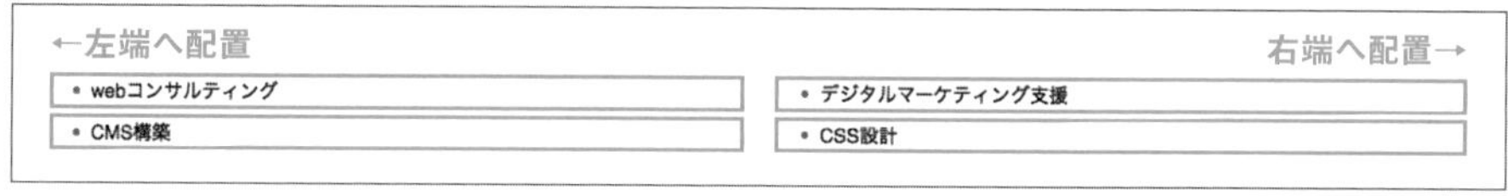

図6-46 justify-content: space-betweenの動作イメージ

■ ① flex: calc (50% - 5px) ;

フレックスアイテムである、各リストアイテムの基本幅を設定しています。calc ()関数で指定している50%は「半分」という意味であり、そこから引いている5p xはmargin-rightの値である10pxの半分です。margin-rightは右側の要素には設定しないため、コンテンツ幅は全体として (50% - 5px) * 2 + 10pxで100%となります。

本Chapterの最初の方のメディアモジュールにて解説しましたが、flexプロパティに単位付きの値をひとつだけ指定すると、flex-basisに対する指定となるのでした。

バリエーション

ネスト

完成図

- webコンサルティング
- デジタルマーケティング支援
- CMS構築
- CSS設計
  - BEM
  - FLOCSS
  - PRECSS

li要素の中に別途ul要素が埋め込まれる形です。見た目の差別化のため行頭アイコンの色を変更します。

BEM

HTML

```
<ul class="bullet-list">
  <li class="bullet-list__item">
    web コンサルティング
  </li>
  <li class="bullet-list__item">
    デジタルマーケティング支援
  </li>
  <li class="bullet-list__item">
    CMS 構築
  </li>
  <li class="bullet-list__item">
    CSS 設計
    <!-- ここからネストパターン -->
    <ul class="child-bullet-list
"> ―①
      <li class="child-bullet-
```

PRECSS

HTML

```
<ul class="bl_bulletList">
  <li>
    web コンサルティング
  </li>
  <li>
    デジタルマーケティング支援
  </li>
  <li>
    CMS 構築
  </li>
  <li>
    CSS 設計
    <!-- ここからネストパターン -->
    <ul> ―①
      <li>
        BEM
```

BEMつづき

```
list__item">
        BEM
      </li>
      <li class="child-bullet-
list__item">
        FLOCSS
      </li>
      <li class="child-bullet-
list__item">
        PRECSS
      </li>
    </ul>
  </li>
</ul>
```

CSS

```
.child-bullet-list {
  padding-left: 1.5em;
  margin-top: 10px;
  list-style-type: circle;  ──②
}
.child-bullet-list > *:last-child
{
  margin-bottom: 0;
}
.child-bullet-list__item {
  margin-bottom: 10px;
}
```

PRECSSつづき

```
      </li>
      <li>
        FLOCSS
      </li>
      <li>
        PRECSS
      </li>
    </ul>
  </li>
</ul>
```

CSS

```
/* .bl_bulletList のスタイリングに
下記を追加 */
.bl_bulletList ul {
  padding-left: 1.5em;
  margin-top: 10px;
  list-style-type: circle;  ──②
}
.bl_bulletList ul > *:last-child
{
  margin-bottom: 0;
}
.bl_bulletList ul > li {
  margin-bottom: 10px;
}
```

① ul要素に対する命名について

BEMは全要素にクラスを付け、セレクターの詳細度はなるべくフラットにするのが基本であるため、それに則って今回の例でもクラス名を付け、セレクターにもクラス名を使用してスタイリングしています。

対して、PRECSSでは「このモジュールは.bl_bulletList内で使用されることが前提」という意味も含め、クラス名は特に付けず、セレクターにもulをそのまま使用しています。

なおこれらはいずれも、多段にネストすることが可能です（図6-47）。

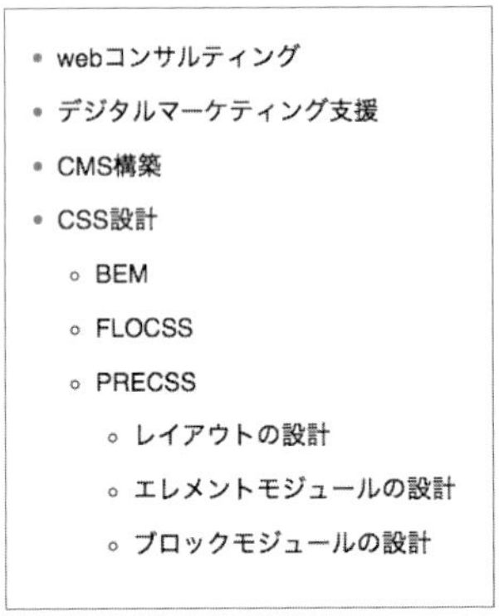

- webコンサルティング
- デジタルマーケティング支援
- CMS構築
- CSS設計
    - BEM
    - FLOCSS
    - PRECSS
        - レイアウトの設計
        - エレメントモジュールの設計
        - ブロックモジュールの設計

図6-47　PRECSS内にさらにリストをネストさせた様子

② list-style-type: circle;

今回の行頭アイコンはブラウザ標準の見た目を用いているので、独自で生成せず、list-style-type: circle;をそのまま利用しています。

6-16 順序ありリスト

基本形

完成図

1. webコンサルティング
2. デジタルマーケティング支援
3. CMS構築
4. CSS設計

ol要素を使用する、順序に意味を持つシンプルなリストです。順序なしリストと同じく、行頭番号はブラウザ標準のものではなく独自に生成します。

BEM

HTML

```
<ol class="order-list">
  <li class="order-list__item">
    web コンサルティング
  </li>
  <li class="order-list__item">
    デジタルマーケティング支援
  </li>
  <li class="order-list__item">
    CMS 構築
  </li>
  <li class="order-list__item">
    CSS 設計
  </li>
</ol>
```

PRECSS

HTML

```
<ol class="bl_orderList">
  <li>
    web コンサルティング
  </li>
  <li>
    デジタルマーケティング支援
  </li>
  <li>
    CMS 構築
  </li>
  <li>
    CSS 設計
  </li>
</ol>
```

BEM つづき

CSS
```
.order-list {
  counter-reset: order-list;
                                              —①
}
.order-list > *:last-child {
  margin-bottom: 0;
}
.order-list__item {
  position: relative;
  padding-left: 1em;
  margin-bottom: 10px;
}
.order-list__item::before {
  content: counter (order-list)
'. '; —①
  position: absolute;
  top: 0;
  left: 0;
  color: #e25c00;
  font-weight: bold;
  counter-increment: order-list;
                                              —①
}
```

PRECSS つづき

CSS
```
.bl_orderList {
  counter-reset: bl_orderList;
                                              —①
}
.bl_orderList > *:last-child {
  margin-bottom: 0;
}
.bl_orderList > li {
  position: relative;
  padding-left: 1em;
  margin-bottom: 10px;
}
.bl_orderList > li::before {
  content: counter (bl_orderList)
'. '; —①
  position: absolute;
  top: 0;
  left: 0;
  color: #e25c00;
  font-weight: bold;
  counter-increment: bl_orderList
; —①
}
```

① CSSカウンターについて

行頭数字を独自実装するに際し、今回「CSSカウンター[※1]」というものを使用しています。どういったものか概要を説明すると、変数のようにカウンターの名前を宣言し、そのカウンターにて数値（状態）を持たせ、かつ数値を増減させることができるものです。といってもいまいち理解が難しいかと思いますので、コードを追って見ていきましょう。

まずBEM、PRECSSそれぞれのモジュールのルート要素にて、counter-resetプロパティを用いてカウンターを初期化しています。初期化というのは、「この名前をカウンターとして使います」として宣言しているようなものです。値にカウンターの名前だけを続けると、カウンターの値は0に設定されます。

BEMでは「order-list」、PRECSSでは「bl_orderList」という名前のカウンターをそれぞれ宣言しています。この部分は好きな文字列を設定できます※2。なるべく、各モジュールや使用状況ごとにユニーク（一意）の値であることが望ましいです。逆の言い方をすると、面倒だからとひとつのカウンターをサイト全体で使い回すのは、メンテナンス性を低下させるため好ましくありません。

counter-resetプロパティで「この名前をカウンターとして使います」と宣言したら、後はカウンターを使用するだけです。少し順番が前後してしまいますが、counter-increment:（カウンターの名前）;とすることで、カウンターの値を1増やすことができます※3。

最後に、counter（カウンターの名前）とすることでカウンターの値を利用することができます。今回の場合はcontentプロパティにおいて、「counter（bl_orderList）'. '」とすることで、「1.」「2.」……のように、数字の後にピリオドと半角スペースが続くようにしています。

このように行頭数字を独自実装すると、行頭数字の文字色やフォントなどを自由にカスタマイズすることができます。

※1 https://developer.mozilla.org/ja/docs/Web/Guide/CSS/Counters
※2「none」「inherit」「initial」の予約語を除きます。
※3 カウンター名に数値を続けると、任意の値をインクリメントすることも可能です。
https://developer.mozilla.org/ja/docs/Web/CSS/counter-increment

バリエーション

ネスト

完成図

1. webコンサルティング
2. デジタルマーケティング支援
3. CMS構築
4. CSS設計
   1. BEM
   2. FLOCSS
   3. PRECSS

リストアイテムの中に、さらに順序ありリストをネストするパターンです。ネストされているリストは差別化のため、行頭数字を細く表示します。

BEM

HTML

```
<ol class="order-list">
  <li class="order-list__item">
    web コンサルティング
  </li>
  <li class="order-list__item">
    デジタルマーケティング支援
  </li>
  <li class="order-list__item">
    CMS 構築
  </li>
  <li class="order-list__item">
    CSS 設計
    <!-- ここからネストパターン -->
    <ol class="child-order-list">
      <li class="child-order-
list__item">BEM</li>
      <li class="child-order-
list__item">FLOCSS</li>
      <li class="child-order-
list__item">PRECSS</li>
    </ol>
  </li>
</ol>
```

CSS

```
.child-order-list {
  margin-top: 10px;
  counter-reset: child-order-list
;
}
.child-order-list > *:last-child
{
  margin-bottom: 0;
}
.child-order-list__item {
```

PRECSS

HTML

```
<ol class="bl_orderList">
  <li>
    web コンサルティング
  </li>
  <li>
    デジタルマーケティング支援
  </li>
  <li>
    CMS 構築
  </li>
  <li>
    CSS 設計
    <!-- ここからネストパターン -->
    <ol>
      <li>BEM</li>
      <li>FLOCSS</li>
      <li>PRECSS</li>
    </ol>
  </li>
</ol>
```

CSS

```
.bl_orderList ol {
  margin-top: 10px;
  counter-reset: bl_
childOrderList;
}
.bl_orderList ol > *:last-child
{
  margin-bottom: 0;
}
.bl_orderList ol > li {
```

BEM つづき

```
  position: relative;
  padding-left: 1em;
  margin-top: 10px;
}
.child-order-list__item::before {
  content: counter (child-order-
list) '. ';
  position: absolute;
  top: 0;
  left: 0;
  color: #e25c00;
  counter-increment: child-order
-list;
}
```

PRECSS つづき

```
  position: relative;
  padding-left: 1em;
  margin-top: 10px;
}
.bl_orderList ol > li::before {
  content: counter (bl_
childOrderList) '. ';
  position: absolute;
  top: 0;
  left: 0;
  color: #e25c00;
  counter-increment: bl_
childOrderList;
}
```

CSS設計モジュール集 ③

モジュールの再利用

最後のモジュール集である本Chapterでは、
今までに作成したモジュールを組合わせて新たなモジュールを作成したり、
新たな表現を行っていきます。

1. 最小モジュールを利用した複合モジュールの作成
2. 最小モジュールと複合モジュールの組み合わせ
3. 複合モジュール同士の組み合わせ

の順で解説していき、後になるにつれて複雑さも少しずつ増していきます。

CHAPTER

7

7-1 最小モジュールを利用した複合モジュールの作成

水平ボタンリスト

完成図

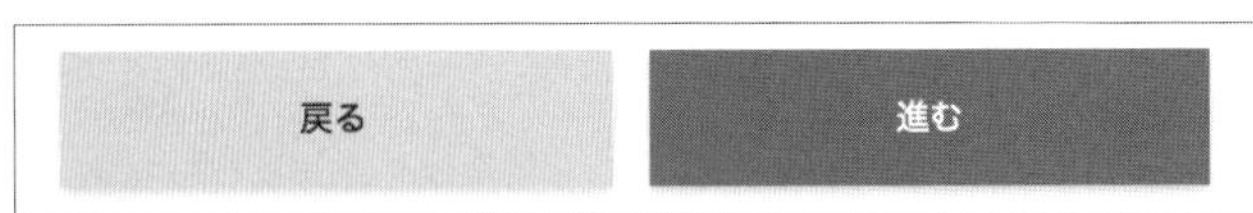

ボタンを水平に並べたモジュールです。最小モジュールであるボタンを単に連続させるだけでも横並びにはなりますが、ガター値や、スクリーンサイズが狭い場合などいろいろと調整が必要になってくるため、ボタンを流用しつつ新規モジュールを作成します。

BEM

HTML

```
<ul class="horizontal-btn-list">
  <li class="horizontal-btn-list
__item">
    <a class="horizontal-btn-list
__btn btn btn--warning" href="#">
戻る </a>
  </li>
  <li class="horizontal-btn-list
__item">
    <a class="horizontal-btn-list
__btn btn" href="#"> 進む </a>
  </li>
</ul>
```

PRECSS

HTML

```
<ul class="bl_horizBtnList">
  <li>
    <a class="el_btn el_btn__
yellow" href="#"> 戻る </a>
  </li>
  <li>
    <a class="el_btn" href="#">
進む </a>
  </li>
</ul>
```

BEM つづき

CSS

```
.horizontal-btn-list {
  display: flex;
  justify-content: center;
}
.horizontal-btn-list > *:last-
child {
  margin-right: 0;
}
.horizontal-btn-list__item {
  flex: 1 1 0;
  max-width: 300px; —①
  margin-right: 20px;
}
.horizontal-btn-list__btn {
  display: inline-flex; —②
  align-items: center; —②
  justify-content: center; —②
  width: 100%; —①
  height: 100%; —②
}
```

PRECSS つづき

CSS

```
.bl_horizBtnList {
  display: flex;
  justify-content: center;
}
.bl_horizBtnList > *:last-child {
  margin-right: 0;
}
.bl_horizBtnList > li {
  flex: 1 1 0;
  max-width: 300px; —①
  margin-right: 20px;
}
.bl_horizBtnList .el_btn {
  display: inline-flex; —②
  align-items: center; —②
  justify-content: center; —②
  width: 100%; —①
  height: 100%; —②
}
```

① max-width: 300px; / width: 100%;

max-widthの300pxという値は、元々のボタンモジュールに設定されていた値です。max-widthとすることで、ボタンが最大幅に収まる場合は元のモジュールが単純に横に並んだ見た目を維持します。ボタン数が増えるなどして全体が最大幅に収まらない場合は、自動的に縮小されます（図7-1）。

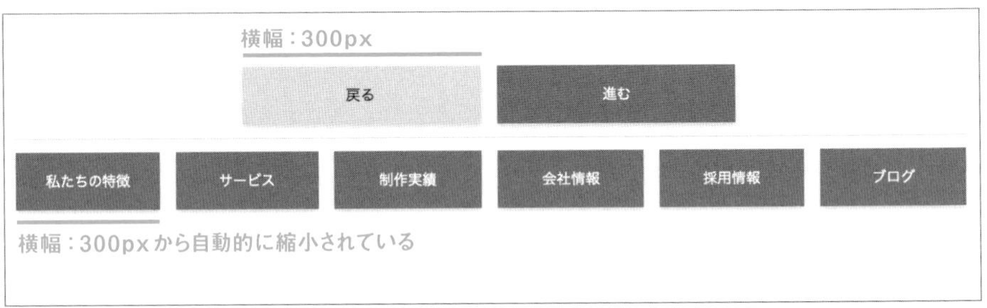

図7-1　max-width: 300pxの指定と、最大幅の超えない場合、超えた場合の表示の関わり

② Flexboxの一連の指定とheight: 100%;

height: 100%はひとつのボタン内の文字数が多く、ボタン内にて改行となった場合に他のボタンの高さも合わせるための指定です。またそれだけではボタンのテキストが天地中央揃えとなりませんので、Flexboxを用いて左右・天地中央揃えにしています（図7-2）。

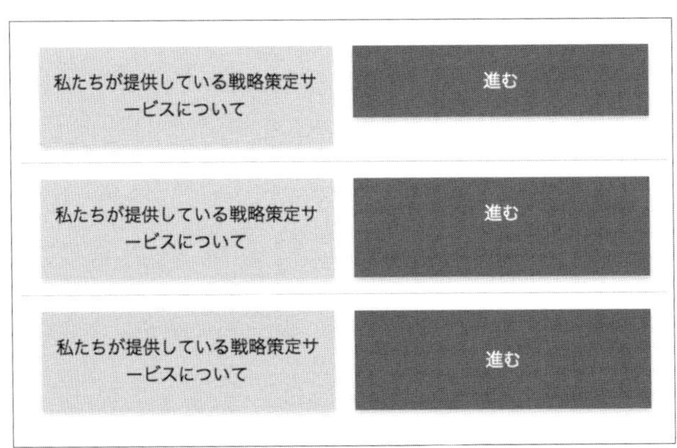

図7-2　Flexboxもheight: 100%も指定せず、高さが揃わない状態（上）、height: 100%のみ指定した状態（中）、Flexboxとheight: 100%;を指定した状態（下）

ボタンモジュールのセレクターの違い

繰り返しになりますが、BEMは.btnクラスをセレクターとして直接使用するのではなく、「.horizontal-btn-list__btn」とhorizontal-btn-listモジュールの子要素として新たに名前を付け、btnモジュールにMixしています。そして.horizontal-btn-list__btnに対してスタイリングをしているため、詳細度はフラットで、仮にbtnモジュールの名前がbtnから変わったとしても、この水平ボタンリストには影響がないというメリットがあります。

しかし詳細度がフラットであるため、「.horizontal-btn-list__btnのスタイリングは.btnよりも必ず後でないといけない(そうでないと、width: 100%;で上書きできない)」というデメリットも持ち合わせています。

「最小モジュールのスタイリングは前の方に、複合モジュールのスタイリングは後の方に」という規則が決めてあればまだよいですが、Mixはときに複合モジュール同士でも行うことがあるため、そうなるとスタイリングの宣言順に細心の注意を払う必要が出てしまい、どんどん管理が複雑になってきます。

対してPRECSSはそのデメリットを解消するためにも、「.bl_horizBtnList .el_btn」とel_btnの名前をそのまま使い、詳細度を高めてスタイリングしています。元の「.el_btn」という名前が変更になる際は併せてこの水平ボタンリストのセレクターも修正しなければなりませんが、これで宣言順を気にしなければならない、という苦痛からは解放されます。

ちなみにどちらのデメリットも解消する方法としては

- セレクターを元のボタンモジュールに依存させない
- 詳細度を高める

のふたつで、次のようなコードになります。

```css
/* BEM の場合 */
.horizontal-btn-list .horizontal-btn-list__btn {
  width: 100%;
}
/* PRECSS の場合 */
.bl_horizBtnList .bl_horizBtnList_btn {
  width: 100%;
}
```

デメリットはいずれも確かに解消されているのですが、では「なぜこのボタン子要素だけ詳細度が高いのか？」を説明するためにいちいちコメントを書いたり、あるいは共通認識として誰の目にも付く形でドキュメントを残さなければなりませんので、これはこれで中々手間が生じます。

ここまで来ると「このやり方がベストプラクティス」ともなかなか言えませんので、メリット・デメリットを比較した上でご自身やプロジェクトに合う方法を選択してください。

7-2 最小モジュールと複合モジュールの組み合わせ

ボタン＋画像半分サイズメディア

完成図

ユーザーを考えた設計で満足な体験を
提供するサービスやペルソナによって、webサイトの設計は異なります。サービスやペルソナに合わせた設計を行うことにより、訪問者にストレスのないよりよい体験を生み出し、満足を高めることとなります。
わたしたちはお客さまのサイトに合ったユーザビリティを考えるため、分析やヒアリングをきめ細かく実施、満足を体験できるクリエイティブとテクノロジーを設計・構築し、今までにない期待を超えたユーザー体験を提供いたします。
戦略策定サービスについて →

メディアクエリ適用時

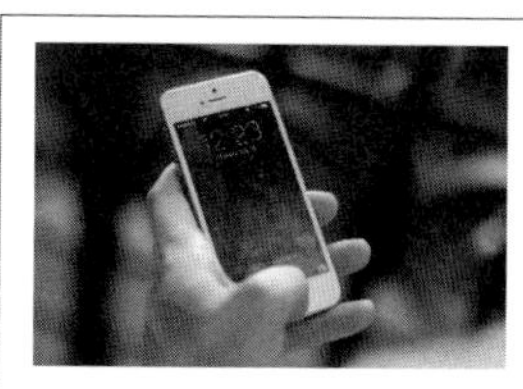

ユーザーを考えた設計で満足な体験を
提供するサービスやペルソナによって、webサイトの設計は異なります。サービスやペルソナに合わせた設計を行うことにより、訪問者にストレスのないよりよい体験を生み出し、満足を高めることとなります。
わたしたちはお客さまのサイトに合ったユーザビリティを考えるため、分析やヒアリングをきめ細かく実施、満足を体験できるクリエイティブとテクノロジーを設計・構築し、今までにない期待を超えたユーザー体験を提供いたします。
戦略策定サービスについて →

画像半分サイズのメディアモジュールに、ページ遷移を促すために矢印付きのボタンを埋め込んだパターンです。ボタンの位置は基本的にテキストの左揃え・右揃え（モディファイアでの反転時）に従いますが、メディアクエリ適用時は中央揃えにします。

BEM

HTML

```
<div class="half-media">
  <figure class="half-media__img-wrapper">
    <img class="half-media__img" src="/assets/img/elements/persona.jpg" alt="写真：手に持たれたスマホ">
  </figure>
  <div class="half-media__body">
    <h3 class="half-media__title">
      ユーザーを考えた設計で満足な体験を
    </h3>
    <p class="half-media__text">
      提供するサービスやペルソナによって、webサイトの設計は異なります。サービスやペルソナに合わせた設計を行うことにより、訪問者にストレスのないよりよい体験を生み出し、満足を高めることとなります。<br>
      わたしたちはお客さまのサイトに合ったユーザビリティを考えるため、分析やヒアリングをきめ細かく実施、満足を体験できるクリエイティブとテクノロジーを設計・構築し、今までにない期待を超えたユーザー体験を提供いたします。
    </p>
    <a class="half-media__button btn btn--arrow-right" href="#">戦略策定サービスについて</a>
  </div>
  <!-- /.half-media__body -->
</div>
```

PRECSS

HTML

```
<div class="bl_halfMedia">
  <figure class="bl_halfMedia_imgWrapper">
    <img src="/assets/img/elements/persona.jpg" alt="写真：手に持たれたスマホ">
  </figure>
  <div class="bl_halfMedia_body">
    <h3 class="bl_halfMedia_ttl">
      ユーザーを考えた設計で満足な体験を
    </h3>
    <p class="bl_halfMedia_txt">
      提供するサービスやペルソナによって、webサイトの設計は異なります。サービスやペルソナに合わせた設計を行うことにより、訪問者にストレスのないよりよい体験を生み出し、満足を高めることとなります。<br>
      わたしたちはお客さまのサイトに合ったユーザビリティを考えるため、分析やヒアリングをきめ細かく実施、満足を体験できるクリエイティブとテクノロジーを設計・構築し、今までにない期待を超えたユーザー体験を提供いたします。
    </p>
    <a class="el_btn el_btn__arrowRight" href="#">戦略策定サービスについて</a>
  </div>
  <!-- /.bl_halfMedia_body -->
</div>
<!-- /.bl_halfMedia -->
```

BEM つづき

```
<!-- /.half-media -->
```

CSS

```
/* .half-media のスタイリングに下記
を追加 */
.half-media__text {
  margin-bottom: 20px; —①
}
@media screen and (max-width:
768px) {
  .half-media__button {
    display: block;
    margin-right: auto;
    margin-left: auto;
  }
}
```

PRECSS つづき

CSS

```
/* .bl_halfMedia のスタイリングに下
記を追加 */
.bl_halfMedia_txt {
  margin-bottom: 20px; —①
}
@media screen and (max-width:
768px) {
  .bl_halfMedia .el_btn {
    display: block;
    margin-right: auto;
    margin-left: auto;
  }
}
```

① margin-bottom: 20px;

ボタンを埋め込むに際し、テキスト部分にmargin-bottomを設定します。これがないと、図7-3のようにテキストとボタンがくっついてしまいます。

ユーザーを考えた設計で満足な体験を

提供するサービスやペルソナによって、webサイトの設計は異なります。サービスやペルソナに合わせた設計を行うことにより、訪問者にストレスのないよりよい体験を生み出し、満足を高めることとなります。
わたしたちはお客さまのサイトに合ったユーザビリティを考えるため、分析やヒアリングをきめ細かく実施、満足を体験できるクリエイティブとテクノロジーを設計・構築し、今までにない期待を超えたユーザー体験を提供いたします。

戦略策定サービスについて →

図7-3 margin-bottomを設定せず、テキストとボタンがくっついてしまっている状態

「ではボタンがないときは、無駄に下部に余白が空いてしまうのではないか？」と思われるかもしれませんが、Chapter 6 において事前に次のコードを記載しています。ボタンがなくなると、テキストが下記コードの「*:last-child」にあたりますので、自動的に margin-bottom: 0;が適用されます。よって無駄に余白が空くことはありません。

CSS
```
.bl_halfMedia_body > *:last-child {
  margin-bottom: 0;
}
```

ボタン+CTAエリア

完成図

お気軽にお問い合わせください

弊社のサービスや製品のことで気になることがございましたら、お気軽にお問い合わせください

問い合わせする

CTA エリアのテキストリンクを、ボタンに置き換えたパターンです。単純なテキストリンクからボタンにすることで、より訴求力が高まることを狙います。

BEM

HTML
```
<div class="cta-area">
  <h2 class="cta-area__title">
    お気軽にお問い合わせください
  </h2>
  <p class="cta-area__text">
    弊社のサービスや製品のことで気に
なることがございましたら、お気軽にお
問い合わせください
```

PRECSS

HTML
```
<div class="bl_cta">
  <h2 class="bl_cta_ttl">
    お気軽にお問い合わせください
  </h2>
  <p class="bl_cta_txt">
    弊社のサービスや製品のことで気に
なることがございましたら、お気軽にお
問い合わせください
```

BEM つづき

```
  </p>
  <a class="btn" href="#"> 問い合わせする </a>
</div>
<!-- /.cta-area -->
```

CSS

```
/* .cta-area のスタイリングに下記を追加 */
.cta-area__text {
  margin-bottom: 40px; —①
}
```

PRECSS つづき

```
  </p>
  <a class="el_btn" href="#"> 問い合わせする </a>
</div>
<!-- /.bl_cta -->
```

CSS

```
/* .bl_cta のスタイリングに下記を追加 */
.bl_cta_txt {
  margin-bottom: 40px; —①
}
```

① margin-bottom: 40px;

先ほどのボタン＋画像半分サイズメディアのパターンと同じく、テキストとボタンの間を空けるための指定です。このCTAエリアのモジュールにもあらかじめ次のコードを記載していますので、ボタンがなくなった場合でも、下部に無駄に余白が空くことはありません。

CSS

```
.bl_cta > *:last-child {
  margin-bottom: 0;
}
```

ラベル＋ポストリスト

完成図

2019/03/29 海外向けマーケティング

【多言語サイトを構築する】 ①対象言語・地域とURL方式の選定

2019/03/28 お役立ちツール

打ち合わせアポをスムーズに！ビジネスで使える日程調整ツール4選

2019/03/27 海外向けマーケティング

BtoB向けコンテンツマーケティング戦略におけるLinkedIn活用術

ポストリストに、カテゴリ名を想定したラベルを追加したパターンです。このモジュールが実際に使用されるパターンを想定して、ラベルはCMSなどのブログ機能のカテゴリやタグに当たると考えるとよいでしょう。

BEM

HTML

```
<ul class="vertical-posts">
  <li class="vertical-posts__item">
    <div class="vertical-posts__header">
      <time class="vertical-posts__date" datetime="2019-03-29">2019/03/29</time>
      <ul class="vertical-posts__labels"> ——①
        <li class="vertical-posts__label">
          <span class="label"> 海外向けマーケティング </span>
        </li>
      </ul>
    </div>
    <!-- /.vertical-posts__header
```

PRECSS

HTML

```
<ul class="bl_vertPosts">
  <li class="bl_vertPosts_item">
    <div class="bl_vertPosts_header">
      <time class="bl_vertPosts_date" datetime="2019-03-29">2019/03/29</time>
      <ul class="bl_vertPosts_labels"> ——①
        <li>
          <span class="el_label"> 海外向けマーケティング </span>
        </li>
      </ul>
    </div>
    <!-- /.bl_vertPosts_header -->
    <a class="bl_vertPosts_ttl"
```

BEM つづき

```
-->
    <a class="vertical-posts__
title" href="#">【多言語サイトを構
築する】①対象言語・地域と URL 方式の
選定 </a>
  </li>
  <!-- 以降 <li class="vertical-
posts__item"> を 2 回繰り返し -->
</ul>
```

CSS

```
/* .vertical-posts のスタイリングに
下記を追加 */
.vertical-posts__header > *:last-
child {
  margin-right: 0;
}
.vertical-posts__date {
  margin-right: 10px;
}
.vertical-posts__labels {
  display: inline-flex; ──②
  flex-wrap: wrap;
  margin-bottom: -10px;
}
.vertical-posts__labels > *:last-
child {
  margin-right: 0;
}
.vertical-posts__label {
  margin-right: 10px;
  margin-bottom: 10px;
}
```

PRECSS つづき

```
href="#">【多言語サイトを構築する】
①対象言語・地域と URL 方式の選定 </
a>
  </li>
  <!-- 以降 <li class="bl_
vertPosts_item"> を 2 回繰り返し -->
</ul>
```

CSS

```
/* .bl_vertPosts のスタイリングに下
記を追加 */
.bl_vertPosts_header > *:last-
child {
  margin-right: 0;
}
.bl_vertPosts_date {
  margin-right: 10px;
}
.bl_vertPosts_labels {
  display: inline-flex; ──②
  flex-wrap: wrap;
  margin-bottom: -10px;
}
.bl_vertPosts_labels > *:last-
child {
  margin-right: 0;
}
.bl_vertPosts_labels > li {
  margin-right: 10px;
  margin-bottom: 10px;
}
```

① <ul class="vertical-posts__labels">/ <ul class="bl_vertPosts_labels">

ラベルを設置するための要素として、ul要素とli要素を使用しています。なぜわざわざul要素を使用しているかというと、今回の例ではラベルがひとつだけですが、このモジュールが実際にＣＭＳなどと連携して使用されるときに、ラベルが出力する想定のカテゴリやタグが複数設定されることがあり得るからです。そういったことも見越してあらかじめリストとしてマークアップしておくと、修正が少ないモジュールとなります。

② display: inline-flex;

inline-flexは少し見慣れない値かもしれません。まず将来的にラベルが2個、3個と増えたときに横並びにするためにflexを使用するわけですが、単にdisplay: flex;とすると、図7-4のように日付とラベルリストが縦並びになってしまいます（display: flex;はブロックボックスとして扱われるため）。

2019/03/29
海外向けマーケティング
【多言語サイトを構築する】 ①対象言語・地域とURL方式の選定

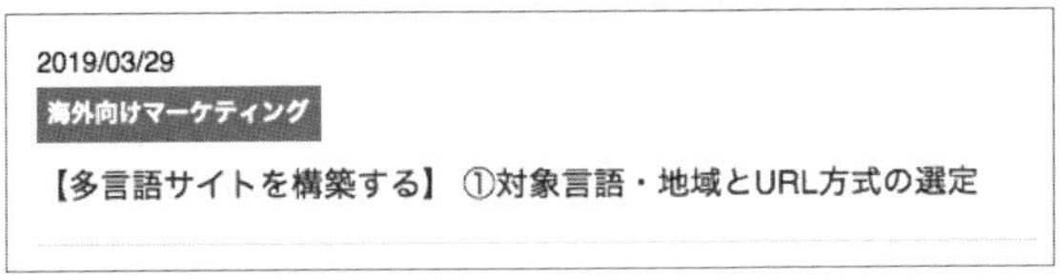

図7-4　display: flex;を設定して日付とラベルリストが縦並びになってしまった様子

ここでdisplay: flex;の代わりにdisplay: inline-flex;を設定すると、ラベルリスト自体はインラインボックスとして扱われるため日付と横並びにすることができ、かつそれぞれのラベル自体もフレックスアイテムとして扱うことができるようになります。

COLUMN data-* 属性を使用したスタイリング

ラベルに注目してみると、テキストによって色が変わっていることがわかります（図7-5）。

2019/03/29 海外向けマーケティング
【多言語サイトを構築する】①対象言語・地域とURL方式の選定
2019/03/28 お役立ちツール
打ち合わせアポをスムーズに！ビジネスで使える日程調整ツール4選

図7-5 「海外向けマーケティング」はオレンジ、「お役立ちツール」は黄色の背景色になっている

これを実現しているコードをおさらいしてみましょう。PRECSSの場合、HTML、CSSそれぞれ次のようになっています（色に関わらないコードは省略します）。

HTML
```
<span class="el_label"> 海外向けマーケティング </span>
<span class="el_label el_label__yellow"> お役立ちツール </span>
```

CSS
```
.el_label {
  background-color: #e25c00;
  color: #fff;
}
.el_label.el_label__yellow {
  background-color: #f1de00;
  color: #000;
}
```

今までやってきた通り、CSS設計としてこのコード自体は正解です。ではHTMLとCSSから少し離れて、実際にこのコードが出力されるCMS側のコードを挙げてみましょう。PHPでよく使われているTwig※というテンプレートエンジンの記法では、概ね次のようになります。

※ https://twig.symfony.com/ 国内のメジャーな例では、Drupal 8やEC-CUBE3および4に採用されています。Chapter 9にて解説しているNunjucksと互換性があるため、詳しくはそちらを参照してください。

```twig
{# tag_nameという変数に、タグ名が格納されていると想定します #}
{% set class_name = 'el_label' %}
{% if tag_name = 'お役立ちツール' %}
  {% set class_name = class_name + ' el_label__yellow' %}
{% endif %}

{# タグ名が「お役立ちツール」の場合は「el_label el_label__yellow」が、そうでない場合は「el_label」がクラス名として展開される #}
<span class="{{ class_name }}">{{ tag_name }}</span>
```

ここまでは何の問題もありませんが、例えば今後「アクセス解析」というタグを追加することになり、かつそのタグを青色の背景で表示したいとなったとしましょう。その場合、次のようにTwigとCSS両方に修正が必要になります。

```twig
{% set class_name = 'el_label' %}
{% if tag_name = 'お役立ちツール' %}
  {% set class_name = class_name + ' el_label__yellow' %}
{# 追加 #}
{% elif tag_name = 'アクセス解析' %}
  {% set class_name = class_name + ' el_label__blue' %}
{% endif %}

<span class="{{ class_name }}">{{ tag_name }}</span>
```

```css
.el_label {
  background-color: #e25c00;
  color: #fff;
}
.el_label.el_label__yellow {
  background-color: #f1de00;
  color: #000;
}
/* 追加 */
.el_label.el_label__blue {
  background-color: blue;
}
```

この程度ならまだいいのですが、定期的にタグと色の組み合わせが追加されると、いちいちTwigのコードも修正するのが面倒に思うこともあります。

そういった場合は、属性セレクターを使用することで、今後新たなタグが追加されてもＣＳＳの修正だけで済むようにすることができます。そのためには、HTML5 から追加されたdata-*属性を使用します。これは「data-」の後に任意の文字列を付加することで、オリジナルの属性を追加できるというものです。

まず、Twigの方のコードはタグ名で条件分岐を行ってCSSのモディファイアを切り替えるのではなく、次のようにspan要素にdata-text属性を追加し、その値にタグ名をセットしてしまいます。そうすると、今まで複数行書いてきた条件分岐がすべて不要になり、1行で済むようになります。

twig

```
<span class="el_label" data-text="{{ tag_name }}">{{ tag_name }}</span>
```

出力されるHTMLは次のようになります。

HTML

```
<span class="el_label" data-text="海外向けマーケティング">海外向けマーケティング</span>
<span class="el_label" data-text="お役立ちツール">お役立ちツール</span>
<span class="el_label" data-text="アクセス解析">アクセス解析</span>
```

次に、CSSは次のように記述します。

CSS

```
.el_label {
  background-color: #e25c00;
  color: #fff;
}
.el_label[data-text="お役立ちツール"] {
  background-color: #f1de00;
  color: #000;
}
.el_label[data-text="アクセス解析"] {
  background-color: blue;
}
```

[data-text="お役立ちツール"]となっている箇所が、属性セレクターです。このセレクターはつまり、「.el_labelというクラスを持ち、かつdata-text属性が"お役立ちツール"となっている要素」を指定しています。このようにあらかじめTwigの方はdata-*属性に固有の文字列を出力するようにしておくと、今後タグの追加があった際もＴｗｉｇのコードを一切編集する必要はありません。CSSの修正のみで新しいタグ名と色の組み合わせに対応することが可能となります。

これはCSS設計という観点から言えば少し邪道※な方法ですが、こんな便利な方法もあるということを覚えておくと、何かの役に立つでしょう。筆者としては、この方法を利用する場合は次のようにモディファイアとしても機能するようにしておくことをオススメします。

※ コンテンツ（文字列）とスタイリングが紐付いてしまっているためです。本来、コンテンツとスタイリングは無関係であるべきです。

CSS

```
.el_label {
  background-color: #e25c00;
  color: #fff;
}
.el_label.el_label__yellow,
.el_label[data-text="お役立ちツール"] {
  background-color: #f1de00;
  color: #000;
}
.el_label.el_label__blue,
.el_label[data-text="アクセス解析"] {
  background-color: blue;
}
/* このようにしておくと、純粋にモディファイアとしても使用できる */
```

7-3 複合モジュール同士の組み合わせ

FAQ＋リスト

完成図

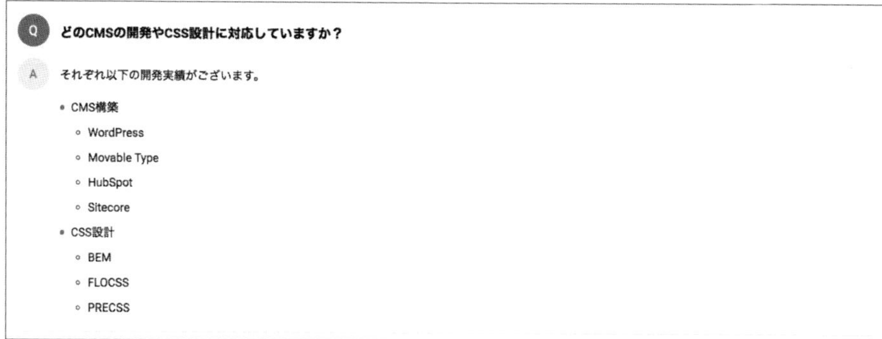

FAQの回答の中にリストを埋め込んだパターンです。実際にFAQモジュールが使われるケースを考えると、よく使われる組み合わせでしょう。

このパターンに関しては追加のCSSがなく、単純にリストモジュールを該当の箇所に埋め込むだけで実装が済んでしまいます。スタイリングの責任範囲を切り分けておく、特にモジュール自体にはレイアウトに関する指定を行わないようにしておくと、このように追加のコードを必要とせず組み合わせが完了することもよくあります。

BEM

HTML

```
<dl class="faq">
  <dt class="faq__row faq__row--question">
    <span class="faq__icon faq__icon--question">Q</span>
    <span class="faq__question-text"> どの CMS の開発や CSS 設計に対
```

PRECSS

HTML

```
<dl class="bl_faq">
  <dt class="bl_faq_q">
    <span class="bl_faq_icon">Q</span>
    <span class="bl_faq_q_txt">
どの CMS の開発や CSS 設計に対応していますか？ </span>
```

BEM つづき

```
応していますか？</span>
  </dt>
  <dd class="faq__row faq__row--
answer">
    <span class="faq__icon faq__
icon--answer">A</span>
    <div class="faq__answer-body
">
      <p class="faq__answer-text
">
          それぞれ以下の開発実績がご
ざいます。
      </p>
      <ul class="bullet-list">
        <li class="bullet-list__
item">
          CMS 構築
          <ul class="child-
bullet-list">
            <li class="child-
bullet-list__item">
              WordPress
            </li>
            <li class="child-
bullet-list__item">
              Movable Type
            </li>
            <li class="child-
bullet-list__item">
              HubSpot
            </li>
            <li class="child-
bullet-list__item">
              Sitecore
            </li>
          </ul>
```

PRECSS つづき

```
  </dt>
  <dd class="bl_faq_a">
    <span class="bl_faq_icon">A</
span>
    <div class="bl_faq_a_body">
      <p class="bl_faq_a_txt">
        それぞれ以下の開発実績がご
ざいます。
      </p>
      <ul class=" bl_bulletList">
        <li>
          CMS 構築
          <ul>
            <li>
              WordPress
            </li>
            <li>
              Movable Type
            </li>
            <li>
              HubSpot
            </li>
            <li>
              Sitecore
            </li>
          </ul>
        </li>
        <li>
          CSS 設計
          <ul>
            <li>
              BEM
            </li>
            <li>
              FLOCSS
            </li>
```

BEM つづき

```
        </li>
        <li class="bullet-list__
item">
          CSS 設計
          <ul class="child-
bullet-list">
            <li class="child-
bullet-list__item">
              BEM
            </li>
            <li class="child-
bullet-list__item">
              FLOCSS
            </li>
            <li class="child-
bullet-list__item">
              PRECSS
            </li>
          </ul>
        </li>
      </ul>
    </div>
    <!-- /.faq__answer-body -->
  </dd>
</dl>
```

PRECSS つづき

```
              <li>
                PRECSS
              </li>
            </ul>
          </li>
        </ul>
      </div>
      <!-- /.bl_faq_a_body -->
    </dd>
</dl>
```

アコーディオン＋カード＋CTAエリア

完成図

メディアクエリ適用時

最後の例は、アコーディオンのコンテンツ部分に3カラムのカードとCTAエリアを埋め込んだパターンです。3つの複合モジュールの組み合わせでかなり複雑に感じますが、結局これも必要最低限の調整だけで実現できるようになっています。

BEM

HTML

```
<dl class="accordion">
  <dt class="accordion__title">
```

PRECSS

HTML

```
<dl class="bl_accordion">
  <dt>
```

```
    <button class="accordion__btn
accordion__btn--active" type
="button"> サービスのご紹介 </
button>
  </dt>
  <dd class="accordion__body
accordion__body--active">
    <p class="accordion__text">
      弊社では下記のサービスを主軸
とし、これらにまつわる周辺業務も提供
しております。
    </p>
    <div class="accordion__cards
cards cards--col3">
      <div class="cards__item
card">
        <figure class="card__img-
wrapper">
          <img class="card__img"
src="/assets/img/elements/code.
jpg" alt=" 写真：HTML コードが写って
いる画面 ">
        </figure>
        <div class="card__body">
          <h3 class="card__title
">
            web サイト制作
          </h3>
          <p class="card__text">
            ユーザーにベストな体験
を提供するクリエイティブとテクノロジ
ーを作り上げます。
          </p>
        </div>
        <!-- /.card__body -->
      </div>
      <!-- /.card cards__item
```

```
    <button class="bl_accordion_
btn is_active" type="button"> サー
ビスのご紹介 </button>
  </dt>
  <dd class="bl_accordion_body
is_active">
    <p class="bl_accordion_txt">
      弊社では下記のサービスを主軸
とし、これらにまつわる周辺業務も提供
しております。
    </p>
    <div class="bl_cardUnit bl_
cardUnit__col3">
      <div class="bl_card">
        <figure class="bl_card_
imgWrapper">
          <img src="/assets/img/
elements/code.jpg" alt="web サイト
制作 ">
        </figure>
        <div class="bl_card_body
">
          <h3 class="bl_card_ttl
">
            web サイト制作
          </h3>
          <p class="bl_card_txt
">
            ユーザーにベストな体験
を提供するクリエイティブとテクノロジ
ーを作り上げます。
          </p>
        </div>
        <!-- /.bl_card_body -->
      </div>
      <!-- /.bl_card -->
      <!-- 以降 <div class="bl_
```

BEM つづき

```
-->
        <!-- 以降 <div
class="cards__item card"> を 2 回繰
り返し -->
      </div>
      <!-- /.cards -->
      <div class="cta-area">
        <h3 class="cta-area__
title">
          お気軽にお問い合わせくださ
い
        </h3>
        <p class="cta-area__text">
          弊社のサービスや製品のこと
で気になることがございましたら、お気
軽にお問い合わせください
        </p>
        <a class="btn" href="#"> 問
い合わせする </a>
      </div>
      <!-- /.cta-area -->
    </dd>
  </dl>
```

CSS

```
/* .accordion のスタイリングに下記を
追加 */
.accordion__cards { ―①
  width: 90%;
  margin-right: auto;
  margin-bottom: 10px;
  margin-left: auto;
}
```

PRECSS つづき

```
card"> を 2 回繰り返し -->
    </div>
    <!-- /.bl_cardUnit -->
    <div class="bl_cta">
      <h3 class="bl_cta_ttl">
        お気軽にお問い合わせくださ
い
      </h3>
      <p class="bl_cta_txt">
        弊社のサービスや製品のこと
で気になることがございましたら、お気
軽にお問い合わせください
      </p>
      <a class="el_btn" href="#">
問い合わせする </a>
    </div>
    <!-- /.bl_cta -->
  </dd>
</dl>
```

CSS

```
/* .bl_accordion のスタイリングに下
記を追加 */
.bl_accordion .bl_cardUnit {
                              ―①
  width: 90%;
  margin-right: auto;
  margin-bottom: 10px;
  margin-left: auto;
}
```

① .accordion__cards / .bl_accordion .bl_cardUnitに対するスタイリング

驚くべきことに、今回の複合モジュールの組み合わせで追加したのはたったこれだけのCSSです。カード部分は何も指定しないと横幅いっぱいに広がりますが、それでは少し詰まって見えるのでwidth: 90%;で少し横幅を狭め、同時にmargin-right: auto;とmargin-left: auto;で左右中央揃えを行っています。

後続のコンテンツ（今回の場合はCTAエリア）との余白を確保するためにmargin-bottom: 10px;を指定しますが、各カードの下部にもそれぞれmargin-bottom: 30px;が設定されています。よってこれは実際には40pxの余白を確保することになります(図7-6)。

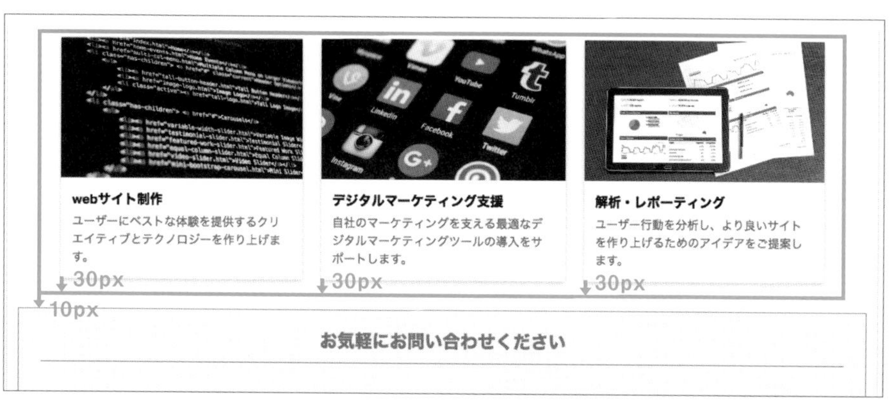

図7-6　各カードのmargin-bottomと、カードのラッパー要素に設定したmargin-bottomで計40pxが確保されている

COLUMN モジュールの上下の余白

「モジュールそれ自体には、レイアウトに関わるスタイリングはしない」という基本のもと、今までのモジュールは margin-top や margin-bottom など上下の余白をスタイリングを含まない形で紹介してきました。しかしこのまま使用すると、図 7-7 のように当然上下がぴったりくっついてしまいます。

重視していること

ユーザーを考えた設計で満足な体験を

提供するサービスやペルソナによって、webサイトの設計は異なります。サービスやペルソナに合わせた設計を行うことにより、訪問者にストレスのないよりよい体験を生み出し、満足を高めることとなります。
わたしたちはお客さまのサイトに合ったユーザビリティを考えるため、分析やヒアリングをきめ細かく実施、満足を体験できるクリエイティブとテクノロジーを設計・構築し、今までにない期待を超えたユーザー体験を提供いたします。

お気軽にお問い合わせください

弊社のサービスや製品のことで気になることがございましたら、お気軽にお問い合わせください

問い合わせする

図 7-7　見出し 2 とメディアと CTA エリアを縦に並べたが、すべてくっついてしまう

今までのモジュールを実際に使用するには必ず解決しなければならない問題ですが、解決方法として、下記の 4 パターンがあります。

1.「標準余白」として、あらかじめモジュールに設定してしまう

まず最初の方法は、「標準の余白」として、モジュールに最初から直接設定してしまう方法です。即ち、「モジュール それ自体には、レイアウトに関わるスタイリングはしない」という基本がありつつも、margin-top や margin-bottom だけは例外と見なす形です。

次のようなコードになります。

CSS

```css
.el_lv2Heading {
  padding-bottom: 10px;
  border-bottom: 4px solid #e25c00;
  margin-bottom: 40px; /* 追加 */
  font-size: 1.75rem;
  font-weight: bold;
}
@media screen and (max-width: 768px) {
  .el_lv2Heading {
    margin-bottom: 30px; /* 追加 */
  }
}
.bl_media {
  display: flex;
  align-items: center;
  margin-bottom: 30px; /* 追加 */
}
@media screen and (max-width: 768px) {
  .bl_media {
    margin-bottom: 20px; /* 追加 */
  }
}
.bl_cta {
  padding: 30px;
  background-color: rgba(221, 116, 44, .05);
  border: 1px solid #e25c00;
  margin-bottom: 30px; /* 追加 */
  text-align: center;
}
@media screen and (max-width: 768px) {
  .bl_cta {
    margin-bottom: 20px; /* 追加 */
  }
}
```

この方法のメリットは、最初にmarginを設定してしまうので後述の方法に比べて毎回余白の設定をしなくてよいことにあります。一方で、コンテキストによって余白が毎回変わるようなデザインカンプだと、標準として設定した余白がほぼ意味を成さないばかりか、混乱のもととなってしまいます。

この方法が一番マッチしているのは、デザインカンプにおいても「メディアの下部の余白は30px」のようにキッチリ決まっているプロジェクトの場合です。

2. ヘルパークラスを用いて、逐一モジュールに余白を設定する

次の方法は、モジュールを使用する際に毎回ヘルパークラスをモジュールに追加する方法です。次のようなコードになります。

HTML

```html
<div class="bl_media lg_mb40 md_mb20">
(省略)
</div>
<!-- /.media -->
```

CSS

```css
.lg_mb40 {
  margin-bottom: 40px !important;
}
@media screen and (max-width: 768px) {
  .md_mb20 {
    margin-bottom: 20px !important;
  }
}
```

この方法のメリットは、モジュールの使用ごとに余白を設定できるため、とにかく柔軟性が高いことです。

一方でデメリットとしては

- 毎回設定するのが面倒
- ヘルパークラスを量産するのが面倒（Sassの for 文を利用すると自動化できますが……）
- 後から「メディアの下部の余白は60pxで統一したい」となった場合、修正範囲が膨大になる

などが挙げられます。

特に修正範囲が膨大になってしまうのはなかなか痛いデメリットであるため、この方法が向いているのは、

- 余白の規則があまり統一されていないデザインカンプで
- かつ後から一括して余白に関する修正が入らないと思われる

プロジェクトです。

3. パターンの決まったヘルパークラスを逐一モジュールに適用する

この方法は先述の1と2の折衷案のような形です。毎回ヘルパークラスを設定するのは2と同様なのですが、余白にパターンを持たせるところが2と異なります。コードとしては次のようになります。

HTML

```
<h2 class="el_lv2Heading hp_lgSpace">重視していること</h2>

<div class="media hp_mdSpace">
（省略）
</div>
<!-- /.media -->
```

CSS

```
/* 余白量：大 */
.hp_lgSpace {
  margin-bottom: 100px
!important;
}
@media screen and (max-width:
768px) {
  .hp_lgSpace {
    margin-bottom: 80px
!important;
  }
}
/* 余白量：中 */
.hp_mdSpace {
  margin-bottom: 60px
!important;
}
@media screen and (max-width:
768px) {
  .hp_mdSpace {
    margin-bottom: 40px
!important;
  }
}
/* 余白量：小 */
.hp_smSpace {
  margin-bottom: 30px
!important;
}
@media screen and (max-width:
768px) {
  .hp_smSpace {
    margin-bottom: 20px
!important;
  }
}
```

このように、いくつかのパターンの余白の組み合わせ（通常時とメディアクエリ適用時）を作成しておいて、モジュールに応じて付けるヘルパークラスを変える方式です。メリットとデメリットはまさに先述の1と2のちょうど中間という形になります。

この方法が向いているのは、

・デザインカンプの時点で上記のCSSのように余白のパターン・組み合わせが定義されている
・または、デザインカンプと多少誤差があっても、余白をパターンに押し込めてしまって問題がない

プロジェクトです。余白のパターン数は、デザインカンプに定義があればもちろんそれに従い、なければ多くとも5～7パターンまでに絞った方がよいでしょう。

4. コンテキストごとに設定する

最後の方法は、コンテキストごとに逐一設定する方法です。これに関しては、コードを見てもらった方が早くイメージが掴めるでしょう。

HTML
```
<!-- 全体を .bl_article で括った -->
<article class="bl_article">
  <h2 class="el_lv2Heading">重視していること </h2>
  <div class="bl_media">
  (省略)
  </div>
  <!-- /.media -->
</article>
```

CSS
```
/* .bl_articleの中にあるときのみ、余白を設定 */
.bl_article .el_lv2Heading {
  margin-bottom: 40px; /* 追加 */
}
@media screen and (max-width: 768px) {
  .bl_article .el_lv2Heading {
    margin-bottom: 30px; /* 追加 */
  }
}
.bl_article .bl_media {
  margin-bottom: 30px; /* 追加 */;
}
@media screen and (max-width: 768px) {
  .bl_article .bl_media {
    margin-bottom: 20px; /* 追加 */
  }
}
```

この方法のメリットとしては、とにかく堅牢であることです。余白の設定はすべて.bl_article内においてのみ有効なので、他のコンテキストに影響を及ぼしません。

一方でデメリットとしては、

- コンテキストが発生するごとに余白の設定をしなければならない
- コンテキスト内で使うモジュールが増えた場合も、そのモジュールに対して毎回余白を設定しなければならない（多少面倒）
- そもそもコンテキストの定義が難しい

などが挙げられます。筆者が特に致命的と思うのが3つめの「そもそもコンテキストの定義が難しい」で、「記事（.bl_article）の場合はメディアの下部の余白は○○で、通常のページの場合はメディアの下部の余白は○○～」と綺麗に分けることは非常に難しいです。多くのデザイナーもそのような考え方をしないので、当然デザインカンプにもそういった規則はあらわれません。

この方法を使用する機会は、現実としてはあまりないでしょう。

Chapter 1 Chapter 2 Chapter 3 Chapter 4 Chapter 5 Chapter 6 Chapter 7 Chapter 8 Chapter 9

筆者の考えるベストプラクティス

以上 4つの方法をご紹介してきましたが、筆者が考えるベストプラクティスは 1+ 場合によって 2（または 3）という形になります。

まず 1ですが、これは各モジュールにあらかじめ「標準余白」を設定してしまう、というものでした。すべてのモジュールに対して、デザインカンプに余白の指示があればいいのですが、あまりそういったプロジェクトに出くわしたことはありません。

ただしどのようなプロジェクトにおいても「標準余白」を設定しやすいモジュールがあり、それは即ち見出しです。見出しは多くの場合セクションの区切りとなっており、「セクションの区切りは必ず 80px 空ける」というようなデザインカンプが多く見受けられます。

そのため、筆者は見出しに対して「セクション間の余白」として margin-top、後続するコンテンツとの余白として margin-bottom の両方を設定しておくことがよくあります。

```css
.el_lv2Heading {
  margin-top: 80px;
  margin-bottom: 40px;
}
```

次に、他の各モジュールに対して標準余白がデザインカンプで定められていないとしても、予防線として、各モジュールに標準余白を入れておいてしまいます。なぜかというと、万が一エンジニア以外の職種の第三者、またはクライアントが、こちらの意図しない形で既存のモジュールを組み合わせてページを編集したり作成したりした場合でも、モジュール間の上下がくっつかず、最低限の見た目を担保できるようにしておくためです。

この値は、おおよそ margin-bottom: 30px;とすることが多いです。30px という値自体は完全に筆者の感覚値です。同じ値を margin-top にも設定することもよいでしょう（レイアウトに関するスタイリングがあまり多く付きすぎていると、モジュールの再利用の際に邪魔になることがあるので、筆者は margin-top まで付けるのはあまり好みませんが……）。

ただしこれでは当然画一的過ぎてデザインカンプを再現できないことが多いので、デザインカンプを再現するために 2、または 3 のヘルパークラスを用いる方法を併用します。2 のように毎回完全に自由に値を設定できるようにするか、または 3 のようにある程度のパターンを持たせるかについては、プロジェクト次第です。

以上、モジュールと余白の関係について解説してきました。余白は結局デザインカンプに大きく左右される要素であるため、CSS 設計の中でもかなり難しい部類に入ります。筆者も今でもたまに悩み、もっといい方法はないかと模索することがあるため、上記 4つの方法を参考にしつつ、ぜひご自身でも最適な方法を考えてみてください。

CSS設計を より活かすための スタイルガイド

Chapter 5〜7 にかけて、Webサイトにて使われる
さまざまなモジュールを紹介・解説してきました。
続く本Chapterでは、それらのモジュールを効率よく管理し、
運用する方法を解説していきます。

CHAPTER

8-1 スタイルガイドとは

モジュールを効率よく管理・運用するにおいて、ぜひオススメしたいのがスタイルガイドの作成です。スタイルガイドとは簡単に言えば「Webサイトにおいて使用されている色やフォント、UIパーツを一覧確認してできる資料」です。

似た言葉に「デザインガイドライン」というものがありますが、これはもう少しデザインよりで「デザインする際のやってよいこと、やってはいけないこと」などを明確にしていることが多いです。

それに対して「デザイン上の規則の提示」よりも「すでに使われている要素（色・フォント・ＵＩパーツなど）の整理」に重きを置いているのがスタイルガイドで、ＵＩパーツをすぐに使えるようＨＴＭＬコードが一緒に用意されていることも少なくありません。

8-2 なぜスタイルガイドが必要か？

ではなぜスタイルガイドが必要なのかというと、

- 無駄にUIパーツを増やさないため
- 無駄な複雑化を避けるため
- 効率良くUIパーツを再利用するため

だと筆者は考えています。

Webサイトの多くは公開して終わりではなく、その後に運用・更新フェーズが待ち構えています。その中で新しいページを作成したり、既存のページに変更を加えることが出てきます。そんなときにUIパーツが整理されていないと、似たようなUIパーツ（モジュール）が他のページにあるにも関わらず、新しく作成してしまうことがあります。

結果、無駄に工数をかけて似たようなものを増やしてしまうだけでなく、その後の運用においても「どちらを使えばよいのか？　なぜふたつは別々に作成されているのか？　その意図は何か？」など混乱を招いてしまいます。

そういった事態を避け無駄な工数を削減するため、またはWebサイトの統一感を保つため、ひいてはWebサイトの寿命をなるべく長いものにするためにも、スタイルガイドは必要です。

8-3 スタイルガイドを作成する

それでは、実際にそのスタイルガイドの作成方法を解説していきます。スタイルガイドの作成方法は主に

- スタイルガイドジェネレーターによる生成
- 手動作成

の2通りがあります。

スタイルガイドジェネレーターを使用する

この「スタイルガイドジェネレーター」とはスタイルガイドを生成するツールの総称であり、世界中の有志の手によって数多くのツールが公開されています。以下に、簡単ではありますが有名なスタイルガイドジェネレーターを紹介します。

- Fractal※1
- SC5※2
- kss-node※3
- Atomic Docs※4
- Stylemark※5
- Storybook※6

今回はこの中から、Fractalの使用方法を解説します。ただし書面の都合上、すべての機能をしっかりとは解説できませんので、インストールからモジュールを登録するまでの流れで雰囲気を掴んでもらえればと思います。

また、同様の理由でNode.jsやnpmについても詳しくは説明できませんので、ご了承ください。解説が難しいと感じる方は、手動で作成する方法も解説していますのでご安心ください。読み飛ばしていただくか、参考程度に捉えてもらって構いません。

筆者はNode.js v12.13.0、npm 6.13.6、Fractal CLI tool 1.1.7、Fractal 1.2.1で動作を確認しています。

※1 https://fractal.build/
※2 http://styleguide.sc5.io/
※3 https://kss-node.github.io/kss-node/
※4 http://atomicdocs.io/
※5 https://github.com/nextbigsoundinc/stylemark
※6 https://storybook.js.org/

Fractalをインストールする

まずはFractalをインストールします。希望のディレクトリへ遷移し、次のコマンドを実行します。

```shell
npm init -y
npm install --save @frctl/fractal
```

また必須ではありませんが、Fractal開発に役立つコマンドが用意されたFractal CLI toolというものも用意されていますので、合わせてこちらもグローバルインストールしておきます。

```shell
npm i -g @frctl/fractal
```

Fractalをセットアップする

次にFractalのセットアップを行うために、下記のコマンドを実行します。<project-name>という部分には任意のプロジェクト名を入力します。

```shell
fractal new <project-name>
```

project-nameの部分は今回「fractal-demo」としました。すると図8-1のようにいくつか質問をされます。行頭に「？」が付いているのが質問項目です。

```
→ fractal-demo fractal new fractal-demo

Creating new project.... just a few questions:

? What's the title of your project? Fractal Demo
? Where would you like to keep your components? src/components
? Where would you like to keep your docs? src/docs
? What would you like to call your public directory? public
? Will you use Git for version control on this project? Yes
Generating project structure...
Installing NPM dependencies - this may take some time!
npm WARN deprecated coffee-script@1.12.7: CoffeeScript on NPM has moved to "coffeescript" (no hyphen)
```

図8-1　fractal new コマンドにて表示される質問項目

最後まで進めると自動的にnpmの依存モジュールのインストールが開始され、すべて終わると「✔Your new Fractal project has been set up.」と表示され、再度コマンド受付状態になります。これでFractalのセットアップは完了です。

Fractalのセットアップが完了すると、「fractal new <project-name>」のproject-nameの部分で指定した名前のディレクトリが生成されています。

そのディレクトリに移動し、次のコマンドを実行するとローカルサーバーが立ち上がり、各種URLが表示されます（図8-2）。

```
cd fractal-demo # fractal-new で作成されたディレクトリへの移動
fractal start --sync
```

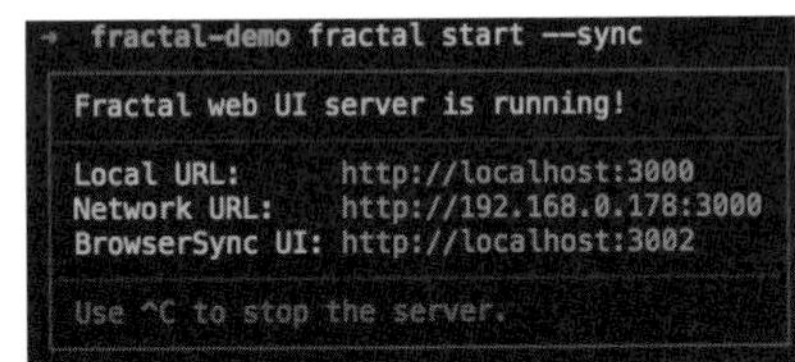

図8-2　fractal start --sync コマンドを実行すると、ターミナルに表示されるURL

このうち「Local URL（デフォルトはhttp://localhost:3000）」または「Network URL」と表示されているURLをブラウザにて開くとFractalのプレビュー画面が表示されます（図8-3）。

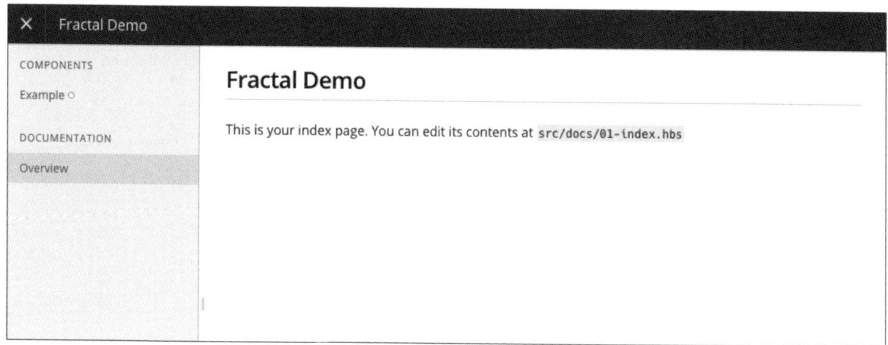

図8-3 ローカルサーバーにてプレビューされているFractalの画面

これにて、Fractalのセットアップは完了です。

モジュールを登録する

Fractalのプレビュー画面を見ると、左側のエリアの上部に「COMPONENTS」というセクションがあり、その中にすでに「Example」というモジュールが登録されています（図8-4）。

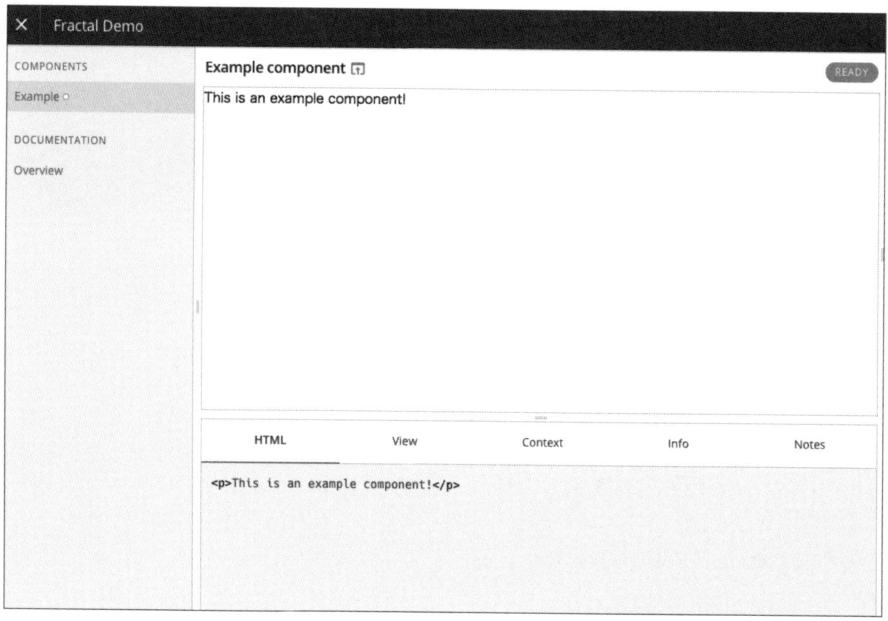

図8-4 最初から用意されているExampleモジュール

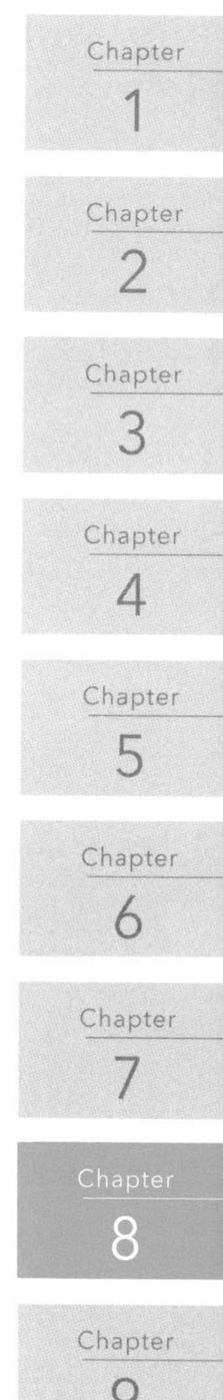

このExampleモジュールは、src/componentsディレクトリ内のexampleという名前のディレクトリの内容と一致しています。fractal-demoディレクトリ内のツリー構造は次の通りです。

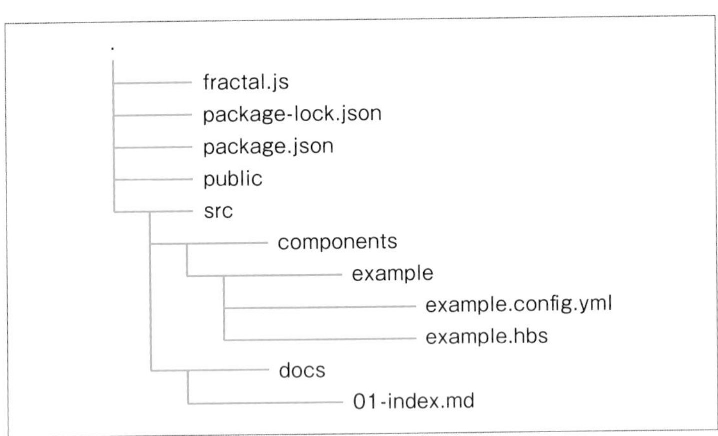

つまり新たにモジュールを追加するにはsrc/componentsディレクトリに新たにディレクトリを作成し、その中にファイルを格納します※。

※ モジュールの追加だけであれば厳密にはディレクトリを作る必要はありませんが、詳しい解説は省略します。

ディレクトリの作成、.hbsファイルの設置

新たにbl_mediaディレクトリを作成し、bl_media.hbsファイルを作成、ファイルの内容を次のようにします。このモジュールのコードはChapter 6で解説したものと同じです。

bl_media.hbsの中身

HTML

```
<div class="bl_media">
  <figure class="bl_media_imgWrapper">
    <img class="bl_media_" src="/assets/img/elements/persona.jpg" alt="
写真：手に持たれたスマホ ">
  </figure>
  <div class="bl_media_body">
    <p class="bl_media_ttl">
      ユーザーを考えた設計で満足な体験を
    </p>
    <p class="bl_media_txt">
      提供するサービスやペルソナによって、web サイトの設計は異なります。サービス
やペルソナに合わせた設計を行うことにより、訪問者にストレスのないよりよい体験を生
み出し、満足を高めることとなります。<br>
      わたしたちはお客さまのサイトに合ったユーザビリティを考えるため、分析やヒア
リングをきめ細かく実施、満足を体験できるクリエイティブとテクノロジーを設計・構築
し、今までにない期待を超えたユーザー体験を提供いたします。
    </p>
  </div>
  <!-- /.bl_media_body -->
</div>
<!-- /.bl_media -->
```

拡張子の.hbsというのは、Handlebars[※1]というテンプレートエンジン[※2]のファイルのことです。FractalではViewのテンプレートエンジンにHandlebarsを標準で採用していますが、Nunjucksなど他のものに変えることも可能です。なおテンプレートエンジン(Nunjucks)については、Chapter 9の「HTML開発を効率化する」にて解説しています。

Handlebarsの記法を用いることでデータ(テキストや画像など)とHTMLを別々に管理することもできますが、今回はひとまずHandlebarsの機能を使わずこのまま進めていきます。

bl_media.hbsを作成し保存すると、その瞬間にFractalのプレビュー画面が更新され、Bl Mediaとしてモジュールとして登録されます。Bl Mediaを開いてみると、図8-5のようにプレビューとモジュールにまつわる各種情報が表示されます。

※1 https://handlebarsjs.com/
※2 データとテンプレートを組み合わせてドキュメントを出力する仕組みのこと。ここでは最終的にHTMLが出力されます。

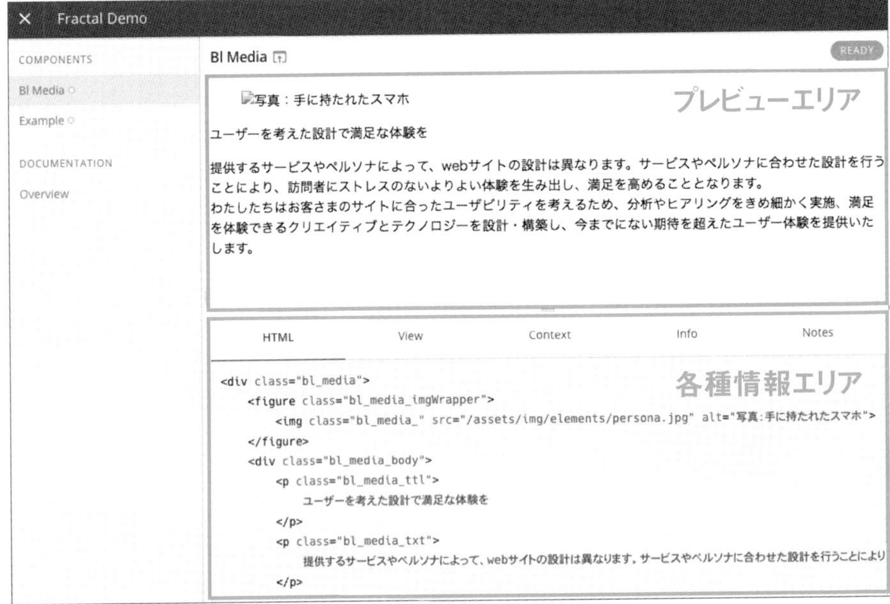

図 8-5　Bl Mediaのプレビュー画面

ただし現在の状態ではCSSや画像をFractalディレクトリ内に配置していませんので、プレビューは崩れた状態となっています。こちらは後ほど、CSSと画像を追加して対応します。

各種情報エリアでは、タブを切り替えることによって表示する情報を切り替えることができます。一番左のHTMLタブでは表示中のモジュールのHTMLコードを取得することができますので、これによりモジュールの再利用がしやすくなります。

Viewタブにはデータを受け取ってHTMLとして出力する前のテンプレートエンジンのマークアップが、Contextデータにはテンプレートエンジンに受け渡すデータを確認できますが、今回は解説しません。Infoタブには Fractal内部におけるモジュール情報や、モジュールを新しいタブで開くプレビューリンクが用意されています。

README.mdの設置

Notesにはモジュールに関する付加情報を自由に記述できます。Markdown※ファイルを用意すると自動的に反映されるので、追加してみましょう。bl_mediaディレクトリにREADME.mdファイルを作成し、次のように記述します。

※ 簡易的な書式でHTMLに変換できるマークアップ言語のひとつです。

```markdown
# 概要
画像とテキストが左右に配置されるコンポーネント

## 画像の仕様について
* 画像の元サイズに関わらず、必ずモジュールの横幅の 25% いっぱいに表示されます
* テキストは画像の下に回り込みません
```

README.md ファイルを保存すると、Fractalのプレビューの Notes タブに図 8-6 のように表示されます。

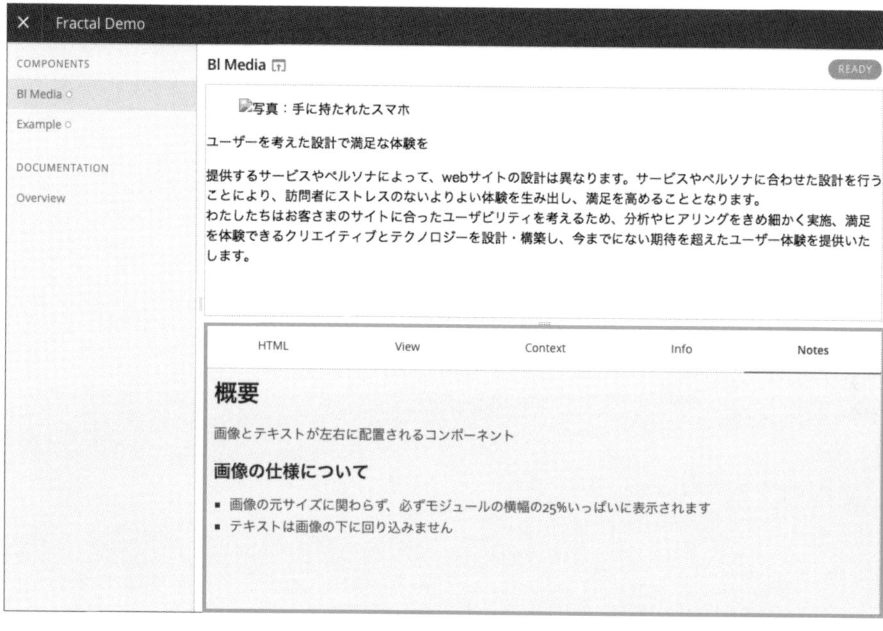

Fractal Demo
COMPONENTS
Bl Media
Example
DOCUMENTATION
Overview
Bl Media
READY
写真：手に持たれたスマホ
ユーザーを考えた設計で満足な体験を
提供するサービスやペルソナによって、webサイトの設計は異なります。サービスやペルソナに合わせた設計を行うことにより、訪問者にストレスのないよりよい体験を生み出し、満足を高めることとなります。
わたしたちはお客さまのサイトに合ったユーザビリティを考えるため、分析やヒアリングをきめ細かく実施、満足を体験できるクリエイティブとテクノロジーを設計・構築し、今までにない期待を超えたユーザー体験を提供いたします。
HTML
View
Context
Info
Notes
概要
画像とテキストが左右に配置されるコンポーネント
画像の仕様について
画像の元サイズに関わらず、必ずモジュールの横幅の25%いっぱいに表示されます
テキストは画像の下に回り込みません

図 8-6　README.mdの内容が表示されたNotesタブ

このようにモジュールに自由記述でメモやドキュメントを残せるのは、とてもよいですね。

CSSや画像などのアセットをFractalに反映する

プレビューエリアではCSSや画像などが反映されず表示確認ができませんでしたので、これを解消する必要があります。Fractalはモジュールのディレクトリ、例えば今回の例で言えばbl_mediaディレクトリに

- bl_media.js
- bl_media.scss

などのファイルを一緒に格納すると、JavaScriptやSassの内容を読み取りプレビューエリアに反映してくれます。

しかしこのようにモジュールごとにJavaScriptやSassファイルを分割していないこともあるかと思いますので、プロジェクト共通のCSSファイルをプレビューに読み込ませる方法を解説します。

■ 静的アセットの設置

まずはFractalに読み込ませるCSSや画像を用意する必要があります。FractalではあらかじめコンパイルされたCSSやJavaScript、画像などを静的アセット（原文：Static Assets）と呼んでいます。この静的アセットを格納するディレクトリは、Fractalセットアップ時に質問された項目のうち「What would you like to call your public directory?」に当たります（図8-7）。

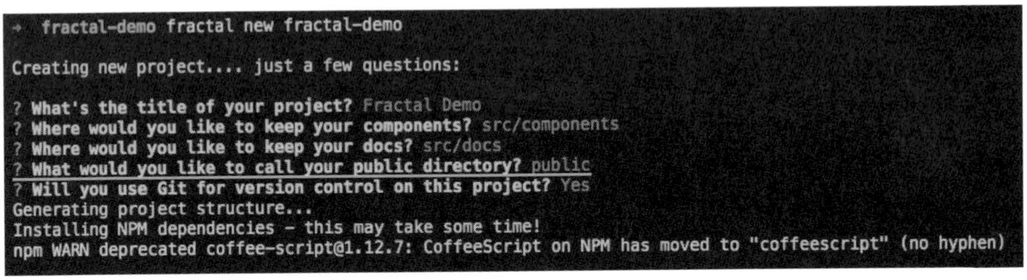

```
→  fractal-demo fractal new fractal-demo

Creating new project.... just a few questions:

? What's the title of your project? Fractal Demo
? Where would you like to keep your components? src/components
? Where would you like to keep your docs? src/docs
? What would you like to call your public directory? public
? Will you use Git for version control on this project? Yes
Generating project structure...
Installing NPM dependencies - this may take some time!
npm WARN deprecated coffee-script@1.12.7: CoffeeScript on NPM has moved to "coffeescript" (no hyphen)
```

図8-7　Fractalのセットアップ時に設定した静的アセット格納ディレクトリ

今回は「public」というディレクトリを指定していますので、publicディレクトリにCSSと画像を格納します。格納後のディレクトリ構成は次のようになります（public以外のディレクトリ、ファイルは省略しています）。

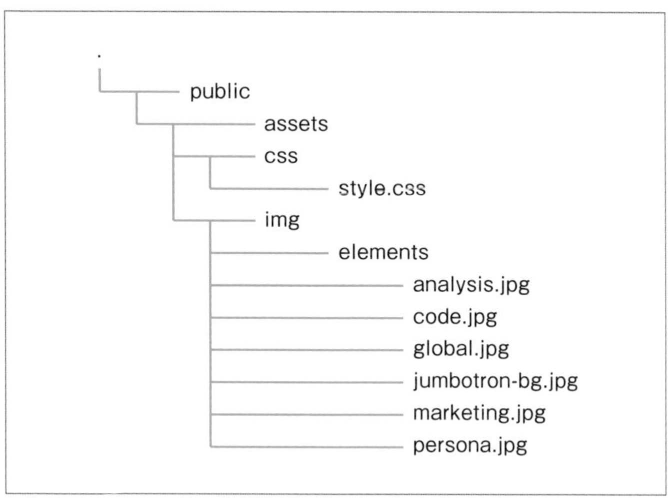

まずはこれで、静的アセットの設置が完了しました。なおこの段階で画像は読み込めるようになったため、Fractalのプレビューを見てみると画像が表示されているのがわかります（図8-8）。

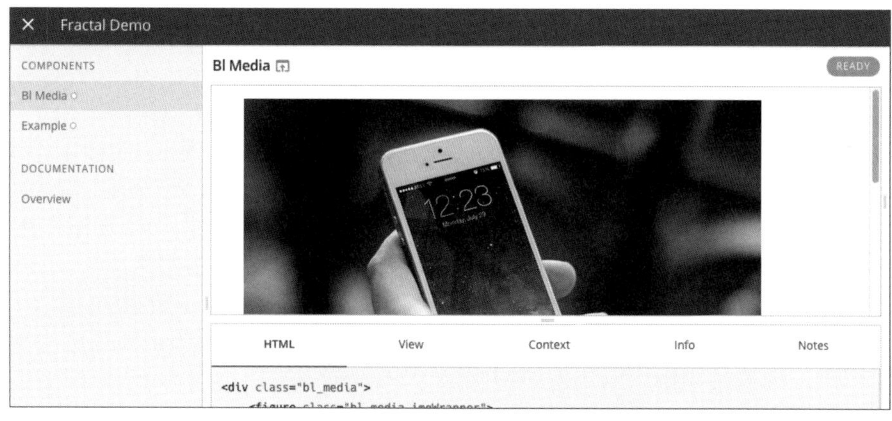

図8-8　publicディレクトリに静的アセットを配置したことにより、画像が読み込まれた

_preview.hbs ファイルを作成する

すべてのモジュールのプレビューエリアに共通のＣＳＳを読み込ませたい場合は、componentsディレクトリの直下に_preview.hbsファイルを作成します。ファイルの中身は次のような形です。

```
HTML
<!DOCTYPE html>
<html>
<head>
    <meta charset="utf-8">
    <link media="all" rel="stylesheet" href="{{ path '/assets/css/style.
css' }}">
    <title>Preview Layout</title>
</head>
<body>
{{{ yield }}}
</body>
</html>
```

link要素のhref属性の値を、先ほどpublicディレクトリ内に設置したCSSファイルのパスにします。注意点として先ほどの画像の場合もそうですが、静的アセットへのパスに「public」はいりません。publicディレクトリ内においてのディレクトリ構造を表せばよいので、「/assets/css/style.css」となります。

body要素内の「{{{ yield }}}」はここに各モジュールのHTMLが出力されますので、必ず入れるようにしてください。

_preview.hbsファイルを保存すると、ブラウザで開いているFractalのプレビューが更新され、図8-9のように期待通りの表示になります。つまり_preview.hbsファイルは、プレビューエリア内の表示を制御するためのファイルになります。それ以外、サイドバーや下部の各種情報が表示されているエリアには影響しません。

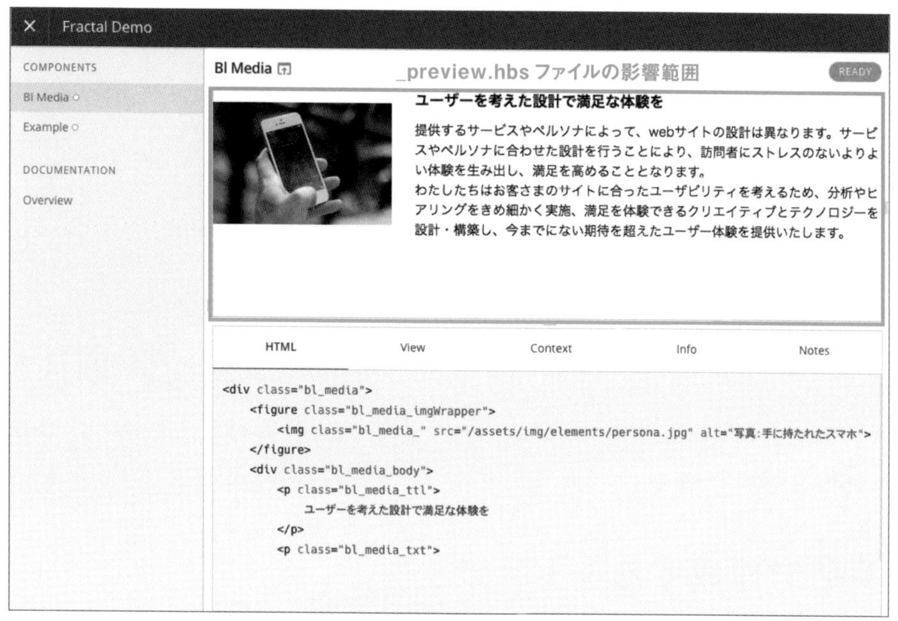
Fractal Demo
COMPONENTS
Bl Media
Example
DOCUMENTATION
Overview
Bl Media
_preview.hbs ファイルの影響範囲
READY
ユーザーを考えた設計で満足な体験を
提供するサービスやペルソナによって、webサイトの設計は異なります。サービスやペルソナに合わせた設計を行うことにより、訪問者にストレスのないよりよい体験を生み出し、満足を高めることとなります。
わたしたちはお客さまのサイトに合ったユーザビリティを考えるため、分析やヒアリングをきめ細かく実施、満足を体験できるクリエイティブとテクノロジーを設計・構築し、今までにない期待を超えたユーザー体験を提供いたします。
HTML
View
Context
Info
Notes
<div class="bl_media">
<figure class="bl_media_imgWrapper">
<img class="bl_media_" src="/assets/img/elements/persona.jpg" alt="写真:手に持たれたスマホ">
</figure>
<div class="bl_media_body">
<p class="bl_media_ttl">
ユーザーを考えた設計で満足な体験を
</p>
<p class="bl_media_txt">

図 8-9　期待通りの表示になったプレビューエリアと、_preview.hbsの影響範囲

fractal-demo ディレクトリの最終的なツリー構造は次の通りです。

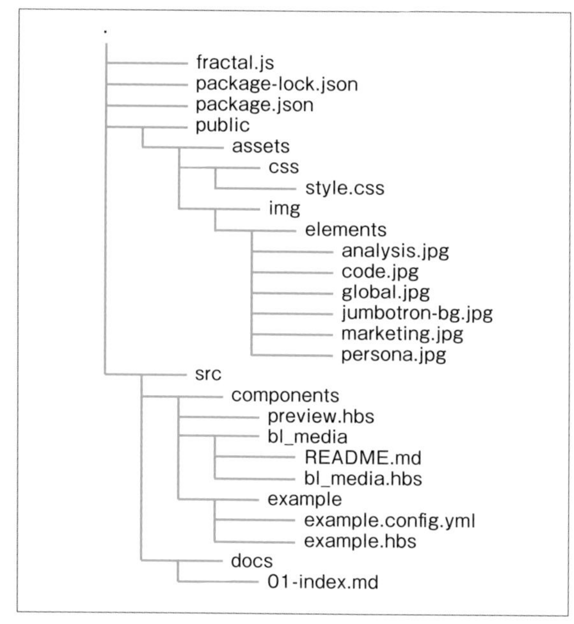
.
fractal.js
package-lock.json
package.json
public
assets
css
style.css
img
elements
analysis.jpg
code.jpg
global.jpg
jumbotron-bg.jpg
marketing.jpg
persona.jpg
src
components
preview.hbs
bl_media
README.md
bl_media.hbs
example
example.config.yml
example.hbs
docs
01-index.md

以上、簡単ですがFractalによるスタイルガイド作成の基礎を解説しました。ここで解説した他にも

- モジュールのステータス表示機能（プロトタイプ / 作成中 / 使用可能など）
- 表示順の管理
- モジュール内に他のモジュールの埋め込み
- Gulpやnpm-scripts※1との連携

など、機能が多岐に渡って用意されています。

英語ではありますが、非常にわかりやすいドキュメント※2が公式に用意されていますので、Fractalをより深く知りたい方はぜひ一度目を通してみてください。

※1 一連の処理を自動化するツール（仕組み）。Gulpについては Chapter 9「開発にまつわるタスクを自動処理する」にて解説します。
※2 https://fractal.build/guide/#requirements

手動で作成する

Fractalによるスタイルガイドの生成をご紹介しましたが、

- あまりnpmに慣れていないため、難しそう
- ここまでしっかりとしたものは必要ない

という方もいると思います。そんな方にぜひオススメしたいのが、スタイルガイドジェネレーターなどは特に使用せず、手動でスタイルガイドを作成・管理する方法※です。

実際に私が手動で作成したスタイルガイドは図8-10のような形です。

※ 厳密に言えばスタイルガイドというより「パターンライブラリ」「エレメントリスト」という単語の方が適切ですが、この辺りの境界線は曖昧になってきているように思います。

Triad
お問い合わせ
私たちの特徴
サービス
制作実績
会社情報
採用情報
ブログ
メディア
ユーザーを考えた設計で満足な体験を
提供するサービスやペルソナによって、webサイトの設計は異なります。サービスやペルソナに合わせた設計を行うことにより、訪問者にストレスのないよりよい体験を生み出し、満足を高めることとなります。
わたしたちはお客さまのサイトに合ったユーザビリティを考えるため、分析やヒアリングをきめ細かく実施、満足を体験できるクリエイティブとテクノロジーを設計・構築し、今までにない期待を超えたユーザー体験を提供いたします。
拡張パターン：逆位置
ユーザーを考えた設計で満足な体験を
提供するサービスやペルソナによって、webサイトの設計は異なります。サービスやペルソナに合わせた設計を行うことにより、訪問者にストレスのないよりよい体験を生み出し、満足を高めることとなります。
わたしたちはお客さまのサイトに合ったユーザビリティを考えるため、分析やヒアリングをきめ細かく実施、満足を体験できるクリエイティブとテクノロジーを設計・構築し、今までにない期待を超えたユーザー体験を提供いたします。
バリエーション：画像半分サイズ

図 8-10　実際に手動で作成したスタイルガイド

作り方もとってもシンプルで、プロジェクトで通常開発しているディレクトリにelementsというディレクトリを作成、その中にindex.htmlファイルを設置して、後はスタイルガイド用の見出しと各モジュールのコードをどんどん追加していくだけです。コードは概ね次のような形です（ヘッダーやフッターなどは省略します）。

element/index.htmlの中身

HTML
```
<div class="ly_cont">
  <h2 class="uq_elmTtl"> メディア </h2>
  <div class="bl_media">
    (メディアモジュールのコードが入ります)
  </div>
  <!-- /.bl_media -->
  <h3 class="uq_elmTtl02"> 拡張パターン：逆位置 </h3>
  <div class="bl_media bl_media__rev">
    (逆位置のコードが入ります)
  </div>
  <!-- /.bl_media bl_media__rev -->
  <h3 class="uq_elmTtl02"> バリエーション：画像半分サイズ </h3>
  <div class="bl_halfMedia">
    (画像半分サイズのコードが入ります)
  </div>
  <!-- /.bl_halfMedia -->
</div>
<!-- /.ly_cont -->
```

見出し部分（図8-11）はスタイルガイドでしか使わないスタイルですので、ＨＴＭＬ内のstyle要素でスタイリングするか、専用のCSSを作成してこのページだけで読み込むようにするとよいでしょう。

Triad
お問い合わせ
私たちの特徴
サービス
制作実績
会社情報
採用情報
ブログ
大見出し
メディア
ユーザーを考えた設計で満足な体験を
提供するサービスやペルソナによって、webサイトの設計は異なります。サービスやペルソナに合わせた設計を行うことにより、訪問者にストレスのないよりよい体験を生み出し、満足を高めることとなります。
わたしたちはお客さまのサイトに合ったユーザビリティを考えるため、分析やヒアリングをきめ細かく実施、満足を体験できるクリエイティブとテクノロジーを設計・構築し、今までにない期待を超えたユーザー体験を提供いたします。
中見出し
拡張パターン：逆位置
ユーザーを考えた設計で満足な体験を
提供するサービスやペルソナによって、webサイトの設計は異なります。サービスやペルソナに合わせた設計を行うことにより、訪問者にストレスのないよりよい体験を生み出し、満足を高めることとなります。
わたしたちはお客さまのサイトに合ったユーザビリティを考えるため、分析やヒアリングをきめ細かく実施、満足を体験できるクリエイティブとテクノロジーを設計・構築し、今までにない期待を超えたユーザー体験を提供いたします。
バリエーション：画像半分サイズ

図 8-11　スタイルガイドでのみ使用する見出し

とても原始的な方法ですが、案外これでも充分に役立ちます。補足説明をしたければモジュールの近くにp要素などを追加して記述できますし、一覧性を高めたければページ内リンクを追加したり、モジュールの大きさごとにファイルを分けることもできます。

スタイルガイドジェネレーターで生成したものと比べHTMLコードのプレビューがないのが不便ですが、スタイルガイドを利用する人は恐らく最低限HTMLの読み書きはできると思います。コードをコピーしてもらうにはブラウザの開発者ツールや元ソースの表示機能、またはエディタでソースを表示すれば事足ります。

8-4 スタイルガイドを作成する方針のまとめ

中規模以上のプロジェクトである、または公開時は小規模であっても、運用が進むにつれてのちのち肥大化することが予想されるのであれば、Fractalなどのスタイルガイドジェネレーターを使用してモジュールを管理した方がよいでしょう。

ただし、そこまでの仕組みが必要でない場合は手動で作成する方法も十分有用です。そしてスタイルガイドが存在しないよりは、手動で作成したものでもあった方が必ずよいです。

最後に、**スタイルガイドで一番重要なことはきちんとアップデートし続けること**です。これはスタイルガイドジェネレーターによる生成であっても、手動作成であっても変わりません。

そして継続的にアップデートし続けるには、簡単に運用できる仕組みも不可欠です。スタイルガイドジェネレーターも一度覚えればそこまで難しくはありませんが、ときに複数人が関わったり、人が入れ替わることもあるでしょう。そういったことが発生することも踏まえて、スタイルガイド運用のための簡単な社内向けドキュメントの作成も検討したい事項です。

- スタイルガイドジェネレーター・手動どちらの方針で作成するか
- スタイルガイドジェネレーターを利用するにしても、どのツールが機能的にちょうどよいのか、運用できそうか

などをきちんと吟味したうえで、選択できるのがベストです。

CSS開発に役立つその他の技術

本書最後となる本Chapterでは、CSS設計に関わらず、
CSSやHTMLの開発に役立つその他の技術をご紹介していきます。
筆者はこれらのツールの多くをGulpやwebpackなどを介してNode.js※上で実行しています。
Gulpやwebpackについては、最後に概要程度ではありますが、解説を掲載しています。
具体的な導入方法については本書の範疇から逸脱してしまうので残念ながら解説できませんが、
Web上に多くの情報がありますのでぜひ検索してみてください。

※ JavaScriptをサーバーサイドで実行できる環境のことです。

CHAPTER

9

9-1 CSS開発を効率化する、ミスを減らす

Sass※

※ https://sass-lang.com/

本書でもたびたび単語として登場しましたSass（サス）は、CSSの拡張言語です。Sassを用いることで

- 変数※1
- ネスト記法
- mixin
- 関数

などを使用することができ、より効率的・かつ高度にCSS開発を行うことができます。

ただしブラウザが直接Sassを読み込めるわけではなく、「Sassで開発する→Sassを基にCSSを出力する※2」という手順を踏むことから、Sassは「CSSプリプロセッサー」のひとつとして数えられます。

CSSプリプロセッサーは他にも

- LESS※3
- Stylus※4
- PostCSS※5

などありますが、Web業界内で多く使われているデファクトスタンダードはSassと思って差し支えないでしょう（執筆時現在）。

またSassには、

- 波括弧（{}）を使用せず、インデントでブロックや階層構造を表すSass記法（拡張子が.sassになります）
- CSSと同じく波括弧を使用するSCSS記法（拡張子が.scssになります）

のふたつの書き方がありますが、一般的なのはSCSS記法です。

Sassを使うと、例えば開発時は次のコードのような書き方をして、CSSを出力することができます。

※1 変数に限っては、CSSでも「CSS カスタムプロパティ」という名前で仕様が存在しています。
https://developer.mozilla.org/ja/docs/Web/CSS/Using_CSS_custom_properties
※2 SassとCSSに限らず、この流れを「コンパイルする」と言います。
※3 http://lesscss.org/
※4 http://stylus-lang.com/
※5 https://postcss.org/

Sassのコード

```scss
.bl_media {
  display: flex;
  align-items: center;

  &_imgWrapper {
    flex: 0 1 percentage (331 /
1200) ;
    margin-right: percentage (40
/ 1200) ;

    > img {
      width: 100%;
    }
  }
}
```

コンパイルされたCSS

```css
.bl_media {
  display: flex;
  align-items: center;
}

.bl_media_imgWrapper {
  flex: 0 1 27.58333%;
  margin-right: 3.33333%;
}

.bl_media_imgWrapper > img {
  width: 100%;
}
```

同じセレクターを何回も書く必要がなかったり、四則演算[※1]や%への変換などが簡単にできて非常に便利ですね。筆者も普段開発をする際は必ずSassを使用しています。

またSassファイル内で文法が間違っていると、コンパイル時にエラーが発生し、CSSが出力されません。CSSは文法の間違いがあっても教えてくれず、スタイルが崩れるだけですが、Sassを使用しているとすぐ誤りに気付いて修正することができます。

Sassについては大変奥が深く、きちんと解説するとそれだけで一冊の本ができあがってしまいます。幸い「Web制作者のためのSassの教科書[※2]」という非常によい書籍がすでに出版されておりますので、Sassについてもっと知りたい方はこちらをご参照ください。

※1 Sassの場合は事前に計算したうえでCSSにコンパイルするため若干性質が異なりますが、四則演算はCSSにもcalc()という関数が存在します。
https://developer.mozilla.org/ja/docs/Web/CSS/calc
※2 http://book2.scss.jp/

Browsersync※

※ https://www.browsersync.io/

Browsersync（ブラウザシンク）は、開発中のウェブサイトなどの表示が確認できるようローカルサーバー※を立ち上げ、ファイルを保存したタイミングなどを検知して表示確認中のブラウザを自動的にリロードしてくれるツールです。

ファイルの変更を検知して自動的にブラウザをリロードしてくれるので、自分が編集した内容を即座にブラウザで確認でき、開発効率がグンと上がります。他ツールとの組み合わせによっては、例えば「Sassファイルを編集し保存した瞬間に、ブラウザに反映させる」ということも可能です。

この「ファイルに変更があったらブラウザをリロードする」という仕組みのことを「ライブリロード」と呼びます。一度ライブリロードを体験すると、もうライブリロードなしの生活には戻れないくらい便利なものですので、ぜひ導入してみてください。後ほど紹介するPreprosにて、簡単に導入することができます。

※ 外部との通信を目的としないサーバーを、例えばお手持ちのパソコンなどマシンの中に立ち上げることです。

Autoprefixer※

※ https://github.com/postcss/autoprefixer

Autoprefixer（オートプレフィクサー）はCSSにベンダープレフィックスを自動的に付けてくれるツールです。例えば次のようなコードを書いてAutoprefixerを通すと、各ブラウザに認識させるために必要なベンダープレフィックスを自動的に付けたCSSを出力してくれます。

Autoprefixer実行前

```css
CSS
::placeholder {
  color: gray;
}
```

Autoprefixer 実行後

CSS

```
::-webkit-input-placeholder {
  color: gray;
}
::-moz-placeholder {
  color: gray;
}
:-ms-input-placeholder {
  color: gray;
}
::-ms-input-placeholder {
  color: gray;
}
::placeholder {
  color: gray;
}
```

「どのブラウザ・バージョンを対象としてベンダープレフィックスを付けるか？」についてはbrowserslist※というツールの記法に基づいて自分でカスタマイズすることができます。

開発時の「このプロパティにはベンダープレフィックス必要なんだっけ……？」「どのベンダープレフィックス付ければいいんだっけ……？」という悩みがなくなるので、こちらもとてもオススメです。

※ https://github.com/browserslist/browserslist

9-2 人による差異をなくす

CSScomb※

※ https://github.com/csscomb/csscomb.js/

CSScomb（シーエスエスコーム）は主にCSSのプロパティの並び順を整理するツールです。CSScomb用の設定ファイル「.csscomb.json※」を作成し、プロジェクトのルートディレクトリに設置したとしましょう。.csscomb.jsonの中身は、次のようになっているとします。

※ CSScombに限らず、開発時に使用する多くのツールの設定ファイルは、ファイル名がドットから始まります。

JSON

```
{
  "sort-order": [
    [
      "position",
      "z-index",
      "top",
      "right",
      "bottom",
      "left",
      "display"
    ]
  ]
}
```

そして次のコードのCSSにCSScombを実行すると、.csscomb.jsonで指定したプロパティの並び順に整形してくれます。

CSScomb 実行前

```css
.example {
  display: block;
  top: 50px;
  right: 50px;
  position: absolute;
}
```

CSScomb 実行後

```css
.example {
  position: absolute;
  top: 50px;
  right: 50px;
  display: block;
}
```

また、プロパティの並び順だけでなく、

- 色指定のアルファベットは小文字か大文字どちらにするか
- クォーテーションはダブルクォーテーションかシングルクォーテーションのどちらにするか

などの設定も .csscomb.json にて定義し、統一することが可能です。

EditorConfig※

※ https://editorconfig.org/

EditorConfig（エディターコンフィグ）はコードの記法を統一するためのツールです。エディタがEditorConfigに対応している必要がありますが、現在使用されている主要なエディタの多くがEditorConfigに対応している※くらい、標準的なツールとなっています。

例えば次のようなEditorConfig用の設定ファイル「.editorconfig」を作成し、プロジェクトのルートディレクトリに設置したとしましょう。

※ エディタによっては、プラグインを追加することでEditorConfigに対応できます。

```
# プロジェクトのルートに設置する .editorconfig か
root = true

# 改行コードと、ファイルの末尾に空行を入れるかの指定
[*]
end_of_line = lf
insert_final_newline = true

# CSS と HTML のインデント指定
[*.{css,html}]
indent_style = space
indent_size = 2
```

すると、ファイル編集時に

- 改行コードはLine Feedを使用
- ファイルの末尾に空行を入れる
- CSSとHTMLのインデントはタブではなくスペースを使用する
- CSSとHTMLのインデントのスペースふたつ分とする

といった処理を自動的に行ってくれます。

これにより「ファイルごとに、人ごとにインデントがバラバラになっている」という事態を防ぐことが可能になります。

Prettier※

※ https://prettier.io/

Prettier（プリティア）はいわゆる「コードフォーマッター」と呼ばれる、コード整形ツールです。前述のEditorConfigがコードを書いている途中にも設定が反映されるのに対し、Prettierは任意のタイミングで、保存済みのファイルに対して実行します。

主にJavaScript周りのコードを整形することから始まっていますが、現在はHTMLやCSS、SassのSCSS記法を始め多くの言語に対応しており、また今後もサポートする言語を増やす予定のある、大変勢いのあるツールです。

Prettierを実行すると、次のようにコードを整形することができます。

Prettier 実行前のコード

CSS

```css
.bl_media {
display: flex;
align-items: center;
}

.bl_media_imgWrapper {
    flex: 0 1 27.58333%;
  margin-right: 3.33333%;
}

.bl_media_imgWrapper > img
{width: 100%;}

.bl_media_body
{
  flex: 1;
}
```

Prettier 実行後のコード

CSS

```css
.bl_media {
  display: flex;
  align-items: center;
}

.bl_media_imgWrapper {
  flex: 0 1 27.58333%;
  margin-right: 3.33333%;
}

.bl_media_imgWrapper > img {
  width: 100%;
}

.bl_media_body {
  flex: 1;
}
```

今までのツールと同じく「.prettierrc」という設定ファイルをプロジェクトのルートディレクトリに設置することで、整形する際のインデントのサイズや、クォーテーションの種類などを設定できます。

.prettierrcの例

```
{
  "printWidth": 100, // 折り返し表示サイズ
  "tabWidth": 4, // タブのサイズ
  "singleQuote": true  // シングルクォートを使用する
}
```

Prettierを導入していれば、コーディングスタイルを気にしながら開発をしなくてよいため、より本質的にコーディングに集中できるようになります。人によるコーディングスタイルの差異もなくなるため、ぜひ導入すべきツールです。

COLUMN 整形ツールはどれが一番よいのか?

ここまで紹介してきた、

- CSScomb
- EditorConfig
- Prettier

ですが、それぞれ役割が似通っています。では「結局のところ、どれを選ぶべきなのか?」と思われるかと思いますが、答えは「場合によってはどれも」です。

例えばクォーテーションや、末尾に空行を入れるかについては、3つのツールどれでも行うことができます。

ただしCSSプロパティの並び順を完全に思い通りにするにはCSScombが必要で、開発中のファイル未保存時にもコーディングスタイルをなるべく遵守したい場合にはEditorConfigが必要で、コードがきちんと整形されている状態を担保するにはPrettierなどのコードフォーマッターが必要です。

結局どれもお互いに少しずつ機能が重複しつつも、本質的に叶えたいことは少しずつ異なっているので、それぞれの良さを活かせるよう、ツールを併用することがよく行われます。

9-3 リファクタリングのヒントを得る

Stylelint※

※ https://github.com/stylelint/stylelint

Stylelint（スタイルリント）はCSSやSass、LESSのコードのエラーをチェックしたり、品質を保つためのツールです。「lint」という単語が付くものはCSSに限らず※1、エラーチェックや好ましくないコードの整形※2機能を提供しています。

また先ほど紹介したコードの整形ツール群と似通っていますが、Lint系はあくまで「明らかな文法の間違い」などのエラーや、「セレクターが重複している」などの、エラーではないが望ましくないコードをチェックすることが本質的な役割です。

上記いずれもＳａｓｓを使用しているとコンパイル時に警告が出るので、ＳａｓｓとStylelintとでまた似通っている部分はあります。しかし、Stylelintでしかできないルールの設定もあるので、やはりきちんとコードをチェックしたい場合は、Stylelintを入れるべきでしょう。

※1 例えばJavaScriptを対象に同様のことを行うツールとしては「ESLint」が有名です。
※2 しかし、やはりPrettierほど隅々までは整形を行うことができません。

CSS Stats※

※ https://cssstats.com/

CSS Stats（シーエスエススタッツ）はこれまでのツールとは打って変わって、ブラウザ上で使用するWebサービスです（図9-1）。

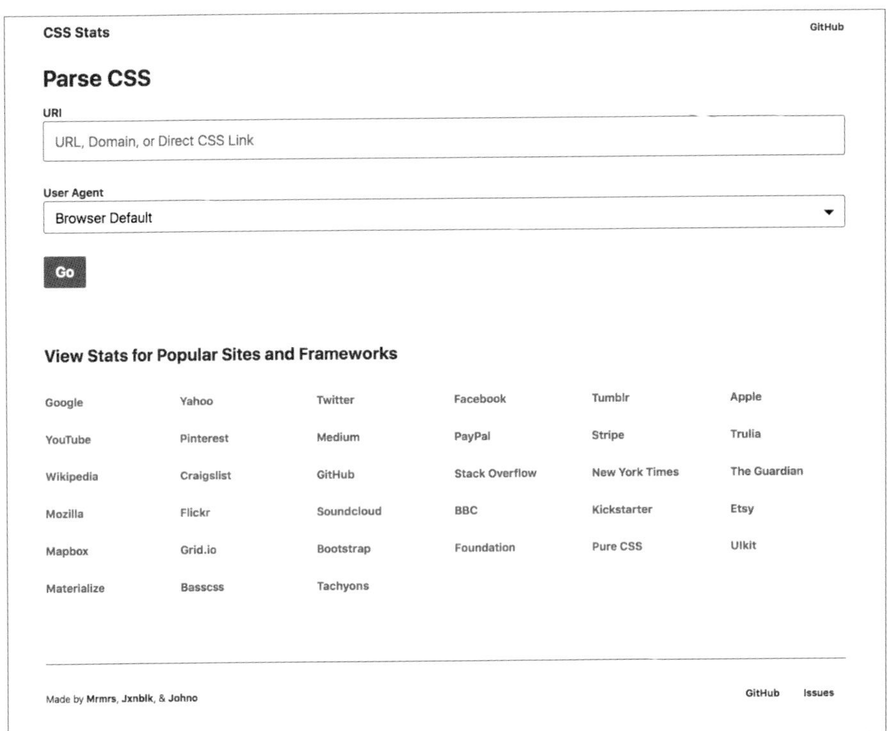

図9-1　CSS Stats

ここに解析したいページのURLを入力し「Go」ボタンを押すと、そのページで使われているCSSルールの数やセレクター数、使用されている色、フォントサイズなどさまざまな情報を一覧してみることができます（図9-2）。

CSS Stats GitHub

HubSpot導入実績60社+｜マーケティング支援企業｜株式会社24-7 121 KB

1,907 Rules 2,272 Selectors 3,606 Declarations 123 Properties

Total Declarations

Font Size 145 Float 64 Width 289 Height 99 Color 83 Background Color 11

20 Unique Colors

#fff #993401 #360 #336600 #abacac #f7f8f8

#000 #333 #d03825 #666 #df5a49 #999

whitesmoke #555 #4d4d4d #ccc #bdbdbd #f3f3f3

図 9-2　CSS Stats 実行後の画面

- 色は多すぎないか
- フォントサイズが乱立しすぎていないか

などさまざまなリファクタリングのヒントを得ることができるだけでなく、改めてこうして一覧で見るのは単純に面白さもあります。息抜きがてら、ぜひ一度試してみてください。

9-4 CSSを軽量化する

CSS MQPacker ※

※ https://github.com/hail2u/node-css-mqpacker

CSS MQPacker（シーエスエス エムキュパッカー）はメディアクエリの記述をまとめてくれるツールです。まずはコードを見た方が早いと思うので、次の実行前のコードと実行後のコードをご覧ください。

CSS MQPacker実行前のコード

```css
.foo {
  width: 240px;
}
@media screen and (min-width:
640px) {
  .foo {
    width: 300px;
  }
}
@media screen and (min-width:
768px) {
  .foo {
    width: 576px;
  }
}

.bar {
  width: 160px;
}
@media screen and (min-width:
640px) {
```

CSS MQPacker実行後のコード

```css
.foo {
  width: 240px;
}
.bar {
  width: 160px;
}
@media screen and (min-width:
640px) {
  .foo {
    width: 300px;
  }
  .bar {
    width: 256px;
  }
}
@media screen and (min-width:
768px) {
  .foo {
    width: 576px;
  }
  .bar {
```

```
  .bar {
    width: 256px;
  }
}
@media screen and (min-width:
768px) {
  .bar {
    width: 384px;
  }
}
```

```
    width: 384px;
  }
}
```

このようにメディアクエリをまとめることで、CSSのファイル容量を削減することができます。ただし、次の3点に注意が必要です。

メディアクエリが必ず後にくる

例えば元のコードではメディアクエリが先に宣言されていても、CSS MQPackerを実行すると必ずメディアクエリが後にくるようになってしまいます。

CSS MQPacker実行前のコード

```css
@media (min-width: 640px) {
  .foo {
    width: 300px;
  }
}
.foo {
  width: 400px;
}
```

CSS MQPacker実行後のコード

```css
.foo {
  width: 400px;
}
@media (min-width: 640px) {
  .foo {
    width: 300px;
  }
}
```

元のコードは「スクリーンサイズが640px以上であろうと以下であろうと、.fooは必ず横幅400px」を意味します。しかしCSS MQPacker実行後のコードは「スクリーンサイズが640px以上の場合は.fooは横幅300px、それ以外の場合は400px」という意味になります。

そもそも元のコードではメディアクエリが意味を成していないため、こういった記述をすること事態が望ましくありません。自分で開発しているCSSであれば、このような記述は辞めるべきです。

これが問題となりやすいのはCSSフレームワークなど他のCSSを使用していて、かつその内容を、メディアクエリの後で上書きしている場合です。そういった場合は、自分で開発したCSSのみにCSS MQPackerを実行するのが回避策であると公式ドキュメントにも明言されています。

メディアクエリの登場順にまとめられる

これもまずは、実行前のコードと実行後のコードをご覧ください。

CSS MQPacker実行前のコード

CSS

```
.foo {
  width: 10px;
}
@media (min-width: 640px) { /* min-width: 640px が最初に登場しているため */
  .foo {
    width: 150px;
  }
}
.bar {
  width: 20px;
}
@media (min-width: 320px) {
  .bar {
    width: 200px;
  }
}
@media (min-width: 640px) {
  .bar {
    width: 300px;
  }
}
```

CSS MQPacker実行後のコード

CSS

```
.foo {
  width: 10px;
}
.bar {
  width: 20px;
}
@media (min-width: 640px) { /* min-width: 640px が最初にまとめられる */
  .foo {
    width: 150px;
  }
  .bar {
    width: 300px;
  }
}
@media (min-width: 320px) {
  .bar {
    width: 200px;
  }
}
```

このように「最初に登場したメディアクエリからまとめる」という性質があるため、実行後のコードは意図しないスタイリングとなってしまいます（min-width: 640pxのスタイリングが、min-width: 320pxの内容で上書きされてしまう）。

ただしこの問題には解決策があります。

■ CSSの冒頭に空のメディアクエリを用意する

「最初に登場したメディアクエリからまとめる」という性質を利用して、CSSの冒頭にまとめてほしい順番で空のメディアクエリを用意しておく方法です。

```
CSS
@media (min-width: 320px) { /* 320px 以上 */ }
@media (min-width: 640px) { /* 640px 以上 */ }
```

このようにしておけば、320px → 640pxの順番でメディアクエリがまとめられます。

■ sort オプションを使用する

これはGulpやnpm-scriptsなどの設定ファイル内で、CSS MQPackerの実行に対してオプションを指定しておく方法です。

もしメディアクエリがmin-widthのみで、かつ使用している単位がch・em・ex・px・remのどれかであれば、sort オプションをtrueにすることで自動的にスクリーンサイズが小さい順になるようメディアクエリをまとめてくれます。

CSS MQPacker 実行時の設定例

```
JavaScript
postcss ([
  mqpacker ({
    sort: true
  })
])
```

さらに自由に並び順をカスタマイズしたい場合は、sort オプションに無名関数を渡すことで制御ができますが、JavaScriptの領域になってしまうため本書ではこれ以上は解説しません。

HTMLに複数クラスを設定している場合

次のHTMLとCSSは「スクリーンサイズが320px以上の場合は、bazクラスのスタイリングにより横幅が常に300pxとなる(barクラスの200pxは適用されない)」という挙動になります。

CSS MQPacker実行前のコード

HTML
```
<p class="bar baz">bar baz</p>
```

CSS
```
@media (min-width: 320px) {
  .foo {
    width: 100px;
  }
}
@media (min-width: 640px) {
  .bar {
    width: 200px;
  }
}
@media (min-width: 320px) {
  .baz {
    width: 300px;
  }
}
```

ここにCSS MQPackerを実行すると、「スクリーンサイズが320px以上の場合はbazクラスのスタイリングにより横幅300px、スクリーンサイズが640px以上の場合はbarクラスのスタイリングにより横幅200px」と挙動が変わってしまいます。

CSS MQPacker実行後のコード

```css
@media (min-width: 320px) {
  .foo {
    width: 100px;
  }
  .baz {
    width: 300px;
  }
}
@media (min-width: 640px) {
  .bar {
    width: 200px;
  }
}
```

この問題に関しては、barクラスとbazクラスで同じCSSプロパティ(width)に値を設定しているCSS設計の悪さもひとつの原因です。この例であれば、CSS設計を見直すことで回避できるでしょう。

しかし筆者が一番厄介に思うのは、BEMのMixを使用しているとこの問題が起こりうることです。BEMの性質上、詳細度はほとんどがフラットになりますので、CSS設計をきちんとしているつもりでも、この問題が発生してしまいます。

CSS MQPackerは上手くハマればファイル容量を削減できる非常に有用なツールではあるのですが、これらの問題が発生するリスクもあることをご留意ください。メディアクエリをまとめるのは、想像以上に大変なんですね。

cssnano※

※ https://cssnano.co/

cssnano(シーエスエスナノ)はCSSを圧縮※するためのツールです。単純に圧縮するだけでなく、

- ショートハンドで表現可能なものはショートハンドに変換
- 重複したプロパティの削除

- 値の短縮化

など、プロパティや値の無駄もチェックしてくれるのが特長です。
※ 改行や不要な空白を取り除き、ファイル容量を軽くすることです。

cssnano 実行前のコード

```css
h1::before, h1:before {
  margin: 10px 20px 10px 20px;
  color: #ff0000;
  font-weight: 400;
  font-weight: 400;
  background-position: bottom right;
  quotes: '«' "»";
  background: linear-gradient (to bottom, #ffe500 0%, #ffe500 50%,
#121 50%, #121 100%) ;
  min-width: initial;
}
@charset "utf-8";
```

cssnano 実行後のコード

```css
@charset "utf-8";h1:before{margin:10px 20px;color:red;font-weight:400;
background-position:100% 100%;quotes:"«" "»";background:linear-gradien
t (180deg,#ffe500,#ffe500 50%,#121 0,#121) ;min-width:0}
```

CSSに限らず、ファイルを圧縮することはWebサイト高速化につながります。ただし開発時に圧縮してしまっては当然読みづらいので、開発時は通常通りの圧縮しない状態にしておき、サーバーにアップロードする際にファイルを圧縮してアップロードするのが一般的です。

9-5 HTML開発を効率化する

ここで紹介するのは、どれも「テンプレートエンジン」と呼ばれるもので、言語として高機能なSassで開発を行ってCSSを出力するのと同じように、下記それぞれのテンプレートエンジンもHTMLを出力するものです。

テンプレートエンジンを使うことで

- 変数の使用
- 条件に応じたコンテンツの出し分け(if文)
- 繰り返しパターンの一括処理(for文)
- ヘッダーやフッターなどの共通コードの一括管理

などができるようになりますので、HTML開発を効率化することができます。

Nunjucks※

※ https://mozilla.github.io/nunjucks/

Nujucks(ナンジャックス)はFirefoxなどでお馴染みのMozillaが開発したテンプレートエンジンです。変数展開のデリミタ※1を「{{ var }}」という形で波括弧ふたつ囲むMustache(マスタッシュ)という記法を取り入れており、Pythonで使われるテンプレートエンジンのJinja2※2や、PHPにて使われるテンプレートエンジンのTwig※3と互換性を持っています。

Jinja2やTwigはCMSのテンプレートエンジンとして採用されることも多く、Nunjucksでベースコーディングを行っていれば、コードをそのままCMSのテンプレートに持ち込むこともできます。特別な理由がなければテンプレートエンジンはNunjucksを選択するとよいでしょう。

次のコードはNujucksで変数を定義し、条件分岐を行い、変数を展開している例です。

※1 区切り文字のこと。デリミタに囲まれている場所はNunjucksの機能が有効で、そうでない箇所は普通のHTMLとして認識されます。
※2 http://jinja.pocoo.org/
※3 https://twig.symfony.com/

```
nunjucks
{% set page_title = 'トップページ' %}

{% if page_title == 'トップページ' %}
  <h1>株式会社トライアド {{ page_title }}</h1>
{% else %}
  <p>{{ page_title }}</p>
{% endif %}
```

EJS※

※ https://ejs.co/

EJS（イージェーエス）はテンプレートの制御・管理にJavaScriptを取り入れたテンプレートエンジンです。Eは「Embedded」、JSはそのまま「JavaScript」の略です。テンプレート内にJavaScriptが書けるため、EJSで用意されていない機能を自分で関数を作成して補うなど、柔軟性が高いのが特徴です※。

先のNunjucksで紹介したコードをEJSで書くと、次のようになります。

※ 他のテンプレートエンジンにおいても、macroやmixinという形で一連の処理をまとめる機能は用意されていますので、ここまで柔軟性が必要な場面もあまりありませんが……。

```
EJS
<% const page_title = 'トップページ' %>

<% if (page_title == 'トップページ') { %>
  <h1>株式会社トライアド <%= page_title %></h1>
<% } else { %>
  <p><%= page_title %></p>
<% } %>
```

Pug※

※ https://pugjs.org/api/getting-started.html

Pug（パグ）はHTMLの開きタグや閉じタグを使わず、インデントで階層構造を表すことのできるテンプレートエンジンです。昔はJade(ジェイド)という名前でしたが、2016年にPugに変更されました。

Pugの特徴はなんといってもインデント記法で、上手く利用すればかなり効率的にHTMLを出力することができます。しかし、いかんせん他のフロントエンドの技術でインデント記法を用いているものはあまり多くなく、互換性が低いため導入には注意が必要です。特に、コーディング後にCMSテンプレート化するような案件であれば、PugではなくNunjucksやEJSを使用した方が、テンプレートエンジンのコードや設計などをそのままCMSテンプレートとして活かしやすい傾向にあります。

Pugの使い道として、筆者はよくテーブルコーディングが必要なHTMLメールなど、PugからコンパイルしたHTMLをそのまま使用し、かつHTMLの中身が雑然としがちなものに使用しています。

以下は、先のNunjucksのコードをPugで書いた例です。

```
pug
- var page_title = 'トップページ'

if page_title == 'トップページ'
  h1 株式会社トライアド #{page_title}
else
  p= page_title
```

9-6 開発にまつわるタスクを自動処理する

Prepros※

※ https://prepros.io/

Prepros（プリプロス）は、今まで紹介したいくつかのツールを組み合わせたコンパイルツールです。後述するGulpやwebpackと比較した最大の特徴は、GUI[※1]を提供していることです（図9-3）。GulpやwebpackとCLI[※2]でコマンドを入力する必要がありませんので、導入がとてもしやすく、自動処理の初めの一歩に最適です。

Gulpやwebpackに比べ自分で、自分で自由にコンパイラやツールを導入できるわけではないため柔軟性に限度はありますが、まずは自動化を試してみたい、そこまで多くを求めていないという場合であれば、使用してみるとよいでしょう。

※1 Graphical User Interfaceの略。画面上にウィンドウやアイコン・メニューが表示され、それらを直感的に操作できるインターフェースのことで、普段使用しているOSやアプリケーションはほとんどがGUIです。
※2 Command Line Interfaceの略。いわゆる「黒い画面」でコマンドを入力し、操作を行うインターフェースのことです。

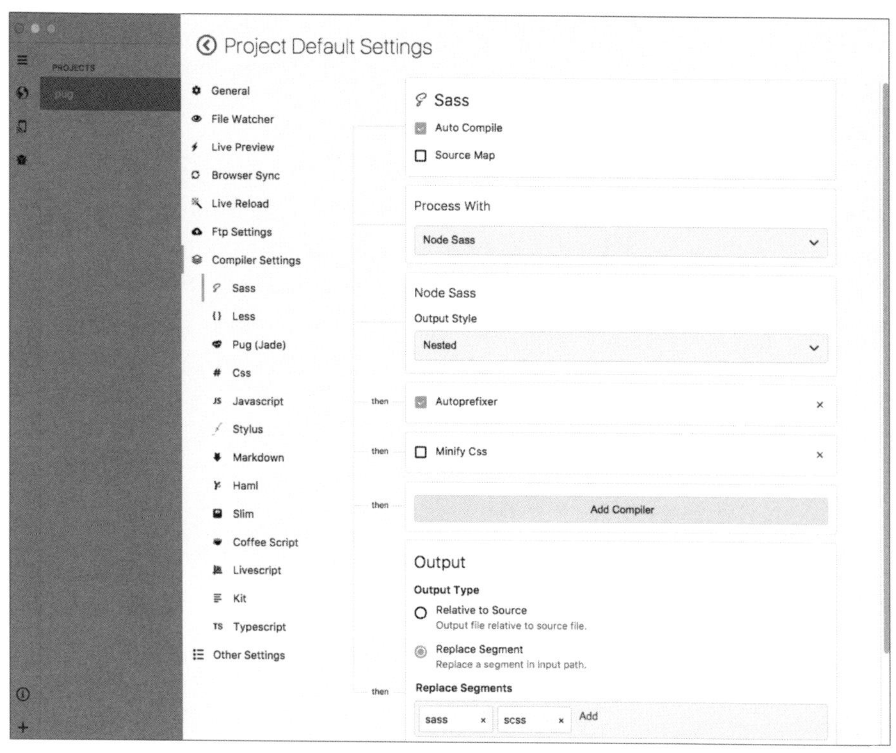

図 9-3　Preprosの設定画面

今まで紹介してきた、

- Sass
- Browsersync
- Autoprefixer
- Pug

の他、多くの言語・ツールに対応しています。

なお有償アプリでありライセンスは$29で販売されていますが、無料で無期限に試用することができます。

Gulp※

※ https://gulpjs.com/

Gulp（ガルプ）は、Node.js上で動作するストリーミングビルドシステムです。これだけ聞いてもピンと来ないと思いますが、端的に言えばデータの「入力」と「出力」をベースに、開発にまつわるさまざまなタスクを処理するためのツールです。

例えば次のコードは、Sassファイルを「入力」、CSSファイルを「出力」とし、その間に先ほど紹介したCSS MQPackerとcssnanoを使用してCSSを圧縮する処理です。この入力と出力の一連の流れを「タスク」と呼びます。gulpfile.jsというGulpの設定ファイルを用意し、そのファイルにタスクを記載することで、Node.jsからGulpを実行することができます。

JavaScript
```
const gulp = require ('gulp') ;
const sass = require ('gulp-sass') ;
const postcss = require ('gulp-postcss') ;
const mqpacker = require ("css-mqpacker") ;
const cssnano = require ('cssnano') ;

function sass () {
  return gulp.src ('src/*.scss')
    .pipe (sass ()) // ここでSassがコンパイルされ、CSSとなる
    .pipe (postcss ([
      mqpacker () , // CSSに対してCSS MQPackerを行う
      cssnano () , // CSSに対してcssnanoを行う
    ]))
    .pipe (gulp.dest ('dest/css')) // CSSをファイルとして出力する
}
```

sassタスク実行のコマンド例

```
npx gulp sass
```

このようにして、今まで紹介してきたようなツールをさまざま組み合わせて、自分に合ったタスクを作り上げることができるのがGulpの特徴です。

「入力」と「出力」は何もSassに限った話ではありません。次のタスクはNunjucksをコンパイルし、コンパイル後のHTMLに対してW3Cのバリデーションを実行、最後にHTMLをファイルとして出力するタスクです。

JavaScript

```
const gulp = require ('gulp') ;
const htmlValidator = require ('gulp-w3c-html-validator') ;
const nunjucksRender = require('gulp-nunjucks-render');

function njk () {
  return gulp.src ('/**/*.njk')
    .pipe (nunjucksRender ({ path: SRC + '/' })) // ここでNunjucksがコン
パイルされ、HTMLとなる
    .pipe (htmlValidator ()) // HTMLに対してバリデーションを実行する
    .pipe (htmlValidator.reporter ())
    .pipe (gulp.dest ('dest')) // HTMLをファイルとして出力する
}
```

njkタスク実行のコマンド例

```
npx gulp njk
```

さらにタスク同士を組み合わせることもできるため、例えば「NujucksでもSassでもTypeScript※でも、変更があれば自動的にコンパイルを行い、エラーチェックをし、表示中のブラウザをリロードする」ということができるようになります。

Gulpは奥が深く、またJavaScriptの領域であるため本書ではこれ以上解説しませんが、使いこなせるととても強力なツールですので、ぜひ情報を集めてみてください。

※ JavaScriptを生成する、JavaScriptの拡張言語です。

webpack※

※ https://webpack.js.org/

webpack（ウェブパック）はJavaScriptファイルをまとめるモジュールバンドラです。なぜJavaScriptをまとめるツールを本書で紹介するかですが、webpackはローダーという機能を備えており、これを活用することでGulpと似た形でさまざまな処理を自動化することができます。

ではGulpとは何が違うのか、どちらを選べばよいのかというと、それは目的によって異なります。webpackの主目的はあくまで「まとめる」ことにあります。そのため、

- JavaScriptのモジュール機能を存分に駆使したい
- CSSや画像も含めて、ひとつのJavaScriptにまとめたい

ということをしたいのであれば、webpackが選択肢に挙がります。

逆に上記を行う必要がなければ、無理にwebpackを使用せず、Gulpを使用するのも選択として正しいでしょう。また「JavaScriptのモジュール機能は存分に駆使したいが、すでに作成したGulpタスクが多くある」という場合は、ふたつを併用することも可能です。

できることは似ていますが、それぞれ主目的は違いますので、状況に応じてツールを選択するのがベストプラクティスです。

いずれにせよGulpやwebpackを使用するには、CLIを避けることはできません。慣れればそこまで難しいものでもないため、ぜひ使いこなせるようになっておきたいところですが、そこまでの環境が必要でないこともあるでしょう。そんな場合はPreprosで済ませてしまうのも、ひとつの正しい選択です。

索引

記号・数字

A・B

C・D

E・F

G・H・I

J・K・L

さ行

た行

な行

執筆者

半田惇志（はんだ あつし）

株式会社24-7／テクニカルディレクター・株式会社パンセ／シニアエンジニア。
主に受託制作のフロントエンドの開発から業務全体のワークフロー設計・改善、マーケティングオートメーション、コンテンツ制作まで幅広く業務を行う。特に強い専門領域はHubSpot CMSとCSS設計。好きな言葉は人間万事塞翁が馬。

著作物 ■ Webのための次世代エディタ Bracketsの教科書
（Kindle版のみ取り扱い）
PRECSS（http://precss.io/ja/）
ブログ ■ Thinking Salad（https://thinkingsalad.com/）
Twitter ■ @assialiholic

レビュー協力

池田泰延（いけだ やすのぶ）

株式会社ICS代表
テクニカルディレクター・UIデザイナーとしてHTML・JavaScriptを用いたプロモーションサイトの制作や、アプリ開発を主に手がける。
Webのインタラクティブ表現に関する最新技術を研究し、セミナー・勉強会で積極的に情報共有に取り組んでいる。
筑波大学非常勤講師も務める。

Twitter ■ @clockmaker

永野昌希（ながの まさき）

株式会社パンセ フロントエンドエンジニア
いくつかのウェブ制作会社を経て、株式会社パンセへ入社。著者の部下となる。
フロントエンドエンジニアとして、主にJavaScript、PHPなどを使った開発に携わっている。

ブログ ■ https://www.midnightinaperfectworld.net/
Twitter ■ @ojiki

長澤賢（ながさわ さとし）

株式会社パンセ フロントエンドエンジニア
著者の部下。北海道札幌市にて勤務。
主な活動はJavaScriptをワークショップ形式で学ぶ勉強会「js workshop sapporo」とVue.js / Nuxt.jsのもくもく会「Vue.js / Nuxt.jsもくもく会@札幌」がある。

ブログ ■ https://webman-japan.com/
Twitter ■ @nagasawaaaa

■ デザイン　原真一朗
■ カバーイラスト　Westend61 / ゲッティイメージズ

■ **お問い合わせに関しまして**

本書に関するご質問については、本書に記載されている内容に関するもののみとさせていただきます。本書の内容を超えるものや、本書の内容と関係のないご質問につきましては、一切お答えできませんので、あらかじめご了承ください。また、電話でのご質問は受け付けておりませんので、ウェブの質問フォームにてお送りください。FAXまたは書面でも受け付けております。
本書に掲載されている内容に関して、各種の変更などのカスタマイズは必ずご自身で行ってください。弊社および著者は、カスタマイズに関する作業は一切代行いたしません。
ご質問の際に記載いただいた個人情報は、質問の返答以外の目的には使用いたしません。また、質問の返答後は速やかに削除させていただきます。

■ **質問フォームのURL**

https://gihyo.jp/book/2020/978-4-297-11173-1
※本書内容の修正・訂正・補足についても上記URLにて行います。

■ **FAXまたは書面の宛先**

〒162-0846　東京都新宿区市谷左内町 21-13
株式会社技術評論社　書籍編集部
「CSS 設計完全ガイド」係
FAX：03-3513-6183

CSS設計完全ガイド 詳細解説＋実践的モジュール集

2020 年3月11日　初版　第 1 刷発行
2023 年1月　6日　初版　第 5 刷発行

著　者　半田　惇志
発行者　片岡　巌
発行所　株式会社技術評論社
東京都新宿区市谷左内町 21-13
電話　03-3513-6150　販売促進部
03-3513-6166　書籍編集部
印刷／製本　図書印刷株式会社

定価はカバーに表示してあります

ISBN978-4-297-11173-1　C3055
Printed in Japan